GOOD

代謝力
打造最強好能量

ENERGY

The Surprising Connection Between Metabolism and Limitless Health

凱西・明斯 Casey Means、卡利・明斯 Calley Means 著

林文珠、高若熙 譯

目錄

推薦序

終極健康的真諦,來自完整與整體的代謝照顧　許惠恒　　4

修復失調的根源,重建健康根基　歐弘毅　　7

一場從細胞出發、重建健康根本的革命　呂美寶　　10

從醫療現場看見「預防健康」的迫切性　邱建誌　　13

為身體注入好能量,升級健康表現,盡情享受人生　王桂良　　15

健康的關鍵,在於重新啟動身體的好能量　林宏遠　　17

前言

好能量的追尋之旅　　19

第一部　能量主宰細胞與健康

第 1 章　分科獨立 vs. 能量中心的健康　　32

第 2 章　壞能量是疾病的根源　　57

第 3 章　面對慢性病,現代醫療不是唯一解答　　91

第二部　創造身體的好能量

第 4 章　身體有答案　　110
　　　　　——讀懂血液檢查報告,並善用穿戴裝置

第 5 章　吃出好能量六大原則　　155
　　　　　——掌握飲食關鍵,提升粒線體與細胞功能

第 6 章	每一餐都充滿好能量	183
	——認識五種好能量元素與三種壞能量食物	
第 7 章	尊重你的生理時鐘	240
	——光、睡眠與用餐時間	
第 8 章	找回被現代生活奪走的三件事	268
	——運動、溫度與無毒生活	
第 9 章	心無所懼	300
	——最高等級的好能量	

第三部　在生活中融入好能量

第 10 章	4 週好能量計畫	330

第四部　33道好能量食譜

第 11 章	活力早餐	384
第 12 章	輕盈午餐	399
第 13 章	飽足晚餐	409
第 14 章	健康點心	426

致謝		444

推薦序

終極健康的真諦，
來自完整與整體的代謝照顧

許惠恒　國家衛生研究院副院長

　　我擔任內分泌新陳代謝科專科醫師接近四十年，常有病人好奇詢問，新陳代謝科醫師的專長是什麼？其實臨床上，我們照顧的病人是以代謝異常為主的糖尿病及各種內分泌異常所引發的疾病。那代謝又是什麼？依照生理學教科書的說明，代謝是身體系統維持平衡與恆定的重要機轉，只有穩定的全身代謝，才能維持生理正常運作，保持健康。

　　生活在這個資訊爆炸、步調加速的現代人，從兒童開始，就必須面對各種競爭與快速變動的生活節奏，以及層出不窮的各種壓力，這些因素不斷衝擊著生理平衡。隨著時間推移，這些持續性的影響，導致各種慢性疾病開始逐漸出現。

　　本書作者，曾在美國頂尖醫學院與教學醫院接受完整的醫學教育與臨床訓練，隨後更擔任健康科技公司總監暨共同創辦人。作者之所以開始深入思考現代人健康問題，源於作者年逾七旬的母親，雖然與多數中老年人一樣，罹患高血糖、高血壓、高血脂，也就是大家熟知的三高疾病，但都有接受定期藥物治療，控

制情況也相當穩定。然而，卻因為突發性的腹痛，被診斷為晚期胰臟癌，短短不到兩週便與世長辭。此突如其來的打擊，讓作者重新深刻反思：為什麼現代人即使積極治療慢性疾病，仍難以避免重大疾病的威脅？面對各種慢性疾病與癌症的困擾，到底其關鍵源頭是什麼？作者認為，關鍵在於身體內部本有的自我修補與平衡的機制，也就是所謂好能量（good energy）。在長期面對接踵而來的壓力與外在衝擊下，逐漸失去修補與恢復的能力，最終導致代謝失衡，進而引發各種健康異常。

作者強調，當身體長期承受外在壓力時，血壓、血糖、血脂指標往往會開始出現異常增高，同時也可能出現例如經常性頭痛、疲倦與失眠等症狀。這些現象，其實都是身體在釋放警訊，提醒我們健康已經出現失衡，千萬不能掉以輕心，忽視這些失衡的訊息。唯有及時調整生活作息，培養良好的生活習慣，並持之以恆，才能打造堅實的代謝力，進一步修復細胞功能，恢復身體「好能量」狀態。

本書的第一部先由科學角度深入剖析，說明為何代謝異常是各種慢性疾病的根源，第二部則由飲食、運動、生活型態、生理節奏、與環境多元面向導入，闡述如何以正確心態與良好有效方法，及早擁有好能量。第三部提出一套簡單可行的好能量行動計畫，協助讀者將健康實踐融入在日常生活。第四部則精心設計實用可行的好能量食譜，供讀者參考應用。

好能量是我們與生俱來的本能，只要及早實踐健康的生活方式，也就是養成良好的飲食習慣、自我紀律，規則運動、並持續

保持理想體重,就能長久守護身心健康。這本書值得每一位重視健康的讀者細細品讀並身體力行,唯有持之有恆,才能擁有長遠的身心健康。

推薦序

修復失調的根源，重建健康根基

歐弘毅　中華民國糖尿病衛教學會理事長

　　這是一本關於健康生活型態的好書。

　　在台北飛往芝加哥參加醫學會的長途航程中，我興趣盎然地開始閱讀這本書。作者明斯醫師原本是史丹福醫學院訓練出身的耳鼻喉科醫師，因母親罹患胰臟癌、在確診後短短兩週病逝的震驚與悲痛，開始了對疾病根源的深度探究。

　　在多年臨床經驗與閱讀大量醫學文獻後，明斯醫師歸納出一個核心觀點：許多現代慢性疾病的共同根源，其實都來自「壞能量」──也就是長期不良生活型態導致的氧化壓力、慢性發炎、細胞能量利用失衡與粒線體功能障礙。正是這種失衡，最終演變成代謝症候群、第二型糖尿病、心血管疾病、失智、癌症、憂鬱、不孕、失眠，以及困擾現代人身心的各種病症。

　　對病人而言，身體這些看似瑣碎的小症狀，其實是上天給予的提醒，邀請我們正視並修復代謝失調的根源。如果忽略它們，終將付出更大的健康代價。而從醫療經濟角度來看，這樣的「壞能量流行病」也正造成沉重負擔：今日約 75% 的死亡與 80% 的

醫療支出，正是因肥胖、糖尿病、心臟病與其他可預防且可逆的代謝疾病而起。

本書不只是批判現代醫療的片段化視角，作者也指出了方向：比起在金字塔頂端「管理疾病」，更應該從基底開始，透過深度對話與個人化計畫，重建健康的根基。她提出「好能量」的概念：當細胞的新陳代謝順暢，生命的每一層面都會隨之改善。

其實，我們並非全然無知。早在一百多年前，現代臨床醫學之父奧斯勒（Sir William Osler）就已經提醒過健康行為的重要。2022年，美國心臟學會更提出「Life Essential 8」，把吃得健康、保持活動、充足睡眠、戒菸等健康行為與控制血壓、血糖、血脂、體重等健康因子並列，呼籲大眾積極實踐。

然而，知易行難。身為慢性病照護醫師，我深知，要在短時間內普及「正知正見」與健康識能，挑戰非常艱鉅。這也是中華民國糖尿病衛教學會與我們許多專業團隊不斷努力推動「賦能」與衛教的原因。

而這本書恰好填補了這樣的空白。透過淺顯易懂的語言，講述複雜的生理機制，同時提供具體而實用的行動指南：如何看懂自己的血液檢查、善用穿戴式裝置追蹤指標、調整飲食與作息、善待生理時鐘、重建與自然的連結、練習正念、建立支持性社群連結，乃至於以4週計畫和食譜實踐健康。

在當代社會，我們不需要像如瓦爾登湖的梭羅那樣以隱居簡樸的生活挑戰體制，也不必像陶淵明般淡定守望理想。這本書提出的是一套具現代適應性、實用可行的方法，讓忙碌的現代人用

更科學而溫暖的方式重拾健康。

　　回程時，俯瞰台北夜空中璀璨的燈火，彷彿是這本書所帶來的那道清晰的希望之光，從依稀可見到逐漸明亮。或許「好能量」的追尋，是一段沒有終點的旅程，但它值得我們每個人啟程。

　　誠摯推薦這本書，期盼它能帶給讀者新的啟發與行動力量。

推薦序
一場從細胞出發、重建健康根本的革命

呂美寶　功能醫學營養師、
芮霖健康精準營養諮詢中心執行長

　　在我多年致力於功能醫學與營養健康管理的臨床工作中，我不斷看到這樣的真實現象：許多看似各自獨立的慢性病症，其實背後有著相同的代謝失衡根源；那些總是疲倦、發炎、睡不好、血糖高、情緒波動的身體，其實從細胞層面早已在發出求救訊號。

　　在閱讀這本書時，我心有戚戚焉，因為作者所揭示的，正是現今醫療體系中所被忽略的「細胞新陳代謝失調」，更是一場從細胞出發、重建健康根本的革命。

　　這不是一本單純探討健康習慣的書，而是醫療人員與現代人飲食生活方式的深刻反思。作者身為經歷完整醫學訓練的外科醫師，卻在一次次面對病人反覆回診、藥物疊加卻始終未痊癒的無力感中，選擇停下手術刀，轉而探索「真正讓身體好起來」的真實解答。

　　書中最令我震撼的是作者母親的故事：一位被醫師稱許「挺健康的」的婦人，卻在五種處方藥與五個專科醫師的「分科照

護」下，最終在診斷出胰臟癌第四期後短短 13 天離世。這段真實經歷，像是一記警鐘：當醫療只看見數據與症狀，卻忽略整體系統失調的徵兆，我們往往錯過了最關鍵的預警。

在閱讀的過程中，我特別有共鳴的，是作者從生化生理機制出發，探討粒線體生成 ATP 能量、氧化壓力與自由基、慢性發炎等科學基礎，以及如何判讀血液檢測報告，如何運用穿戴裝置，再一路解析到飲食、壓力、睡眠、環境毒物對能量系統的干擾機制。這正是我們在營養調理中常見的核心問題：許多現代疾病，其實是身體「沒有好能量」的結果。當細胞無法產生穩定的能量，就無法完成修復、免疫、訊號傳遞等任務，最終造成全面失衡。

這本書提供了極具價值的整合觀點。它不只強調營養素本身，更強調「營養素能否被細胞有效運用」的代謝過程。書中提出六大好能量飲食原則與五種能量元素，與我在臨床實踐中幫助個案修復胰島素阻抗、改善慢性發炎與疲勞等問題的策略高度一致。我特別欣賞作者強調的觀點：關鍵不只在於「吃進了什麼」，而是「身體如何轉化、運用與釋放能量」。

此外，書中對生活型態的建議並非口號式的泛泛而談，而是以細胞生理為基礎出發，解釋為什麼光照、運動、睡眠節律、無毒生活等因素能真實改變細胞能量產生的品質與穩定度。這樣的內容不僅具實證力、易懂，更容易讓讀者產生行動的意願與信心。

同樣身為個人化營養健康管理的醫療人員，我真心認為這本

書能引領大眾「從根本啟動健康」的行動指南。它跨越了傳統醫學與整合醫學的界線，用深入淺出的方式，將複雜的生理代謝機制轉化為可行的生活選擇，並喚醒每個人對自身健康的主動性與覺察力。

如果你正與各種慢性疾病、不適症狀共處，卻始終找不到真正改善的方法；如果你渴望更深入了解身體為何「感覺不對勁」；如果你相信健康不該只靠藥物維持，這本書一定不可錯過。讓你從「疾病管理」走向「能量覺醒」，讓我們的身體不只是維持功能，而是充滿力量地活出每一天。

推薦序
從醫療現場看見「預防健康」的迫切性

邱建誌　台灣百靈佳殷格翰董事總經理

　　很高興能為《Good Energy》中文版寫下這篇序文。在當今社會，人們對於身心健康的重視程度日益提升，而本書的出版，正為那些尋求提升自我能量、追求更平衡生活的人們，提供了一份寶貴的指引。

　　這本書回應了疫情後人們對健康的焦慮與需求，結合「掌控健康」、「自我追蹤」與「生物駭客」的新科技趨勢，吸引大眾目光。書中聚焦的「代謝健康」議題，更是當前醫療的關注重心：因為幾乎所有慢性病的根源都與代謝失衡有關。

▎不只是醫療，而是生活的選擇

　　在醫藥產業服務多年，我明白現代醫藥的價值，也了解其侷限。藥物與手術在急重症治療中扮演關鍵角色，然而當我們面對日益普遍的慢性疾病——糖尿病、心血管疾病、焦慮、失眠、肥胖，甚至重症急性中風的發生，「預防」等前端行動更是關鍵！

　　本書正是對這個現實的深刻回應。作者凱西・明斯醫師以其

臨床經驗與科學素養，提出一個令人耳目一新的觀點：健康的根本，在於細胞能否有效產生與運用能量。這不僅是生理層面的洞察，更是對整個醫療體系的溫柔提醒：我們是否忽略了「預防」與「生活方式」的力量？

作為製藥廠經營管理者，我對本書的價值有兩層體會。首先，它並非否定藥物的必要性，而是呼籲我們將焦點前移，從「治療疾病」轉向「維護健康」。這種觀點，與我們近年來在精準醫療與個人化健康管理上的努力不謀而合。其次，它讓我們重新肯定與思考「醫師」的價值：不只是開藥與診斷的專家，更是陪伴病人理解身體、重建生活節奏的導師。

找到屬於自己的能量節奏

本書最值得推薦之處在於其強調的整體觀念。真正的健康並非單一面向的追求，而是身、心、靈的調和。書中引導讀者從多個角度審視自身的生活習慣，鼓勵大家透過細微的調整，逐步提升能量水平與生活品質。

這不是一本提供快速解方的書，而是鼓勵讀者培養對自身健康的覺察，並透過持續的努力，建立一套屬於自己的健康生活方式。我相信，每位讀者都能透過這本書找到適合自己的方法，活出更具活力、更富韌性的生活。

誠摯推薦本書給所有渴望提升自我、追求身心平衡的讀者。願這本書能成為您探索健康旅程中的啟明燈，走向充滿活力與幸福的未來。

推薦序

為身體注入好能量,升級健康表現,盡情享受人生

王桂良　安法診所院長

　　關於好的基因表現與健康的細胞機能,是我一直在強調與研究的,因為這是攸關身體健康的根本。以正確的方式改善基因表現、活化細胞機能,可以優化新陳代謝機制,除了有助延緩老化、預防疾病,精神、活力、認知力也能提高,身體由內而外都展現最佳狀態。

　　早年,我在外科服務的那段日子,見到病人與病魔拚搏時的身心煎熬,總是感觸良多。於是,堅信可以用不同角度看待醫療和健康的我,毅然決定轉進抗衰老及預防醫學領域。而這三十年來的臨床經驗和一路與安法相伴而行的客人,也一再鼓舞著我的初心。

　　許多慢性疾病,甚至癌症、失智症,都與老化相關。老化的細胞,粒線體功能會下降,當細胞耗盡能量、喪失功能,新陳代謝就會發生問題,難以繼續支持身體應對內外環境;只有細胞活化了、健康了,生理系統是運作良好的,人體才能維持年輕、健康、活力,人生也才有競爭力和幸福力。

很高興看到《Good Energy》繁體中文的出版，明斯醫師在書中闡述了新陳代謝與健康的關鍵連結，並提供一個可以付諸行動的四週計畫，還針對好能量飲食原則貼心設計了 33 道食譜，給予積極想要自主經營管理健康的讀者一項可行方案。而明斯醫師所提的「好能量是健康的細胞機制，壞能量是疾病的根源」觀點，也正是我這些年來心心念念在分享的預防醫學概念。

精準的個人化營養素補充，是抗衰老醫療中很基礎的一環，作用是最佳化細胞生產和利用能量的機能，以驅動健康的新陳代謝，為身體注入滿滿的好能量。除了好能量飲食與營養攝取，遠離會導致發炎的壞能量，並養成規律作息、紓解壓力、運動習慣、社會交往等好的生活型態，也能為身體創造好能量。

三十年來，我一直倡議生活型態之於健康的重要性，因為基因或是與生俱來，但仍有七成以上的基因表現可以掌控於後天，經由執行適合自身基因的生活日常，全方位善待、養護細胞，身心也會得到健康與活力的回饋，持續高品質的健康壽命。以我在安法的臨床經驗，對照台灣健保的大數據，安法客人在無用藥的健康照護下，健康表現優於平均線。

健康，是一種意識，也是一種人生態度，更是對生命保有高度熱忱的表現。明斯醫師透過寫書分享一個宏觀的健康願景，只要用調整生活型態這個簡單且基本的方法，就能增進「好能量」，感受到身體機制良好運作，活力充沛地體驗生命的一切美好。「四週好能量計畫」就在書中，即刻行動，許自己一個健康的未來吧。

推薦序

健康的關鍵，
在於重新啟動身體的好能量

林宏遠　Curves可爾姿台灣區執行長

「我們做的一切，只為避免『如果早知道』的心理遺憾！」

《Good Energy 代謝力打造最強好能量》不僅是一本關於健康的專業書籍，更是一份對自身身體深刻的理解與溫柔的提醒，而我個人的生命經驗與專業，也與此書深有呼應。

因為父親癌症離世，近十年來照顧奶奶的重任落在我和弟弟的肩上。奶奶經歷過兩次中風不良於行，她和許多台灣長者一樣，長年與慢性病為伍，因長期服用高血壓藥物、補鐵劑、軟便劑、安眠藥與其他藥物，陷入多重共病與多重用藥的循環。這段親身經歷，與作者在書中的觀察如出一轍：多數人面對疾病時，往往只能順從醫囑服藥，卻未能深究病症之間的關聯。而這看似尋常的經歷，實則是台灣高齡化社會的縮影，更是許多長者與家庭照顧者的日常寫照。

我畢業於中山醫學大學生命科學系（現為生物醫學科學系），冀望能用所學改善更多人的健康處境，在因緣際會下投入健身產業，Curves可爾姿透過更直接的健康服務，推廣全齡友善

的運動方案。醫學院體系的訓練讓我特別看重理論、實務的結合，與作者在書中提及諸多科學實證證明「生活型態會影響健康」的觀點相同。她對於「代謝為健康之本」及「未病先防」的獨到見解，讓我深刻感受，若大家能早一點知道這樣的健康觀念，是不是就可以避免更多遺憾。

書中簡明清晰的醫學觀點所闡述，慢性病是源於生活壓力、習慣失衡所累積的「壞能量」，真正的健康關鍵是啟動日常生活好能量的六大支柱：營養、運動、睡眠、壓力管理、正向社交、避開有害物質，讓疾病自然遠離，重建健康，正好與 Curves 以「凝聚在地運動社群與健康關懷」的核心深度契合。我們以運動服務串起教練與會員間的信任與情感連結，讓運動場域成為社區民眾每週必訪、身心充電的重要據點。也因此，當我看到書中提及作者母親是美國 Curves 會員時，讓我感受到特別親切與感動。

經常思考運動之外，身為台灣最大女性健身中心的經營者，我們還可以透過品牌為大家的健康多做些什麼？我們積極推廣全人健康的良好生活型態，希望有效協助讀者找回被現代快節奏生活所掩蓋的「好能量」。

深感榮幸能夠參與本書的推薦，這不僅是一個起點，更是串聯台灣運動健康產業與專業醫療領域的重要對話。2024 年台灣 Curves 會員一年的總運動數已達 572 萬人次，除了幫助會員培養運動習慣，我們應持續思考透過社群力量號召會員，深度覺察自己與家人壞能量的警訊，帶動「好能量生活計畫」的實踐，多一份支持，少一份遺憾，共同邁向更長壽、更快樂的人生。

前言
好能量的追尋之旅

我出生時體重超過 5,200 克。婦產科醫師恭賀我媽媽,她的寶寶體重創了該醫院紀錄。

但我媽再也甩不掉懷孕時增加的體重,也就此展開與體重的長期奮戰。家庭醫師說這種狀況很正常,畢竟她才剛生完孩子,而且年紀也大了,只是建議她:「吃健康點。」

我媽四十來歲時,心臟科醫師診斷出她血壓偏高。醫師說,對她這個年紀的婦女來說這很常見,然後開了血管收縮素轉換酶(angiotensin-converting enzyme, ACE)抑制劑,讓動脈擴張放鬆。

五十來歲時,內科醫師通知我媽,她的膽固醇過高(或者用醫學術語來說,是三酸甘油酯過高、高密度膽固醇過低、低密度膽固醇過高),然後開了某種斯他汀(statin)藥物,還說這幾乎是她這年齡層的人必經的坎。在美國,斯他汀類藥物位居醫師常開處方藥前幾名,每年開出 2 億 2,100 萬次。

六十來歲時,內分泌專科醫師說她罹患了前期糖尿病,還特別強調這種狀況也挺常見的,無須過分擔心。說到底,這是「疾

病的前期」，而且 50％的美國人都有。醫師開了降血糖藥二甲雙胍（metformin），在美國這種藥每年開出 9,000 萬次。

2021 年 1 月，我媽 71 歲，正跟我爸在北加州住家附近健行，突然感覺腹部深處傳來劇痛，而且有種不尋常的疲憊感。她憂心忡忡的去看家庭醫師，醫師做了電腦斷層，同時也進行化驗。

隔天收到的簡訊寫著：檢查結果為胰臟癌第四期。

13 天後，她去世了。

她在史丹福醫院的腫瘤專科醫師說，她得的胰臟癌是「不走運」的那類。診斷出癌症時，我媽正在看**五個不同的專科醫師**，服用**五種不同的藥物**。過去十多年，醫師可是常稱許她跟多數同年紀婦女相比算是「挺健康的」。從統計上來看的確如此：一般超過 65 歲的美國人一生會看 28 位醫師；美國人每一年會拿到 14 張處方箋。

很顯然，我們的孩子、父母跟我們自己，在健康趨勢上有些地方不大對勁了。

現在的青少年 18％有脂肪肝，將近 30％罹患前期糖尿病，超過 40％過重或肥胖。50 年前的小兒科醫師，在整個行醫師涯中，幾乎不會遇到有這些狀況的病人。今日，年輕人生活在肥胖、青春痘、疲勞、憂鬱、不孕、高膽固醇或前期糖尿病司空見慣的氛圍中。

成年人則是六成有慢性病。約 50％的美國人在一生中的某個時刻，會面臨心理上的問題；有 74％的成年人過重或肥胖。癌症、心臟病、腎臟病、上呼吸道感染和自體免疫疾病的發病率

不斷上升，而同時我們也投入更多金錢來治療這些疾病。在這種趨勢下，美國人的預期壽命已連續下降，且是自 1860 年以來最長的下降期。

我們深信，生而為人，這些生理與心理疾病的發生率本來就會增高，而且還聽說這些日益增加的慢性病，透過現代醫學的各項「創新」就能醫治。在我媽確診癌症之前的數十年，她一直被告知那些逐步上升的膽固醇、腰圍、空腹血糖及血壓，用藥物就能終生「管理」。

但這些病症都不是孤立的，我媽死亡前經歷的各種症狀，其實都在警示「她的細胞在能量的產生與使用上已經失調」。甚至我出生時的超大體型（在醫學上已符合巨嬰症的標準），正是她身體細胞能量運作不良的確切標記，也是妊娠糖尿病的徵兆，只是當時並未獲得診斷。

數十年來，我媽及其他成年人都只是單純得到處方藥，沒有人想探究這些症狀之間是否有關聯，甚至能否根治。

其實還有更好的解決方法，但首先得戳破「我們日漸病弱、肥胖、憂鬱、不孕的根源很複雜」這個醫療保健上最大的謊言。

這聽起來很偏激，但只要你認清，實際上野生動物並沒有普遍得到慢性病，獅子跟長頸鹿也沒有激增的肥胖、心臟病或第二型糖尿病。而現代人 80％ 的死因，都是由可預防的生活習慣所造成。

憂鬱、焦慮、痤瘡、不孕、失眠、心臟病、勃起障礙、第二型糖尿病、阿茲海默症、癌症，以及大多數折磨和縮短我們生命

的疾病，根源都**一樣**。你完全有能力預防、反轉這些疾病，而方法比你想的還簡單。

▍好能量是健康的關鍵

我想分享一個宏觀且大膽的健康願景：只要用簡單、有效且非常基本的方法，就能預測健康與壽命。有一種單一生理現象可以牽動你的感受與各項機能，不只改變此刻，還能影響未來，我們稱它為「好能量」（Good Energy）。好能量之所以重要到能改變人生，是因為它幾乎掌控了所有驅動你運作的功能，代表你的細胞是否有能量完成工作，讓你獲得滋養、頭腦清醒、荷爾蒙平衡、免疫系統受到保護、心臟保持健康、整體結構強健。具有好能量是生理功能運作的核心，比起其他生理過程更能決定你是身體健康、頭腦清晰，還是病弱體衰。

好能量也就是所謂健康的代謝。代謝指的是一系列的細胞機制，能把食物轉變成能量，進而驅動體內所有細胞。你可能不會注意到自己是否有好能量，當細胞產生能量的機制運作無礙，你根本不用特別注意，也對此毫無所覺，因為本該如此。人體有相當精細的機制確保好能量時時刻刻產生，這些細胞機制產生持續且平衡的能量，再分送到身體每個細胞，然後清理掉過程中產生的廢物，以免系統阻塞。

一旦掌握了這個關鍵的生理過程，你將不只是與眾不同，而是真正的優於常人。你會覺得充滿活力、精力充沛且頭腦清晰。你會擁有適當的體重、無痛的身體、健康的皮膚及穩定的情緒。

如果你正值育齡且想懷孕生子，便可以享有與生俱來的自然生育力；如果你日漸年長，也不用焦慮往後身體或腦力會出現斷崖式衰退，或發展出家族遺傳疾病。

若無法掌握好能量，身體就會開始出一大堆錯。畢竟器官、組織及腺體都是由細胞組成。當無法穩定且安全的提供細胞能量，器官當然就會開始掙扎，最後失能，疾病也就隨之而來，因為此時好能量已經受到壓抑，而真實情況就是如此。

這個問題簡單來說，就是失衡。驅動身體運作的這套代謝過程，歷經數十萬年演化，發展出與周遭環境協作的關係。然而身體細胞所處的環境，卻在最近數十年間有了巨大且快速的轉變。從飲食開始，還有運動型態、睡眠形式或壓力程度，以及暴露在各種非天然化學物下的狀況，都與以往大不相同。現代人所處的環境，不再是細胞所期待與需要的。環境失衡把正常的代謝功能推向失能，產生「壞能量」（Bad Energy）。而當小的細胞擾動時時刻刻在每個細胞發生，影響會超乎想像，不只擴及體內組織、器官及系統，讓你感覺很糟、有負面想法、功能低落、外表顯老，甚至影響戰勝病原體及避免慢性病上身的能力。

事實上，幾乎所有西方醫學處理的慢性健康問題，都是不良生活方式導致細胞焦頭爛額所引發的結果。這是可怕的層層擴散：壞能量毀壞細胞、器官，最終弄壞身體，讓你苦不堪言。

人體有 200 種不同型態的細胞，當壞能量出現在不同細胞，就會引發不同症狀。例如卵巢的卵泡膜細胞遇到壞能量，會出現多囊性卵巢症候群，結果就是不孕；如果血管內壁細胞遇到壞能

量，表現出的症狀可能有勃起障礙、心臟病、高血壓、視網膜問題或慢性腎病（這些症狀都與器官中血液流動不良有關）；假如是肝細胞，則可能出現非酒精性脂肪肝；如果發生在大腦，壞能量則會導致憂鬱、中風、失智、偏頭痛或慢性疼痛，端看哪種細胞的失調過程最顯著。最近實驗明確顯示，以上每一種（以及其他數十種）症狀，都與代謝問題直接相關，也就是細胞在產生能量上出問題，導致壞能量。然而現代醫學並未理解這個致病根源，只是「治療」壞能量導致的**個別器官症狀**，而非壞能量本身。但若不處理真正的問題（代謝不良），就永遠無法挽救敗壞的健康，這正是為什麼我們投入在醫療保健上的資源愈多，醫師更加盡力，提供給病患的醫療照顧與藥物愈多，得到的結果卻愈來愈差。

與 100 年前相較，我們攝取的糖以驚人的數量增加（例如攝取的液態果糖增加 30 倍），更多工作型態轉為靜態久坐，睡眠也減少了 25％。我們從食物、水與空氣中接觸了超過 8 萬種合成化學物。以上及其他許多因素造成的結果就是，細胞無法像以往那樣正常產生能量。過去一世紀，工業化生活在許多方面都以獨特且**相互加乘**的能力，破壞細胞內產生化學能的機制，導致體內各處細胞都失能，慢性病症激增。

身體會以簡單的方法讓我們知道，代謝正在變壞中：漸增的腰圍、不合格的膽固醇值、高空腹血糖及升高的血壓。我媽經歷過以上所有症狀，而 93％的美國人在這些關鍵代謝標記上，至少有一項落在危險範圍。

我媽除了肚子有明顯贅肉,其實外表看起來挺健康的,她生氣勃勃、快樂、精力充沛,看起來比實際年齡年輕。這就是代謝失常的弔詭之處:它不會讓你一下就發現全面不對勁,而且每個人的狀況各不相同,端看哪種細胞的失能表現最明顯。

我媽的例子每天都在數百萬人身上與家庭中不停上演。我寫這本書是因為她的故事跟每一個人都有關。疾病並不是無端隨機發生,而是你今日的抉擇與感受所造成。如果你正在與惱人但不會致命的健康問題戰鬥,例如疲憊、腦霧、焦慮、關節炎、不孕、勃起障礙或慢性疼痛,卻不改變照顧身體的方式,那麼導致這些症狀背後的因素,通常也會在日後讓你「大病」一場。這聽起來讓人不安,甚或嚇人,但至關重要,所以必須清楚傳達:如果今日你忽略了那些代表壞能量正在體內醞釀的警訊,將來會收到更大的警告。

從現代醫療中覺醒

過去,我可以說是現代醫療保健制度的積極擁護者,並累積大量資歷在這個系統中爬升:16 歲在美國國家衛生研究院實習、18 歲擔任史丹福大學班代、21 歲獲得大學部人體生物學論文優勝、25 歲榮獲史丹福醫學院醫學系第一名,26 歲在美國奧勒岡健康與科學大學擔任耳鼻喉外科住院醫師,30 歲贏得耳鼻喉研究獎。我在頂尖的醫學期刊發表過論文,在國際研討會演說,在數以千計的孤獨夜晚發憤苦讀,我是家族的驕傲。而這一切都曾是我整個身分的認同。

直到 5 年前擔任外科住院醫師時，我遇到了蘇菲雅。

這位 52 歲的婦女因反覆的鼻竇感染飽受煎熬，導致她長期聞到惡臭及呼吸困難。過去一年，醫師開過類固醇鼻噴劑、抗生素、口服類固醇藥物與藥用沖鼻劑，也幫她做過電腦斷層、鼻腔內視鏡和鼻息肉切片檢查。她因為反覆感染，耽誤了工作也造成失眠，此外還有過重及前期糖尿病的問題。她正在服用高血壓藥物，也在治療背痛及憂鬱，而她認為這些問題源自於健康狀況不良與老化。她因為不同症狀看了不同醫師，也分別拿到處方箋。

然而蘇菲雅沒有因此藥到病除，所以來到我所屬的部門進行手術。2017 年，我是一名剛展開第五年、也是最後一年外科醫師訓練的年輕醫師。

蘇菲雅被推入手術室後，我把固定式攝影機插入她的鼻腔，用一個小儀器把沾黏在骨頭上的腫脹組織剝離，然後在離大腦只有幾毫米的地方，把剝下的組織用真空抽乾淨。術後，麻醉醫師努力用胰島素點滴與靜脈注射降壓藥，控制好她的血糖與血壓。

「你救了我的命，」手術後她抓住我的手說道。但我注視她的眼睛，不覺得有什麼好得意的，而是感到挫敗。

我至多只是減輕了她長期鼻部感染的末端症狀罷了，完全沒有解除造成感染的根本原因。而且關於她的其他健康狀況，我也完全沒有幫上忙。我清楚知道，之後她會因更多鼻子以外的其他症狀，頻繁奔波於各專科醫師之間。在我永遠改變她的鼻部結構後，她能否「健康」的離開恢復室？造成她罹患前期糖尿病、過重、憂鬱及高血壓（我知道這些都與感染有關）的因素，跟鼻子

反覆感染**毫無關係**的機會有多大？

蘇菲雅是我**當天**第二位鼻竇炎手術患者，也是該週的第五位。我在住院醫師生涯中，已經在紅腫發炎的鼻竇組織上施行過數百次這類手術，然而許多病人會為了術後回診及其他疾病一再回到醫院，其中最常見的是糖尿病、憂鬱、焦慮、癌症、心臟病、失智、高血壓及肥胖。

除了日復一日動手術清除病患頭頸部的發炎組織，從來沒有人教過我人體發炎的**成因**，或它與困擾現今多數美國人的發炎性慢性病之間的關聯。一次都沒有。也沒人引導我去思考，「**啥，怎麼都是炎症？**」我直覺認為蘇菲雅的所有症狀可能互有關聯，但依舊固守專業，遵循醫學指引，拿起手術刀、開出處方箋，從來沒有發揮好奇心一探究竟。

遇到蘇菲雅後不久，我萌生堅定的信念：儘管現代醫療體系的範圍與規模如此龐大，但在還沒找出病人及親朋好友生病的根本原因之前，我不想於病人身上再次動刀了。

我想要知道，為什麼會有這麼多疾病激增，而且有明顯模式顯示彼此可能有關。最重要的是，身為醫師，我想找到讓病人可以**不必進**手術室的辦法。我當醫師是希望為病人帶來根本的活力與健康，而不是每天盡可能對更多病人開藥、動刀與收費。

我漸漸清楚認知到，雖然許多醫師原本行醫都是為了救人，然而事實擺在眼前，從醫學院到保險公司再到醫院、藥廠，所有與醫療相關的機構，都是靠「管理」疾病而非治癒病人在賺錢。這種誘因明顯創造出一隻無形的手，引導好人允許壞結果發生。

一直以來我的目標很單一，就是努力站到醫學領域的高峰。如果我不再開刀，就沒有後路，而且為了習醫，我已經投入 50 萬美元之譜。彼時，我無法想像不當外科醫師還能幹什麼。

　　然而，「**病人沒有好轉**」這個刺眼事實在我腦中始終揮之不去，與之相比，所有考量都微不足道。

　　2018 年 9 月，在我 31 歲生日當天，只差幾個月就完成 5 年住院醫師訓練之時，我走進主管辦公室遞上辭呈。儘管我的牆上貼滿醫療與研究相關榮譽獎項，儘管頂尖醫療機構開出約 50 萬美元年薪極力邀請我擔任教職，我還是轉身離開醫院，決心展開新的旅程。我要解開病人罹病的真實原因，找到幫助病人重拾並保有健康的方法。

　　我從這場追尋之旅中獲得的洞見，來不及挽救我媽的生命，因為在我離開傳統醫學領域之前，癌症可能早已經在她體內快速蔓延。我寫這本書是因為，此刻有數以百萬人有機會活得更健康、更長壽，只要採用醫師在醫學院沒學到的幾個原則就行了。

　　我也深信，對疾病根源缺乏了解，代表我們有更大的精神危機。我們已經脫離對身體與生命的敬畏，不再參與食物的製造，工作與求學時久坐不動的時間愈來愈長，更切斷了根本的生物需求，例如陽光、優質的睡眠、乾淨的水與空氣。這把我們的身體置於混亂與恐懼之中，細胞大量的失調，最終衝擊了頭腦與身體的運作，連帶影響對世界的認知。醫療系統利用這種恐懼從中獲利，為這類失能症狀提供「解方」。這就是為何醫療系統是美國最大且成長最快速的行業。我們對身體的看法陷入過度簡化與碎

片化，因此把人體區分成數十種彼此獨立的部分。這種觀點無助於人類的繁榮發展。事實上，人體是令人敬畏且互相牽動的實體，會在每次我們飲食、呼吸或沐浴在陽光下時持續再生，並與外在環境交換能量與物質。

毫無疑問，美國的醫療系統在過去120年出現過無數奇蹟，但在預防與反轉代謝症狀上卻迷失了方向，而這正是今日超過80％醫療保健支出與死亡的主因。情況雖然緊急，但這是一本樂觀與實用的書。醫療保健系統的強項之一是，可以接受強烈抨擊與重整。人類的聰明才智曾在各種困難時刻，創造出幾乎無人能想像的進步與全面改變。下一次的健康革命，將發生在了解所有疾病根源都與能量有關，以及減少醫學分科（並非增加）才是解決之道。現在已有工具與技術，可以從分子層面知道細胞內部的狀況，於是最近的研究讓我們開始清楚看到，疾病之間並非孤立，而是息息相關。當我們把醫學架構轉變為以能量為核心的模式，就能快速醫治好醫療系統與我們的身體。幸好，增進好能量比想像中更輕鬆更簡單，你可以按部就班，讓它成為生活中的優先事項。這本書會告訴你如何做到。

本書第一部將從科學出發，解釋代謝為何是疾病的根源，以及現行醫療體系是受何影響而忽略了這點。第二部提供可以馬上執行的正確心態與良好策略，讓你從今天就感覺更好。第三部將整合提出一套可以付諸行動的4週好能量計畫，第四部則是納入好能量飲食原則的33道食譜。貫穿全書的，是我在體制內外一路走來所經歷的故事，以及倡導代謝健康先行者提出的洞見。

好能量是我們的目標，也是應該永遠放在心中的準則，而好能量創造出來的世界也令人不可思議，是我們可以食用美好的食物、活動身軀、與自然交流、享受所處的世界，並感覺滿足、有活力、精神抖擻。這景象令人振奮，因為活在好能量中代表有好食物、快樂的人、真實的連結，進而讓珍貴的生命有最美的呈現。

不可諱言，在提升健康上我們面臨的挑戰相當沉重。然而我已經預見，所有的一切都可以**即時**改變，從簡單問一個問題就能開始：有好能量的感覺會是如何？我想請你現在就問問自己這個問題：當身體機能運作良好時，是什麼感覺？是身體可以輕鬆享受各種體？是頭腦思路清晰有創造力？是感受到生命建基在穩定且強大的內在力量上？想像你自身有充沛的力量，每天都充滿樂趣、幹勁、感恩與喜樂。花點時間，讓自己深深感受一下，好好想一想。

我希望這本書能改變你的生命，讓你從今天起就感覺更好，並避免明日疾病的發生。這一切，就從了解並根據好能量科學行動開始。

想查閱本章引述的論文，請上網站 caseymeans.com/goodenergy。

第一部

能量主宰
細胞與健康

第 1 章

分科獨立 vs. 能量中心的健康

醫學院畢業時,我必須在 42 個專科中選定一個,從此全心投入研究這個身體部位。

現代醫學一言以蔽之,就是「分科醫療」。從展開醫學教育,我就由對人體有較全面整體的理解,漸漸進入愈分愈細的領域。大學主修醫學院預科開始,我放下物理與化學,一心投入生物的學習。醫學院時,我牢記所有人體生物學的知識,對於其他生物系統不再關心。擔任住院醫師時,我專心在頭頸部這個特定範圍內施行手術,幾乎不涉及其他身體部位。

如果我完成 5 年的住院醫師訓練,我就有資格更進一步,專注在這個專科下的一個次專科,成為只專注鼻子的鼻科醫師、只研究喉頭的喉科醫師,或專心研究內耳三根小骨頭及耳蝸與耳膜的耳科醫師,甚至是頭頸部癌症的專科醫師。我的首要職涯目標,將是在愈來愈小的身體部位中達到愈來愈好的醫療成果。

如果我**真的**表現優異,日後甚至可能會有身體某個小部位的疾病將冠上我的名字,如同世界知名耳科醫師、史丹福醫學院

院長邁納（Lloyd B. Minor）獲得的殊榮。邁納在專業生涯裡完全專注於人體的微小之處，以他名字命名的病症稱為邁納氏症（Minor's syndrome），是指內耳骨因微小改變導致的多種不平衡與耳部症狀。邁納院長展現出醫師的最高典範：持續專注在自己的專業，並努力向上爬。這樣做也是最好的自保之道，因為對一般臨床醫師而言，專注本業能確保不會因為專業範圍外的錯誤診治而惹上麻煩。

我擔任第五年住院醫師時，是耳科的住院總醫師，耳科是頭頸部外科的次專科，著重在耳朵周圍之處，此處專門控管聽力與平衡。我常常診治莎拉這類病人。莎拉是 36 歲的婦女，罹患頑固型偏頭痛，而且每個月會發作 10 次以上前來看診。這種讓人衰弱的神經系統狀況會有頭昏眼花與聽力症狀，患者通常要在迷宮般的醫療體系中四處流轉，才能成功來到正確的地方。歷經 10 年難受的偏頭痛折磨，莎拉的世界驚人的縮小，她的生活幾乎失能而且大部分時間都足不出戶，日子成天繞著病況打轉。她對光非常敏感，所以都戴著包覆式太陽眼鏡，又因為關節炎而拄著枴杖，身邊一定有一隻情緒輔助犬。

我檢視她傳真來的上百頁病歷，發現她為了處理一大堆頑強且疼痛的症狀，在過去一年看過八位專科醫師。神經科醫師為她的偏頭痛開了藥，精神科醫師為她的憂鬱症開了血清素抑制劑（SSRI）、心臟科醫師為她的高血壓開了藥、緩和醫療專科醫師為她全身關節疼痛開了額外的療法。儘管有這些醫療措施與藥物，莎拉還是痛苦不堪。

仔細逐頁看過這份病歷後，我驚呆了。她已經嘗試過這麼多，我還能提供什麼新療法呢？

在我的例行偏頭痛評估問卷中，我詢問她是否試過什麼飲食法可稍微減輕偏頭痛？她從沒聽說過這類資訊，這讓我很驚訝，因為院內其實有相關主題的衛教單供她這類病人隨時取閱。但我的同事都沒有意識到營養衛教的重要性，因此也沒有人提醒她看看衛教單，反倒是幫她做了一些檢測，進行了昂貴的電腦斷層掃描，還開了精神藥物及其他藥給她。當我說明若從飲食中去除引發偏頭痛的食物很可能有效時，她表現出明顯的猶豫。她的肢體語言透露出，如果靠食物這種平凡的東西就有幫助，以前那些醫師早就跟她說了。她想要試試別種藥物。

我經常碰到類似的情況，莎拉並非第一起。病人來求診多半為了沉痾已久的慢性病，隨之而來的是一大疊病歷。但莎拉跟其他病人相比實在太年輕了，而她短時間內在不同專科醫師之間走跳，更讓這個醫療系統的失敗特別惱人。她病得愈來愈重，身上的慢性病不只一種，而是好幾種。她感覺還不大清楚狀況，但我一看就知道，她的壽命幾乎確定正在縮短。她對治療結果並不滿意，但仍相當依賴且執著。

我試著隱藏起不安的感覺。我怎能就這樣開出另一份處方，完全放棄鼓勵她嘗試有重要數據支持的簡單策略？想到另一份處方藥並不會是根本改變她生命的神奇藥丸，我的胃就一陣絞痛。我們大可虛偽的假裝對新藥物充滿希望，安排六週後回診看結果，然後因為已經盡力而滿意的結束看診。但我們心知肚明，莎

拉一身的病痛並不是因為藥吃不夠造成的。

我大可像她之前求診的其他醫師那樣做,而且照規矩我也該這樣做:根據症狀準則寫下病名,排除威脅生命的嚴重問題,附上處方,輸入收費代碼,然後放下。這也算是得體的行醫之道。但是莎拉,以及其他類似的複雜案例讓我想做些改變,往源頭探去,問問為什麼這些症狀會在這裡出現。

層層探索,找出致病的原因

有疑慮的時候,永遠要先發問。莎拉的病歷中,最關鍵的問題是:她的各種症狀彼此間是否真的各自獨立,或者之間有所關聯但同事與我都沒有發現?

▎無形的全面發炎

翻閱她的生化檢驗結果,有一項發炎指數特別高,這個指數如果很高代表有糖尿病或肥胖之類的症狀。我注意到莎拉也有發炎性關節炎,代表慢性發炎在此處發作。所以我問了另一個問題:發炎是否也跟偏頭痛有關?我快速搜尋生物醫學資料庫PubMed,出乎意料的馬上找到千餘筆顯示兩者相關的論文。

我深知發炎代表腫脹、發熱、發紅、化膿或疼痛,是因為免疫細胞正在受傷或感染之處緊急發揮作用。這些症狀很有用,因為顯示出有某種有力且搭配得宜的防衛機制,正在遏制、化解以及治療受傷或快受傷的組織。免疫系統一直在找尋外來、不需要

或受傷之物，並在偵察出有異之後，幾秒內就迅速進行處理。問題解決後，免疫系統會關閉發炎作用，於是一切回到正常。發熱、發紅、腫脹與疼痛都消失無蹤。

但莎拉的體檢報告及其他生物標記讓人一頭霧水。她沒有受傷，沒有我看得出的明顯感染，沒有什麼現象是暫時的。但她的免疫反應打開了，然後持續開啟，而且到了會連帶傷害身體的程度。為什麼免疫系統會維持活躍，堅持保持警戒與防禦狀態，在急性症狀解決後仍長期發炎，甚至波及其他身體組織？

當我深思身為耳鼻喉外科醫師要怎麼診治時，忽然驚覺：這幾乎是**全身**發炎。在醫學名詞中，以炎字結尾代表發炎，所以我們的診療內容充滿了鼻竇炎、扁桃腺炎、咽炎、喉炎、耳炎、軟骨炎、甲狀腺炎、氣管炎、腺樣體炎（adenoiditis）、鼻炎、會厭炎、唾液腺炎、腮腺炎、蜂窩性組織炎、乳突炎、骨髓炎、前庭神經炎、內耳炎、舌炎等。我是治療發炎的醫師，但我對發炎還是沒有完全搞清楚。在耳鼻喉科，我的工作主要是消滅任何出現在耳朵、鼻子、喉嚨處的發炎，過程中通常會使用口服、鼻用、靜脈注射、吸入及局部使用的**抗發炎**藥物，所有藥物都是在處理免疫系統過於活躍的問題。

假設所有藥物都失效，就像先前提過的蘇菲雅那樣，這時處置方式就會升級為手術：在病人體內打一個洞，減緩因發炎造成的阻塞，並排出發炎性體液。有時我們會使用器械來排除病人體內的腫脹，像是將管子伸入病人耳內來排除體液、在頭骨上鑽洞吸走頑固的膿，或置入氣球擴張因慢性發炎而變狹窄的氣管。

這些藥物與手術可以暫時制止發炎或把發炎效應降到最低，就好比用柔術制服入侵者並壓倒在地，但處理過的組織常常再度腫脹，或者膿會在堵塞處再次聚集。而研究為什麼會一再反覆發炎，並不屬於醫師的工作範圍。

一旦我試圖剝開層層洋蔥，一路開始充滿了「為什麼」。為什麼這類病人身上的免疫系統會長期這麼活躍？為什麼原本健康的細胞要持續發出「害怕」的訊號，召集免疫系統幫手前來助陣？我無法看到或找到如割傷或感染之類明顯的威脅，病人當然也不明就裡。那麼，為什麼微觀尺度下的細胞如此害怕？

我思考莎拉的生化檢驗與發炎指數，早就知道發炎指數跟糖尿病、肥胖及自體免疫疾病大有關係。然後我忽然想到，有沒有可能她的**所有**症狀（不僅只是我的耳鼻喉科範圍），都是由發炎所引起？是不是有某個單一機制引發了這麼多不同的疾病型態？她身體各部位的激烈反應是否都是由同一個**看不見**的威脅造成的？從我今日的觀點來看，事實不言自明。實驗已顯示，慢性發炎是引發耳鼻喉以外各項疾病及症狀的重要因素，上至癌症與心血管疾病，下至自體免疫疾病、呼吸道感染、腸胃症狀、皮膚病、神經疾患等。但醫療機構的文化不會將心力投注在這些關聯上，也不會更深入詢問「**為什麼**」會出現這所有的炎症。

然後我才開始了解我到底知道多少。

自從我完成所有組織學指定作業，看過顯微鏡下上百片人體組織玻片，我就對人體由將近 37 兆個細胞組成這件事驚嘆萬分。我驚嘆於細胞的複雜度，驚嘆於細胞雖然微小，卻是生命的

最根本，以及我們是如何由細胞組成的。細胞內藏許多訊息。每個細胞都是一個小宇宙，有繁忙的工作與活動。一言以蔽之，是細胞的這些活動造就我們的生命。

細胞沒辦法跟我們訴說它們在怕什麼。但神奇的是，如果我們從細胞的角度來看，答案就浮現了。沒錯，答案很複雜，但並沒有像某些人希望我們相信的那麼複雜難懂或獨特。

我離開醫院後，出現了一個探索這些問題的機會。我可以自由填補之前傳統醫學教育留下的空白，並親身感覺到自己比以往更加健康有活力，於是興奮的馬上投入進階訓練，學習營養生物化學、細胞生物學、系統暨網路生物學及功能醫學，擴展並翻轉了我原本對健康與疾病的理解。我也因而認識了數十位醫師，他們跟我一樣為了追求更好的醫學而從一流機構退出，就是希望有能力讓病人的疾病真正獲得「治療」，而非僅是「管理」。

重整旗鼓並恢復精力後，我很快在波特蘭珍珠區開了一間小診所，就在一個窗戶向陽並有許多植物的共同工作空間裡。我告知一些朋友與同事，我正在做一些不一樣的事，將專注在增進健康上，而非提供醫療照護。與其當受尊敬的醫師，在醫學頂端管理疾病，我寧願透過深度對話與量身打造的個人計畫，努力從金字塔底層來重建與維護良好健康。病人與我將攜手從根本為強健的身體打下基礎。消息一出，診所預約馬上額滿。

很多病人都是帶著一大堆長期且複雜的病情前來，如同蘇菲雅跟莎拉那般。不過這次，我們將從基礎的細胞層面這個新角度來處理問題。我的責任就是給予細胞工作之所需，並為它們排除

工作障礙，方法是著重營養的改變、生活習慣的調整，以及提供細胞整體的支援。病人得到的結果也相當不同，經常是脫胎換骨般的改變。那些痼疾如體重增加、睡眠不佳、擺脫不了的疼痛、慢性病、高膽固醇，甚至生育問題等都開始消失，有時候幾週就見效，有時花了幾個月。發炎漸漸消失，且永不復發。而病人通常會減少藥量，或根本不再吃藥。我有幸幫助那些決心改善健康的人，重拾生命的希望與應有的樂觀。一般來說，要達到這樣的結果，需要的是**少做一點事**，而非再加上一種藥，然後再進行一種介入療法，這跟我以前所學可說完全相反。

我從這種新的行醫方式中學到很多。特別是引發疾病、疼痛及痛苦的發炎之所以發生，根源是細胞內的運作遇到障礙，包括細胞的功能、傳訊及自我複製都受到影響。所以答案很明顯：如果我們想恢復身心健康，不能只看發炎機制，還要更深入一層，進到細胞的核心。

▎隱藏的新陳代謝、粒線體與功能障礙

經過數年發掘，我終於發現體內發炎的原因其實相當簡單：慢性發炎常代表身體細胞因壞能量的運作，持續感受到能量不足的威脅，免疫細胞於是趕去受難之處，最終造成發炎。

能量不足的細胞就是受威脅而處於險境的細胞，它的代謝異常，難以產生能量，只能勉強完成日常工作。這個胡亂揮舞求救的細胞會送出化學警告訊號，召集免疫系統馳援，但免疫系統反而在身體裡進行了一場為了自救而自己打自己的小型戰爭，造成

極大的連帶損傷，最終導致更糟的症狀。這就是為什麼慢性發炎通常會伴隨代謝異常及很多其他症狀。

深入細胞生物學世界聽來讓人卻步，但有一種簡單方法可以有效改變我們對健康與疾病的認知，那就是從細胞裡粒線體製造能量的效率好壞來判斷。

你可能聽過「粒線體」一詞，而且從高中生物課得知它是細胞的發電廠，能將食物能量轉變為細胞所需的能量。這個細小的胞器是轉換器，任務是把我們進食後的分解產物，轉變成可供細胞運作使用的能量。體內不同器官，例如肝、皮膚、腦、卵巢、眼睛等，組成細胞都各不相同，所含粒線體數量也不同，從成百上千個到只有少數皆有可能，端看細胞功能為何，以及完成這些功能需要多少能量。

當身體處於健康狀態，從吃進的脂肪和碳水化合物得來的脂肪酸與葡萄糖，在消化過程中會進行分解，然後進入血液，再運送到個別細胞裡。葡萄糖會在細胞裡進一步分解，所得分子在粒線體中經過一連串化學反應後，產生了電子。這些電子被送去進行粒線體的獨特機制，最後合成出三磷酸腺苷（adenosine triphosphate，ATP）。ATP 是人體中最重要的分子，是用來「支付」細胞內所有活動的能量貨幣，進而維持我們的生命。

事實上，人體裡有很多 ATP。人體內每秒鐘發生數兆個化學反應來支持生命的運作，而這些都需要能量（也就是由粒線體產生的 ATP），因此每分每秒都要有足夠的能量才行。沒有能量來推動反應，不誇張的說，我們就會分崩離析；人體沒了能量的支

撐,真的就會漸行分解倒地。

雖然 ATP 分子非常小,但人體平均每天大約累積生產 40 公斤 ATP,由於持續的生產、消耗、回收 ATP,速度快到我們根本沒有察覺。人體內的 37 兆個體細胞,每個體細胞都像是由細胞膜包圍成的小城市,持續不斷因各種活動、交易與生產而忙碌。身體細胞每秒鐘進行的各項過程多到難以計數,而要讓細胞達到最佳功能所需的主要活動,可以概括為七類,每一類都需要 ATP(也就是好能量)才能順利運作。

1. 製造蛋白質:細胞要負責生產約莫 7 萬種不同的蛋白質,因應人體各種修建與運作。蛋白質細胞有各種形狀、大小與功能,負責許多工作:可以是細胞表面的受器;可以當葡萄糖等分子進出細胞的通道;可以擔任細胞內的骨架,支撐起細胞形狀並幫助細胞行動;可以是位在 DNA 表面判定活化或抑制基因的調節蛋白;可以在細胞間傳遞訊息做為荷爾蒙及神經傳遞物之類的傳訊分子;可以有錨定作用讓鄰近細胞緊緊結合。除此之外,數個不同的蛋白質可以在細胞內結合成功能特殊的機器,例如組成粒線體內稱為 ATP 合成酶的旋轉渦輪,負責 ATP 的最後合成步驟。這些只是蛋白質的部分任務,但簡單的說,蛋白質擔負築起細胞架構、組成細胞中的機器,以及發出訊號的功能。

2. 修復、調節與複製 DNA:細胞要負責複製 DNA,以確保在細胞分裂過程中,每一個新生成的細胞都擁有完整的遺傳物質。細胞也會修復 DNA 上的所有損傷,以免造成突變而導致癌

症或其他疾病。細胞還擁有能夠修改基因組折疊與三維結構的複雜機制，方法是透過**表觀遺傳**的改變，來調節特定時間在特定細胞中由哪些基因來表現。我們的細胞經由 DNA 複製與細胞分裂過程，持續進行更新與替換。

3. **細胞訊息傳遞**：細胞內的所有活動，都是由細胞訊息傳導來統籌進行。這種在細胞內外不斷傳遞的微小生化訊息，會給出指令與充足的資訊，指出哪些需求要進行，要在哪裡進行，以及哪些需求要啟動，哪些需求要關閉。例如，用餐後身體要產生胰島素來把血糖降到正常值，胰島素會與細胞表面結合，引發細胞內部一系列訊號，促使細胞把葡萄糖通道送到細胞膜，好讓葡萄糖流入細胞內。人體內的各細胞也會持續互相溝通，方法是透過各種訊息傳遞途徑來接收與傳遞荷爾蒙、神經傳遞物及電脈衝之類的化學訊息。

4. **運輸**：就像卡車要跑遍全國運輸貨物一樣，細胞要運作順利，也要將細胞內的分子物質運送出去。每個細胞都具有在細胞微觀環境裡打包、分類、運輸分子的能力，而且可做到無比精確。比方說，當細胞製造了一批神經傳遞物血清素（作用之一是幫助調整情緒），會把血清素打包成一個囊泡（細胞裡的小袋子），接著把囊泡用馬達蛋白（細胞裡的小車）送到細胞膜，進而與鄰近的神經元作用。這個過程創造出我們的思維與感情。某些細胞（例如免疫細胞）有時也會把**自己**運送到體內各處。當免疫細胞受到發炎的化學訊號觸發，得前往受威脅之處時，會彷如在高速公路上行駛一般，從骨髓釋出快速進入血流，等到達遇險

的器官後，就會用有如長長手指般的突觸爬過器官，然後進入需要免疫細胞發揮效力的受威脅之處。

5. 維持體內恆定：細胞要持續運作以維持健康的運轉條件，包括酸鹼度、鹽濃度、能生成電脈衝的帶電分子梯度及溫度。保持體內化學反應能順利進行的最佳環境稱為體內恆定。

6. 細胞廢棄物的清理與自噬：細胞會透過自噬（也就是把自己吃掉）這種過程來進行自身元件的再利用，以清理受傷部位和蛋白質，並回收原料。若是粒線體進行回收與更新則稱為粒線體自噬（mitophagy），這個重要環節是為了維持細胞內健康的粒線體數量。尤有甚者，細胞甚至可以啟動自身的死亡，以讓位給更健康的細胞，這種重要過程稱為細胞凋亡（apoptosis）。

7. 代謝：當然，ATP 也用來產生能量，因為產生能量的過程也需要能量來推動。

以上各項活動都需要 ATP 才能進行，而 ATP 則要靠正常運作的粒線體來產生。當可用的合適材料數量正確，粒線體會產生充沛的能量提供細胞活動之所需，以此涓滴澆灌全身細胞，確保身體健康。簡單來說，器官是細胞的集合，當一大群健康有活力的細胞都能克盡己責，才能造就健康器官，順利完成所有任務。每個細胞都有各自應完成的工作藍圖，所缺的只是資源。若粒線體沒有適當的條件，或在數量不對的錯誤原料間疲於奔命，就無法產生足夠的 ATP 供細胞所需。細胞層面的壞能量不僅會逐漸造成器官的問題，也會導致細胞敲起警鐘大聲求援：**出問題了，**

我們需要幫助！於是永遠保持待命的免疫系統會瞬間到達現場。

然而這個情況下，要解決的不是感染或受傷這類免疫細胞可以快速清理、馬上完工的問題，而是更複雜、細胞運作層面的根本問題。這問題免疫細胞根本解決不了，因為導致粒線體辦不了正事的原因，是**我們的外在環境**。由細胞層面來看，身體所處的環境跟 100 年前已經完全不同了。

現代飲食與生活習慣也同步肆虐我們的粒線體。粒線體及其所在的較大細胞，長期以來已共同演化好面對外在環境。它的機制會與從外界進入體內、最終進入粒線體的各項輸入與資訊之組合相連結。某些種類的營養素、陽光及從消化道病毒傳來的資訊等，都有助於驅動或供應細胞及粒線體工作的所需。但現在許多輸入與資訊流已完全改變，結果反而阻礙了粒線體的正常運作，甚至造成極大危害。

原本強大的免疫細胞，因試著維護奄奄一息並因粒線體功能失常而受威脅的細胞，會變得完全無能。免疫細胞無力阻擋造成傷害的因素，也無法從現代工業世界造成的非自然環境中得到資源。免疫細胞阻止不了你喝可樂，沒辦法幫你過濾水，不能關閉你手機上那些引發壓力的通知，無法預防你吃下含荷爾蒙干擾素的農藥與塑膠微粒，也不能讓你早點睡。如此一來，它只能運用原有的工具：召喚更多免疫細胞、送出更多發炎訊號，然後一直戰鬥直到事情解決。不過問題並沒有解決，因為有害的環境輸入從未消除。這就是慢性發炎的根源。

因為粒線體功能障礙，導致某一群細胞無法運作，而因為免

疫細胞過度熱心（加上無助），潛入該區域進行支援，導致器官功能發生障礙，因而出現症狀。今日我們對抗的大部分慢性病症，單純就是同樣的災禍發生在身體不同部位，所展現出的不同表現。我們的生活方式導致粒線體受傷，細胞因為沒有足夠的能量於是變得異常，免疫系統嘗試挽救卻失敗，甚至在免疫系統多方嘗試後，讓情況變得更糟。

當今的環境到底如何蹂躪粒線體？可以細分為 10 項主因來說明（第二部會進一步詳述），而且彼此互有關聯。

1. 長期營養過剩：長期營養過剩指的是，長時間攝取超過身體所需的過多熱量及巨量養分，這會導致粒線體在很多方面功能不良。我們吃入的熱量比 100 年前約多了 20％，攝入的果糖甚至高出 700％到 3,000％，而所有攝入的食物都要靠身體來處理。試想，如果你要做比平常高出 700％到 3,000％的工作量會如何？你一定會崩潰！我們吃太多了，細胞完全無法處理食物代謝後的物質，所以這些物質會堆積、有害的副產物會過量，而且細胞內的許多活動，包括粒線體功能都會出問題，致使細胞內部充滿有毒脂肪，阻擋了細胞正常發出訊號及進行活動的能力。除此之外，當粒線體要把過多食物轉化成能量時，因為負荷過重，會產生並釋出稱為「自由基」的反應分子。自由基是帶有一個負電荷的分子，這個高反應性的電子為了尋求中和，會與粒線體及細胞上的結構結合，進而造成顯著傷害。身體有很多機制可以安全的中和自由基，包括產生可以抓住並消滅自由基的抗氧化物。

然而，當產生的有害分子過量，身體就沒有能力處理，長期營養過剩就是如此，結果可能形成稱為「氧化壓力」的破壞性不平衡，造成粒線體與周遭細胞結構損傷。一般來說，體內有少量且可控的自由基是健康的，因為在細胞裡自由基可以當作傳訊分子，不過當自由基數量大到不可控且氧化壓力增加時，則會引發連鎖反應造成傷害。數量健康的自由基像是舒適的營火，氧化壓力則是有殺傷力的森林大火。

造成我們長期攝入過多食物能量的關鍵原因，是超加工食品太易取得，這些食品會阻礙身體飽足機制的自我調節，直接觸發飢餓與嘴饞。這些由工廠製造的超加工食品以化學技術讓人上癮。在美國，人們攝入的熱量有超過60％都屬於此類食品。

2. 營養缺乏：缺乏維生素與礦物質等某些微量營養素，會導致粒線體功能失常。粒線體產生能量的最後一個步驟，是電子要在稱為「電子傳遞鏈」的五個蛋白質結構上傳送，最後以此驅動一個小分子馬達來釋放出ATP。這五個蛋白質錯合物都需要微量營養素來活化才能運作，微量營養素就像小小的鑰匙，用來打開蛋白質上的鎖頭。不幸的是，我們現在的飲食嚴重缺乏微量營養素。在美國，約有半數人在某些重要營養素上攝取不足。有部分原因是土壤貧瘠（因使用農藥與機械化耕作等現代工業化農法所造成），再加上飲食也缺乏多樣性，至少有75％的人沒有吃足建議量的蔬菜與水果。我們的熱量大部分來自以小麥、大豆與玉米等穀物精製而成的商品，這些食品全都缺乏足夠的微量維生素，加上密集的讓身體充滿大量碳水化合物與會造成發炎的脂肪，

更使問題雪上加霜。舉例來說，研究顯示，缺乏微量營養素輔酶 Q10 會導致 ATP 的合成減少，因為電子傳遞鏈要運作正常不能缺少 Q10。其他與粒線體運作有關的微量營養素還包括硒、鎂、鋅，以及數種維生素 B。

3. 微生物群系問題：健康且活躍的腸道微生物群系，會充滿有益微生物生存的食物，而且沒有危害微生物的化學物，然後可以產生數千種稱為後生元（post-biotic）的化學物，從腸道出發在人體中旅行，擔任重要的傳訊分子，其中有些更會直接影響粒線體。短鏈脂肪酸之類的後生元分子，對於粒線體的正常運作及免於遭受氧化壓力至關重要。微生物群系不平衡也稱為「微生態失調」（dysbiosis），此時無法生成後生元等有益化學物，粒線體所需的傳訊與支援因此遭到剝奪。微生態失調的觸發因子包括過量精製糖、超加工食品、農藥、安疼舒（Advil）等非類固醇抗發炎藥物、抗生素、慢性壓力、缺乏睡眠、攝取酒精、四體不勤、抽菸及感染等。

4. 久坐的生活型態：缺乏運動會導致粒線體功能減弱，造成細胞內粒線體的數量減少且體積變小。對細胞來說，運動是告知細胞製造更多能量以供肌肉使用的有力訊號，方式則是透過調升數種基因與荷爾蒙通道，積極刺激細胞裡的粒線體發揮功能與增加數量。此外，運動也會刺激身體產生抗氧化物。我們坐著時，較難避免自由基的傷害，因而使粒線體容易遭到損傷，而且也不會發出有利於粒線體的訊號，讓粒線體的功能障礙更趨惡化。

5. 慢性壓力：長期承受壓力，會經由數個機制導致粒線體功

能失常。第一個機制是,慢性壓力會啟動壓力荷爾蒙皮質醇的釋放,阻礙與粒線體新生相關的基因表現,造成粒線體數量減少,導致能量產生變少。過量的皮質醇也會增加自由基的生成,有部分原因是皮質醇抑制了抗氧化物的生成。

6. 藥物:很多藥物會傷害粒線體的功能,包括抗生素、化療藥物、抗反轉錄病毒藥(antiretroviral drug)、斯他汀類藥物、β阻斷劑、高血壓藥物「鈣離子通道阻斷劑」。酒精、甲基安非他命、古柯鹼、海洛因及K他命也都會對粒線體造成負面影響。

7. 睡眠不足:睡眠品質不良且長度不足,會產生許多損害粒線體的後續影響。睡眠品質不好會造成荷爾蒙不平衡,包括改變皮質醇、胰島素、生長激素及褪黑激素的濃度,以上種種都會對粒線體造成影響。此外,睡眠不足會擾亂產生新粒線體及複製粒線體的基因表現。壓力、睡眠不足都會活化產生自由基的細胞機制,抑制抗氧化物的生成,導致自由基的產量增加。

8. 環境毒物與汙染:在上個世紀,許多合成的工業化合物進入了我們的食物供應體系、水、空氣、消費品之中,正在對粒線體造成重大傷害。簡單列出其中幾樣,包括農藥、多氯聯苯(PCBs)、殺蟲劑與香味產品裡的苯二甲酸類、不沾鍋具、食品包裝以及其他消費品上的全氟烷基化合物(PFAS),以及存在於塑膠、樹脂、戴奧辛等物中的雙酚A。有些天然物,例如重金屬也侵入環境中,可能直接危害粒線體,包括鉛、汞與鎘。除了這些以外,香菸及電子菸產生的化學物則屬於對粒線體及體內生物作用傷害最大的毒物群。你是否曾經想過,香菸為何對人體健康

傷害如此大？最重要的原因是，香菸煙霧中的氰化物、醛與苯會直接導致壞能量，阻礙粒線體的功能，使粒線體 DNA 產生突變，並造成粒線體形狀改變（例如粒線體腫脹）。酒精也可同樣視為粒線體毒物，而且已證實會改變粒線體的形狀與功能、損害粒線體 DNA、造成氧化壓力，並降低新粒線體的生成。

9. 人造光與晝夜節律混亂：攜帶式電子裝置的出現，使我們持續暴露在人造藍光的照射下，目前已認定這會損害粒線體的功能。在非正常時間暴露在強光下，會影響我們的晝夜節律及許多代謝途徑。這些代謝途徑本來只會在一天的某些特定時刻啟動，端看眼睛（以及大腦）何時受光線照射而定。更有甚者，我們在戶外的時間變少了，因此沒了清晨直接受陽光洗禮的機會，而原本這是讓大腦強化我們自然晝夜節律的最佳訊號。

10. 恆溫的環境：現代工業生活的特色，是人們大部分時間都待在恆溫的室內，這個概念就是所謂的「熱中性」。有意思的是，感受氣溫震盪對粒線體的功能很有益，因為低溫會增加粒線體的活性，刺激更多 ATP 的生成與使用，進而刺激身體產生更多熱能。暴露在熱之下也已經證實能活化細胞內的熱休克蛋白（heat shock proteins, HSPs），除了能保護粒線體避免受傷、協助粒線體維持正常功能，也可以刺激新粒線體生成，增進粒線體產生 ATP 的效率。

血糖與胰島素濃度節節上升

當粒線體遭到上述傷害時，就不能做好把食物能量轉變成細

胞能量的工作，成為沒有效率的機器，導致細胞內雜物堆積，進而惹出麻煩。

　　一般而言，脂肪與葡萄糖的分解產物運達粒線體，轉化成 ATP 後就算大功告成。在理想且健康的環境下，我們的能量需求跟攝入的食物大致相符，粒線體不會受到上述 10 種因素的損害，整個運轉過程絲滑無縫。

　　然而現實狀況卻非如此。因為粒線體沒有正常運作，脂肪與葡萄糖不再完全轉化成 ATP，於是這些原料以有害脂肪的形式堆積在細胞內部。這樣問題就大了，因為之前所述那些讓細胞正常運作的例行活動，如訊息傳遞與運輸原料等都會被卡住，這就是因為細胞裡脂肪過剩所導致的塞車。當細胞充滿有害脂肪，其中一條被卡住的細胞傳訊通道就是胰島素訊號的傳遞，進而對循環全身的血糖濃度造成巨大影響。

　　正常情況下，吃進高碳水的一餐經消化後，血流裡的糖會激增，此時胰臟會釋放出胰島素激素繞行全身，與細胞上的胰島素受器結合，發出訊號召喚這些細胞內的葡萄糖通道前進到細胞膜，好讓葡萄糖能流入細胞中。然而，如果細胞內充滿脂肪，胰島素的傳訊過程會受損，葡萄糖通道沒辦法抵達細胞膜，葡萄糖也就沒辦法進到細胞內部，就這樣卡住了，這種情況也就是所謂的「胰島素阻抗」（insulin resistance），是細胞為了保護自己，免受太多來自食物能量（葡萄糖）攻擊的方法。細胞「知道」粒線體出事了，已經沒辦法把葡萄糖原料轉變成所需的能量，所以只好卡住葡萄糖進入細胞的通道。胰島素阻抗使得血液中的葡萄糖

含量過高,造成一堆問題。

事情並沒有到此為止。身體很聰明,它知道血流中有過量血糖流動會出問題,所以拚命鼓勵細胞收留葡萄糖,方法是刺激胰臟生產超多胰島素(以此提高血液中的胰島素濃度),來克服胰島素傳訊受阻的問題。這方法竟然管用,但其實只是暫時有用。經年累月如此,身體會對胰島素阻抗造成過度補償:產生超多胰島素來攻擊胰島素受器,強迫葡萄糖進入細胞。這段期間,血糖濃度看起來正常又健康,但嚴重的功能失常及胰島素阻抗其實正在發生。長久下來,細胞因內部充滿脂肪與無法正常運作的粒線體,早已疲憊不堪,也無法再塞入葡萄糖,然後我們就會看到這個人的血糖急速上升,且高到難以控制的程度。

這就是前期糖尿病與第二型糖尿病的根源。美國有超過50％成人與將近30％孩童有這些症狀。胰島素功能失常造成的骨牌效應,起因是數種環境因素使得堆積的葡萄糖與脂肪酸轉變成有毒脂肪塞滿細胞,導致胰島素傳訊卡住,造成細胞難以從血流中接收葡萄糖。胰島素阻抗最終的走向,就是讓人體內的血糖濃度日復一日的增高。

火上加油的是,升高的血糖濃度會分別刺激免疫系統的活化與過量自由基的產生,因而掀起體內與細胞內的功能失常龍捲風。身體本來就因為粒線體功能失常導致發炎及自由基過量,然後又因為高血糖使得情況雪上加霜。這還沒完,血流裡長期血糖濃度過高,過量的糖會黏住某些物質,這個過程稱為「糖化作用」(glycation),導致細胞內的結構無法順利運作,也會被免疫

系統視為異類，助長慢性發炎。

　　皮膚長皺紋就是糖化作用造成功能障礙的簡單例子。過量的血糖會黏住皮膚裡含量最豐富的蛋白質，也就是膠原蛋白。正常來說，膠原蛋白撐起皮膚完整的結構，然而糖化作用會導致膠原蛋白形狀扭曲且「交聯」，因而生出皺紋，讓我們顯得未老先衰。糖化作用還會造成其他更嚴重且危急生命的效應，例如讓血管內壁產生問題，進而加速血管阻塞，也就是所謂的動脈硬化，導致心臟病、中風、周邊血管疾病、視網膜病變、腎臟病、勃起障礙等種種症狀。

　　美國成人中約有74％過重或肥胖，而93.2％的美國人有代謝功能障礙。這些數據看起來很高，但當你知道現代社會用了多少手段來傷害我們的粒線體與代謝，也就不難理解了：吃太多糖、承受太多壓力、坐太久、受太多汙染、吞太多藥、接觸太多農藥、盯太久螢幕、睡太少、微量營養素也攝取太少。這些趨勢（以及背後數兆美元的勢力）造就了普遍的粒線體功能不良、能量不足，以及生病、發炎的身體。

　　細胞正常功能遭受到的三連敗，的確是當代美國人遭受各種症狀與疾病侵害的根源，但這些卻不會成為晚餐時的話題，也不會是社群媒體上有最多貼文的主題。但你一定要知道真相，因為**你**一旦知道了，就會愈了解美國醫療保健的弊端，而且知道的比醫師還多，也更能幫助自己及所愛的人療癒、保持健康，在寶貴的有限壽命裡做出無限的貢獻。體內正常功能三連敗所產生的壞能量，可以簡化成下列三點：

1. 粒線體功能障礙：細胞塞滿了從環境來的垃圾，負荷太大無法正常生成能量，粒線體這個細胞發電廠因為超載運轉而受傷，導致 ATP 產量減少，細胞裡堆積太多脂肪，最後阻礙細胞正常的功能。

2. 慢性發炎：粒線體功能障礙及 ATP 產量低下時，身體會感覺受到威脅，於是加速戰鬥反應。除非環境改變，否則感受到的威脅不會消失，身體也就一直處於慢性發炎狀態。

3. 氧化壓力：細胞在努力處理環境與受傷粒線體丟來的垃圾時，會製造出自由基這類有害且活躍的廢物，進而對細胞造成傷害，導致細胞功能障礙。

如何量測好能量

以上訊息我已跟成千上萬人分享，假如你跟他們一樣，就會在深入探討細胞生物學之後萌生一個迫切的問題：如果那些看不見的功能障礙已經在我體內發生，我該怎麼辦？

這是個好問題，而且幸運的是，我們也有好答案。只要透過簡單的生物標記就可以看到警示。要知道代謝的健康狀態是否在合理範圍，最基本且可行的方式是檢查五個年度身體健檢必做及追蹤的標誌：血糖、三酸甘油酯、高密度脂蛋白（HDL）膽固醇、血壓及腰圍。如果在沒有使用藥物之下，這些標記都在理想範圍（第 4 章有詳細說明），則可推斷你的細胞能量生產狀況應

該沒問題。一般來說，你會覺得充滿活力、健康，且不會這裡痛那裡痛。這些感覺也應該會告訴你，你的身體有好能量，而好能量是日常健康的基礎。

如果有好幾個標記落在理想範圍之外，那就是另一回事了。這些標記指向健康的相反狀況：代謝症候群。代謝症候群是指產生能量的系統出了問題，導致細胞難以完成工作。下列特徵只要符合三項以上，就屬於醫學上所指的代謝症候群：

- 空腹血糖為 100mg/dL 或更高
- 女性腰圍超過 88 公分（35 吋），或男性腰圍超過 102 公分（40 吋）*
- 男性的 HDL 膽固醇低於 40mg/dL，或女性的 HDL 膽固醇低於 50mg/dL
- 三酸甘油酯為 150 mg/dL 或更高
- 血壓為收縮壓超過 120 mmHg，舒張壓 80 mmHg 或更高

你會想知道自己的標記是否進入欠佳狀態，因為這是壞能量正在細胞中發生的確切提醒。而這狀況需要修正，才能避免或扭轉因那具動力不足的機器所導致的無數問題。你會在第二部了解更多，而我也會讓你知道，想要建立（或重建）正常功能，改善

---

* 台灣衛福部國民健康署提出的警告標準是，男性腰圍小於 90 公分、女性腰圍小於 80 公分。

生物標記、建立（或重建）更健康的狀態，以及從這個世代最普遍的健康問題或疾病中復原（或根本避免），每個人都能做到。

我們一直被教導疾病通常是隨機（或由遺傳）發生，不過我可以確切的說：想預防現今某些最主要的健康殺手上身，你完全可以自己掌控。這聽來可能會讓人嚇一跳，不過如果你深掘科學文獻，就會看超讚的前景——有好能量的人罹患以下疾病的風險超級低：心臟病（美國人死亡原因之首）、很多主要的癌症（死因排名第二）、中風（死因排名第五）、阿茲海默症（死因排名第七）、第二型糖尿病（死因排名第八）、肝病（死因排名第十）。具有好能量的人就算得了肺炎（死因排名第九）、COVID-19（死因排名第三）以及慢性下呼吸道疾病（死因排名第六）也能很快復原。研究顯示，70％的心臟病患者及 80％的阿茲海默症病患，血糖濃度都不正常。

能量代謝差，某部分會表現在高血糖濃度上，讓你更有機會踏上漫長且痛苦的死亡旅程，生命也會縮短、腦部與身體可能有數不盡的問題，以及有較高的花費。假如你目前已有疲憊、不孕、腦霧等許多「小」症狀，那麼證據很明確了：你可以改善這些問題，只要了解身體處理能量的科學、把食物視為最佳化這部機器的指令，並把日常生活中一些非常簡單的行為當成細胞生存所需的高階生化訊息。

但如果你無視這些「小」問題試著發出的警告，那麼隨時間流逝，我們的好能量機制會愈變愈糟，然後引發更多嚴重症狀。這就是為什麼病人被告知第二型糖尿病、心臟病及肥胖等情況是

完全無關時，是很不幸的事。這些症狀全都是壞能量的警告訊號，而且都可以用相同的方式來改善或逆轉。

擺脫這個分離且化約的醫學體系，轉而對健康採取一致的細胞觀點，對我來說是非常重大的改變，對病人來說也是。但現在我覺得我有可靠的金鑰在握，可以解開原本看來頑固的大鎖。這把金鑰解鎖了讓你感覺更佳、功能更順暢的可能性，即使你長期受困於充滿挑戰甚至滿是缺陷的環境也沒問題。這把金鑰有超能量，能幫助所有人，不論老少，都避開慢性病及身心症狀。兩者已慘變為常態，連稚齡之人都難倖免。全美有74%的人超重或肥胖、5,000萬人患有自體免疫疾病、25%的青少年有脂肪肝並不正常，而看醫師的主因是隱約有「疲憊」感同樣也不正常。

你現在已經完全理解，西方世界所有常見症狀幾乎都互有關聯，也完全明白醫學上最大的誤解之一，是以為二十、三十或四十多歲的人只要沒有明顯大病或體重超重就屬健康。（事實上，數據顯示在此年齡範圍的大部分美國人，無論體重為何，都算不上非常健康）在這個對我們（以及周遭所有生命形式，無論植物、動物還是微生物）充滿敵意的世界，以及正值我們的生命活力被有系統且劇烈的弱化時，這個超能力是無價之寶。

想知道原因及詳情，我們要把鏡頭放大，從觀看細胞內部轉向更寬更遠之處：疾病的代謝光譜。

想查閱本章引述的論文，請上網站 caseymeans.com/goodenergy。

第 2 章

壞能量是疾病的根源

　　30 歲時，露西因為身體一堆問題影響了健康、自信、夢想與前途，讓她日益沮喪。前幾年，她因為成人痤瘡看過皮膚科醫師，因為頻繁的飯後脹氣看過肝膽腸胃科醫師，因為情緒低落與焦慮看過精神科醫師，還因為失眠看過家庭醫師。她與丈夫這兩年一直想要孩子但未能如願，於是定期到婦產科拿藥，以治療多囊性卵巢症候群，而且她還正準備做一次昂貴的體外人工受精。

　　露西是我開業後所看的第一批病人。她坐在我對面，想找出答案。她的種種嘗試沒一項成功，但她想要感覺更好、想看起來更好，也想生兒育女。她坐在診療室裡舒適的扶手椅上，看起來很心急，也有一點緊張。這個充滿植物的診療室在我刻意布置下，更像安靜的客廳而非醫療場所。她先前從我的網頁上得知，我著重處理致病根源而非只是個別症狀，她心裡有個感覺，知道這就是她想要的。

　　不管從哪種統計方法來看，露西都是典型的美國婦女。畢竟她沒有明顯的致命疾病，也沒有不馬上住院就會死亡的風險。她

只是覺得自己不論是感覺或看起來，都不到心中自覺該有的程度，但每個人不都如此嗎？超過 19% 的美國成年婦女在吃一種抗憂鬱藥物，而高達 26% 的婦女有多囊性卵巢症候群。露西的症狀似乎很普通，所以她總是認為自己「很健康」，但就是有揮之不去、哪裡怪怪的感覺，而且她應該可以活得更輕鬆、喜樂且有活力。

首次就診的 2 小時中，露西與我開始剝開層層洋蔥皮。疲憊、痤瘡、腸胃不適、憂鬱、失眠及不孕，對露西跟她的醫師來說都是個別症狀。我發現露西有點挫敗感，於是告訴她，我們會用完全不同的方式來看待她的身體。身體不同部位所出現的各種狀況，雖有各自的病名，但更有可能是同一棵樹長出的枝芽。我們的工作是找到是什麼樹，以及要如何醫治。

在某次例行約診時，露西說她「吃得好也睡得好」，原本關於生活型態的對話應該就此結束，但更深入挖掘後，我們發現了以下問題：

1. 睡眠：她的丈夫比她晚上床，然後家裡的貓常常跳上床，這兩件事都打擾了她的睡眠。

2. 食物：她的飲食裡包含很多種精製且超加工食品，例如墨西哥捲餅、皮塔餅，以及酥脆麵包丁裡的精製穀物，還有燕麥棒、烘焙食品及飲料中添加的糖。

3. 運動：她有在做瑜珈，週末還會去健行，但都是三天打魚兩天曬網；因為從事辦公室工作，倒是常常久坐。她沒有做阻力

訓練，身體組成裡的肌肉量少得可憐。

4. 壓力：她才來這個城市不久，還沒有找到有歸屬感的團體，覺得有些寂寞。軟體工程師這工作、爸媽的老化，以及懷不了孕這些事情也都讓她覺得挫折。

5. 毒物：她喝的是未經過濾的飲用水，所以每天都攝入一點化學物與毒物；使用的個人護理用品與居家清潔產品都含有數種相同的毒物；她一星期有幾個晚上會喝點葡萄酒。

6. 光：她整天盯著電腦發出的藍光，入夜後也邊看電視邊處理電子郵件。屋裡的燈泡對健康也沒什麼好處。她大部分時間不是在公寓、辦公室，就是在喜歡的瑜珈教室，很少有戶外活動。

我們制訂了計畫，包括把食物當成藥物、盡力改善睡眠、減少慢性壓力、保護代謝、減少環境毒物，以及大幅增加白天的日曬。6個月下來，幾乎每一種症狀都逐漸消失：月經週期正常了、經痛大幅減輕、心情輕鬆，而且消化功能也改善了。她已經可以慢慢減少藥物的使用，而且對生殖荷爾蒙回歸平衡很有信心，所以暫緩了第一次體外人工受精的預約。現在，她不只是開始感覺更好、更有精力，也更快樂，甚至還大幅降低了未來發展出慢性病的機率。

在我的診所裡，只要是持續實踐改變生活型態的病人，常有類似脫胎換骨的情況發生。而生活型態改變都是根基於理解以下三項簡單的事實：

- 大部分折磨現代人身體的慢性症狀或疾病，都有一個共同原因，也就是細胞功能異常，並因此引發壞能量。**所有的症狀都直接與細胞功能障礙有關**。症狀不會憑空出現，而對大多數美國人來說，代謝功能異常是導致細胞功能障礙的主因。
- 與壞能量相關的慢性症狀光譜，從對生命沒有立即威脅的那端（如勃起障礙、疲憊、不孕、痛風、關節炎），到會威脅生命的緊急情況（如中風、癌症與心臟病）皆是。
- 我們應該把「輕微」的症狀當作提醒，因為日後可能發生更嚴重的疾病。

要解釋這些「小」病與「大」病之間的關聯，最好的方法是更深入我媽與我的故事。

「健康」寶寶的代謝異常

1980年代當我媽準備懷孕時，她充分遵守當時的營養建議：吃大量穀物、麵包、餅乾（每天要吃六到七份），以及大量的低脂零食（因為當時認為食用脂肪要「節制」）。充足的健康蛋白質無疑是現在才有的後見之明，因為當時蛋白質位於飲食金字塔中間這處令人困惑的地帶。我媽在二十多歲到三十出頭這段時間，討厭蔬菜可說眾所皆知，她的主要蔬菜來源是偶爾來點水煮番茄配上帕瑪森起司。年輕時她從未好好學煮飯，二十多歲時就

像一般紐約客一樣都是吃外賣。她常走路但沒有固定運動,而且是出名的夜貓子。她二十多歲就開始抽菸直到五十多歲,中間只因為懷孕停過一陣子。

在我媽的身體中,代謝異常正在悄悄發生,也轉移給胚胎時期的我。沒人會無故成為 5,200 克的嬰兒。而懷上巨嬰對嬰兒與母親來說,都會增加往後的代謝問題,包括第二型糖尿病與肥胖。這個關係是由以下數個機制所導致:

1. 胰島素阻抗:這樣的嬰兒通常在子宮裡就已暴露在高濃度葡萄糖中,因此在孩童時期可能發生胰島素阻抗。而這種早期暴露在高胰島素濃度下的情況會持續到成年,導致染上第二型糖尿病或其他代謝問題的風險增加。

2. 脂肪細胞的數目與大小:這樣嬰兒通常身上的脂肪細胞數目與大小都會增加,起因是胚胎幹細胞受母體脂肪酸刺激而轉化成脂肪細胞,這可能導致日後的肥胖和代謝問題。

3. 發炎:這樣的嬰兒在子宮裡就暴露在高度發炎中,可能導致老年時發展出代謝問題。

由於我的個頭太大,醫師堅持採取剖腹產。因為我不是經由產道生出,所以沒有機會攝入媽媽的微生物群系,這本來可以幫助我建立體內的微生物群系。剖腹產的媽媽在哺乳時也會遇到困難,所以我媽沒有親餵。她也被告知,為了讓剖腹傷口癒合,不要舉起超過 4 公斤以上的重物,而我超過 5 公斤,讓親餵更是難

上加難。基於上述原因,我沒有受益於隨母乳而來的益生菌轉移與寡糖,而這些都有助於塑造嬰兒體內終生的微生物群系。

幼兒時期,雖然家裡有很多精心烹調的自製餐食,我大多數還是吃標準兒童餐:Reese's Puffs 穀片、Lucky Charms 棉花糖早餐麥片、DunkAroos 沾醬餅乾、Utz 烤肉風味洋芋片、Rice Krispies Treats 米脆片、小金魚香脆餅、Hostess 杯子蛋糕。壞能量警告訊號很快就出現了。我還在學步時,因為慢性耳朵發炎與扁桃腺炎,搞得我媽常跑診所找醫師開抗生素。我也還記得小時候她幾乎「住在」小兒科診所,跟診所員工熟到可以直呼名諱。

我現在知道,這些慢性感染可能都與免疫系統欠佳有關,而免疫系統跟腸道內微生物群系的組成與完整性有關(我們的免疫系統有 70% 都由腸道管理)。我是剖腹出生、喝配方奶的嬰兒,隨後接著吃加工食品,然後又常常吃進會摧毀微生物群系的抗生素,我的腸道功能簡直是災難(在科學文獻裡,「災難」指的是微生物群系的「微生態失調」及「腸道滲透」),這導致了代謝健康更加惡化、對加工食品的渴望加劇、免疫功能更糟的惡性循環。

10 歲時,我年輕的身體已經變胖,八年級之前就重達 95 公斤。13、14 歲時,我有了輕度焦慮、經期疼痛、下顎線跟後背都長了痤瘡、時不時會頭痛,而且扁桃腺也反覆發炎。我沒當這些是紅旗警告,因為這些是美國孩童成長必經的例行儀式,而且醫師甚至說我很「健康」。偶爾有抽筋、間歇性頭痛、痘痘、鏈球菌咽喉炎似乎很正常。這些症狀雖然在現代社會很常見,然而

當時我並不知道，它們全都代表生物機能已經高度失調。

當我 14 歲，也就是高中第一年結束時，我對於達到健康體重充滿熱情且不屈不撓，因此讀了一堆營養學書籍跟烹飪書，希望從中找到方法。我整個暑假都在追求健康：每一餐都自己煮、加入健身房且每天搭公車前往、在滑步機上揮汗、戴著隨身聽新好男孩（Backstreet Boys）樂團光碟，在震耳樂聲中舉重。我快速且健康的在 6 個月內減掉多餘體重，而且我的各項症狀也大幅好轉。雖然當時我不明就裡，但我可能扭轉了胰島素阻抗及慢性發炎，從嬰兒時期它們就導致或加劇了我的變胖及其他問題。我在 15、16 歲時變成了全力以赴的運動員及廚師，原本的很多症狀也控制良好。

成年後面臨的「正常」挑戰

10 年後，身為 26 歲的新科醫師及第一年外科住院醫師，我再次落入導致細胞痛苦的環境。身為聰明健康的外科住院醫師，從我走進醫院那天，整個世界就限縮成一條慢性壓力與腎上腺素通道。我的呼叫器不分日夜隨時響起，醫院刺眼的螢光燈日日夜夜、每分每秒無情的照在我身上。我常常值夜班睡眠狀況很不正常，也常吃自助餐裡的加工食品、幾乎沒有運動、不斷喝入咖啡因、呼吸混濁的空氣。我在黎明前醒來且深夜才下班，忍受連續多日看不到陽光的日子。我的身體再次成為壞能量的爆發點，許多症狀幾乎馬上出現。

腸道功能失常是第一個訊號

腸躁症是我的腸細胞功能出現障礙時發出的第一個訊號，而且這個障礙名副其實，有兩年時間，我的大便都不能成型。腸躁症會以多種症狀呈現，在我身上是痛苦的下腹脹氣及一天近10次的水樣腹瀉。

有堅實的證據顯示，患有腸躁症的人，腸壁細胞裡的粒線體活動會縮減，而且能量產生也減少，這會造成腹痛與排便習慣改變之類的腸道症狀。雖然聽起來很奇怪，但這種疾病跟胰島素阻抗及壞能量有很深的關聯。如果你患了腸躁症，那麼得到代謝症候群跟高三酸甘油酯的機會是一般人的2倍。

胰島素阻抗會對有些人稱為「第二大腦」的腸內神經系統造成負面效應，讓原本協調的腸壁肌肉縮放出現變化。胰島素阻抗也會改變腸道屏障功能（腸壁阻止有害物質進入血流的能力），造成腸發炎與腸敏感，導致腹痛加劇及其他腸躁症狀。雪上加霜的是，這樣的慢性發炎還會引發全身的代謝問題。

臉上痘痘冒不停

我剛當上醫師時，臉與脖子爆發的囊腫型痤瘡是高血糖與高胰島素導致荷爾蒙改變的跡象。研究顯示，與沒有痤瘡的人相比，長痤瘡的人體內胰島素濃度較高。高胰島素濃度與誘發男性荷爾蒙生成有關，進而刺激皮膚出油，也就是所謂的皮脂。當皮脂腺分泌過於旺盛，皮脂會與死的皮膚細胞相混堵塞毛囊，造就出有利細菌生長的環境。有許多研究都發現，低升糖負荷（也就

是低糖）或低碳水飲食可以有效減少痤瘡。

研究已經證實，長痤瘡的人會有氧化壓力較高及粒線體受損這兩種壞能量標誌。目前已知有十幾種皮膚狀況是氧化壓力與粒線體受損的下游表現，包括斑禿（掉髮的一種）、異位性皮膚炎（溼疹）、扁平苔癬、硬皮症、白斑病、酒糟肌（rosacea）、曬傷、乾癬等。在不同皮膚細胞發生的功能障礙，會呈現出不同的皮膚症狀，而且顯然都是由壞能量引起的。

▍心情變得憂鬱

我當外科住院醫師期間出現的非典型憂鬱跟代謝大有關係。大腦對於氧化壓力與炎症相當敏感，而且在人體中，大腦這個器官對能量的需求是數一數二的高，雖然它只占體重的2%，卻要用掉人體20%的總能量。我們已知粒線體功能障礙、發炎與氧化壓力之類的壞能量發生過程會影響腦功能與情緒調節，如同腸躁症對腸道的影響。我的有毒工作環境及住院醫師生活型態，攜手破壞了腸道與大腦的能量產生通道。

腸腦軸（gut-brain axis）指的是消化系統與中央神經系統之間的溝通。這個溝通與憂鬱息息相關，因為腸道微生物群系在神經傳遞物的產生上至關重要，而神經傳遞物掌控了我們的思想、感覺，並且能調節我們的情緒與行為。神經傳遞物如果不平衡，就會導致憂鬱。超過90%的血清素（調節情緒與滿足感的荷爾蒙）是由腸道產生而**非**大腦。任何擾亂腸功能的事物（例如導致腸躁症的壞能量生理作用），都會嚴重影響心理健康。不出

所料,腸躁症跟憂鬱有強烈的關係,而腸躁症就是「腸子染上躁症」的意思,事實上也常施以抗憂鬱劑來治療。

動物與人體實驗都發現,腸道微生物群系的改變會影響類憂鬱行為的發展。憂鬱的人,腸道微生物群系會轉向不健康的模式。把憂鬱動物的微生物群系轉移到健康動物身上,後者很快就會引發出類憂鬱行為。

細胞裡的壞能量問題會以下列幾種方式,影響憂鬱的病理生理作用:

1. 能量的產生:粒線體功能障礙會減少中央神經系統的能量產生,因而改變了神經傳遞物的訊號傳遞,包括調節情緒的血清素與正腎上腺素。

2. 發炎:粒線體功能障礙也可能導致氧化壓力增加,因而可能誘發發炎。慢性發炎一直與憂鬱有關,而且已有許多研究顯示,憂鬱的人發炎指數較高。

3. 神經元功能:粒線體參與了神經元功能裡很多重要過程,包括細胞凋亡(細胞死亡)、鈣調節與氧化壓力的防禦。粒線體功能障礙會改變這些過程,引發神經元功能障礙,造成憂鬱。

4. 壓力反應:調節壓力反應的下視丘—腦垂體—腎上腺軸(HPA axis),要靠正常的粒線體功能才能順利運作,粒線體功能障礙會改變其調節功能,進而改變壓力反應,導致憂鬱。

不穩定的血糖會讓腦細胞出軌,就跟它導致身體其他細胞出

軌一樣。不穩定的血糖會促使大腦產生更多壓力荷爾蒙，造成壓力與功能障礙的無盡回饋迴圈。神奇的是，第 1 章提到的五種主要代謝生物標記，能告訴我們很多罹患憂鬱風險高低之事。有一項研究顯示，空腹血糖每增加 18mg/dL，罹患憂鬱的機會就增加 37％。還有，三酸甘油酯與 HDL 膽固醇的比率，每高於正常值一個單位，罹患憂鬱的可能性就增加 89％。我當住院醫師時跟父母述說我的憂鬱狀況，我流著淚告訴他們覺得自己腦袋從繽紛五彩快速變成黑白。我的創造力、綜合概念能力及清晰的記憶力都消失無蹤。有幾次在值班 30 小時後，我心煩意亂的覺得自己是否**不要存在**會更好。現在我透過壞能量的鏡片來檢視，終於明白這是怎麼回事：身為新任外科住院醫師，我的生活型態與壓力程度出現許多改變，然而我的腦細胞卻無力提供我完整的思想與情緒，也沒有繼續運轉下去的能量。

已有許多研究指出，代謝生物標記與自殺意念有關，在憂鬱症與自殺率驚人上升（在年輕族群中更是）的此時，此議題更急需進一步的研究與關注。

飽受慢性疼痛之苦

甚至在我身為年輕住院醫師時發生的脖子疼痛，也很可能跟代謝混亂有關。研究顯示，糟糕的粒線體功能與胰島素阻抗如何影響慢性疼痛的發展。神經與其他組織的氧化壓力與發炎會導致神經損傷與致敏化。粒線體功能障礙會造成調節疼痛知覺的神經傳遞物與其他傳訊分子產量降低。胰島素阻抗也可能改變肌肉細

胞與其他組織細胞內的代謝狀況,導致肌肉萎縮、關節退化及其他引發疼痛的改變。所以很有可能,細胞裡能量產生通道的功能障礙造成我的脖子疼痛,而不是我原本以為的長時間在手術床前彎腰駝背所引發。我當然不孤獨,因為估計有 20％美國成人飽受慢性疼痛的折磨。

鼻竇炎與偏頭痛愈來愈普遍

　　當我無視造成自身健康問題的根源時,我工作的耳鼻喉部門也無視造成病人頭頸部問題的可能因素,常以開刀了事。就以鼻竇炎來說,這個症狀困擾了蘇菲雅及其他 3,100 萬美國人。慢性鼻竇炎的特徵是面部疼痛與腫脹、鼻部充血、頭痛、鼻涕倒流,以及鼻腔有綠色或黃色的分泌物,而醫師常歸因於組織與鼻竇的慢性發炎,但我們從未繼續深入探掘:**到底是什麼造成這些慢性發炎?**

　　血糖愈高的人愈可能有鼻竇炎,若有第二型糖尿病的話,罹患鼻竇炎的機率更增加了 2.7 倍。

　　我回想起在《美國醫學會期刊》(*JAMA*)上讀到一篇鼻竇炎文章時所受到的震撼。文中一張照片顯示出,鼻竇炎病人的發炎途徑在鼻組織裡增強了。鼻組織裡升高的發炎標記,有很多都跟心臟病、肥胖、第二型糖尿病患者升高的發炎標記相同。在值班室刺眼燈光下盯著這張圖,我心想:會不會**過度發炎其實有共同的根本問題,只是以不同症狀表現在身體不同部位?**

　　就像我的病人莎拉的偏頭痛,也跟代謝不良很有關。在耳科

診間裡，偏頭痛是常見症狀，但治療成效通常不佳。受到這種神經疾病折磨的病患（美國人約 12％ 有此症狀），胰島素濃度多半較高且有胰島素阻抗。有一篇評論文章在綜合 56 篇研究論文後證實，偏頭痛與代謝功能低下有關，指出「偏頭痛患者的胰島素敏感度多半受損」。這篇評論支持偏頭痛的「神經—能量」（neuro-energetic）理論。

也有證據顯示，關鍵的粒線體輔因子中若缺乏微量營養素，也可能導致偏頭痛。研究顯示，藉由回復維生素 B、D、鎂、輔酶 Q10、α-硫辛酸（Alpha lipoic acid）、左旋肉鹼（L-carnitine）的濃度，可以治療偏頭痛。例如維生素 B_{12} 參與了粒線體 ATP 生成最後步驟的電子傳遞鏈，而且有很多研究指出，高劑量的維生素 B_{12} 有助於預防偏頭痛。比起其他治療藥物，其副作用較少，是不錯的選擇，而且從富含這些微量營養素的飲食或補充品中就可以攝取到。

此外，氧化壓力過高（這是壞能量的關鍵特徵）的婦女，罹患偏頭痛的風險明顯偏高。有一些研究表示，偏頭痛發作是高氧化壓力的對症反應。較不疼痛但更普遍的緊張型頭痛，也通常與血糖波動太大（飆高然後急降）有關。

聽力也會出問題

耳鼻喉部門對代謝問題的忽視，也同樣展現在聽覺問題與聽力損失上，兩者都是耳鼻喉診間裡常見的問題。我們常告訴病人，聽力下降是不可避免的，跟老化與年輕時聽吵雜的演唱會有

關,然後建議的介入輔助是助聽器。然而很少有人知道,胰島素阻抗跟聽覺問題有關。如果你有胰島素阻抗,年老時較容易有聽覺損失,因為脆弱的聽細胞難以產生能量,以及內耳的小血管遭到阻塞。

有一項研究顯示,即使以體重與年紀為控制變因,仍可看出胰島素阻抗跟老年性聽力損失有關。其中可能的機制是,聽覺系統因為複雜的訊號處理過程,需要使用很高的能量。以胰島素阻抗來說,是因為葡萄糖代謝受到干擾,導致產生的能量減少。

壞能量對聽覺的影響可不小。研究顯示,空腹血糖過高的人,42％有高頻聽力損失,相較之下空腹血糖正常的人則只有24％。還有,胰島素阻抗與 70 歲以下男性族群的輕微高頻聽力損失有關,即使還沒有糖尿病也一樣。這些論文建議,對耳鼻喉門診來說,評估早期的代謝功能與胰島素阻抗程度很重要,而對個別病人就潛在病徵提出建議更是首要之務。

▎連帶影響自體免疫狀況

即使是自體免疫疾病(免疫系統攻擊自己的組織)這種較罕見的疾病,也與代謝很有關係。耳鼻喉診間會處理很多自體免疫狀況,包括修格倫氏症(Sjögren's syndrome,身體腺體功能失常的狀況)與橋本氏甲狀腺炎(Hashimoto's thyroiditis,甲狀腺免疫浸潤導致的甲狀腺功能低下)。雖然在醫學院時我從沒學過要以細胞代謝的角度來思考,也沒想過它與自體免疫的關係,但現在有愈來愈多文獻顯示,兩者間息息相關。要記得,沒辦法正常

產生能量的細胞會送出危險訊號，可能引發免疫系統入侵。自體免疫疾病患者，發生胰島素阻抗與代謝症狀的機會是一般人的1.5 到 2.5 倍。壞能量有可能帶來慢性發炎，而有些時候會引發自體免疫問題。

著名研究者兼醫師華茲（Terry Wahls）博士推測，自體免疫有部分原因是身體回應了「細胞危險反應」（cell danger response, CDR）所致。這是由粒線體統整的生物反應，會在發現細胞遭受不良飲食、感染及營養缺乏的威脅時發生。細胞危險反應會啟動一系列事件，導致 ATP 釋放到細胞外（正常情況下 ATP 要在細胞內推動細胞的生物過程），這等於是在對附近的細胞發出訊號，警告它們有危險。細胞危險反應的過度刺激，會增加罹患自體免疫失調、心血管病及癌症等慢性疾病的風險。

研究已經顯示，罹患自體免疫疾病（例如類風溼性關節炎、狼瘡、乾癬、發炎性腸道疾病及多發性硬化症）的人，很有可能發展出如肥胖或第二型糖尿病等代謝失調症狀。類風溼性關節炎患者得到糖尿病的風險比一般人高將近 50％。有紅斑性狼瘡的病人，出現代謝症狀的機會差不多是一般人的 2 倍。有一項研究發現，多發性硬化症患者跟無此病的人相比，罹患胰島素阻抗的機會幾乎是 2.5 倍。而且有多發性硬化症及高空腹血糖的病人，更容易出現認知功能障礙。代謝問題與自體免疫之間的關係，可能與身體慢性低度發炎有關，這個發炎擾亂了胰島素傳訊，導致胰島素阻抗，以及與之相互關聯的氧化壓力，這既是代謝問題的原因也是結果，而且還會引起發炎。

毫無意外，過去幾十年自體免疫疾病在美國已經快速增加。根據美國國家環境健康研究院（National Institute of Environmental Health Science, NIEHS）資料顯示，在美國，自體免疫疾病影響了大約 5,000 萬人，約占總人口的 20％。有些研究估計，罹患自體免疫疾病的人數從 1950 年代起大概增加了 50％到 70％，而且女性患者明顯多於男性。目前，有 20％美國人活在自己某些身體細胞攻擊並試圖催毀其他細胞的狀況下，這個過程顯然有部分根源於生物性混亂，而現代飲食與生活習慣則是幕後黑手。自體免疫疾病患病率的飆升，是生化恐懼造成毀滅性結果最明顯的例子，代表身體細胞對各種現代體驗說出「真他媽見鬼了」並且直接發洩出來。

不孕困擾許多人

從我三十出頭歲開始，就注意到朋友群常討論不孕與性行為等相關問題。很多人難以懷孕，有些人經歷流產。酒會上也常有人輕聲耳語，聊起伴侶有性功能、性慾、勃起障礙等問題。

露西罹患的多囊性卵巢症候群，在我的年齡層中很普遍且快速增加，也是今日女性不孕的首因。雖然卵巢長出囊腫看起來好像跟血糖及胰島素問題沒關係，但若更深入會發現，多囊性卵巢症候群的關鍵驅動力是高胰島素，它會刺激卵巢的膜細胞生成更多睪固酮，搗亂了性荷爾蒙的精密平衡與月經週期。這個過程在各方面都阻礙了生殖，也常伴隨肥胖、糖尿病一起出現，跟代謝健康關係密切。2012 美國國家衛生研究院的指引還提議，多囊

性卵巢症候群的名稱應該改為「代謝性生殖症候群」(metabolic reproductive syndrome)。

隨著代謝問題的盛行率上升，多囊性卵巢症候群的盛行率也在上升中。中國最近發布一項研究指出，中國跟美國一樣也面臨第二型糖尿病危機，研究顯示僅僅在過去 10 年間，多囊性卵巢症候群就增加 65％。證據顯示，這種疾病影響了全世界 20％的女性。根據美國疾病管制與預防中心 (Centers for Disease Control and Prevention, CDC) 的數據，半數多囊性卵巢症候群患者在 40 歲左右會染上第二型糖尿病。在美國，罹患此病的婦女，肥胖的盛行率是 80％。研究顯示，減重、節食、改變生活型態，還有用藥，對增進胰島素敏感度與減輕多囊性卵巢症候群的症狀都有效。採用蔬菜為主的低升糖飲食，只要 12 週就可以改善。

開給多囊性卵巢症候群婦女的處方藥常是荷爾蒙避孕丸或二甲雙胍之類的糖尿病藥物，來對荷爾蒙失調進行過度補償或調節血糖。有時候，這類患者會以體外受精法來嘗試懷孕。過去 40 年，美國使用體外受精這類生殖輔助技術的次數穩定持續增加，2015 年更實施了超過 18 萬起人工生殖技術手術。但幾乎沒有醫師會告訴使用此類侵入性手術的婦女，造成她們不孕的根源為何，或如何反轉不孕的狀況。也沒有人提醒她們，有血糖問題的人進行人工生殖時，流產的機率會加倍，還有「糖尿病患者的氧化壓力會導致較高比率的精子損傷，可能造成胚胎發育不良與不良懷孕結果」。進行人工生殖手術後，如果身體質量指數 (BMI) 增加，也會增加流產風險，當 BMI 超過 22 時風險就開

始增高。

美國的不孕危機不僅限於婦女。本世紀的精蟲計數（sperm count）呈現斷崖式陡降，從最後一次統計算起，40 年來約跌落 50％ 到 60％，其中代謝功能障礙是關鍵原因。低精蟲計數在肥胖男性中情況最嚴重：他們精液裡精蟲數目為零的機會比體重正常者高 81％。在不孕的狀況中，「男性因素」占了 50％，而這跟代謝問題有直接關係，因為肥胖問題牽涉到芳香酶（aromatase）這種會把睪固酮轉變為雌激素的酵素，進而擾亂產生精子所需的荷爾蒙精密平衡。畢可曼（Benjamin Bikman）醫師提出，男性身上的脂肪組織基本上功能就像一個大卵巢，造成了低睪固酮與高雌激素。

過度的氧化壓力（這是關鍵但可避免的壞能量標誌）損壞了敏感的精子細胞膜，危及健康精子的成長，使精子 DNA 斷裂，造成精子質量下降並增加流產的風險。氧化壓力也直接造成睪固酮產量下降。2023 年的一項研究評論指稱，「有愈來愈多的證據支持（男性生殖道中）精子的活性含氧物偏高，與習慣性流產相關」。這篇論文進一步提醒，氧化壓力會增加，歸因為「飲酒、抽菸、肥胖、老化、生理壓力……以及包含糖尿病與感染在內的醫學共病」。其他原因還包括暴露在輻射之下、高度加工食品的飲食、某些藥物、慢性睡眠不足、農藥、汙染，以及許多工業化學物。

還有，男性的性功能障礙也在增多，40 歲以上男性有此困擾的占 52％，其中多半與勃起障礙有關。勃起障礙通常源自代

謝疾病,主因是陰莖微血管與神經的血流減少,是胰島素阻抗造成動脈阻塞(稱為粥狀動脈硬化)、降低血管擴張功能所造成。代謝與性健康專家加特弗萊德(Sara Gottfried)醫師表示,「目前所有證據都指出,勃起功能障礙是陰莖動脈硬化造成的。」並提到這是男性需要做代謝評估的醒目訊號。此外,高血糖導致的糖化作用會損害陰莖組織與血管健康,也會導致勃起功能障礙。

很多朋友都分享她們在懷孕時診斷出妊娠糖尿病。在美國,這種情況從 2016 年起已經增加 30％。還有人分享關於流產的悲傷故事,雖然討論的人很少,但這多少也是代謝問題造成的。過去 10 年,流產的病例已經增加 10％,而研究顯示,代謝功能障礙對胎盤有害。胎盤功能不全(placental dysfunction)可以更精細定義為:胎盤在執行正常功能時發生故障,而這些功能包括運輸營養與氧、移除廢棄物、合成荷爾蒙及調節免疫功能。母體代謝問題例如肥胖、胰島素阻抗,會改變荷爾蒙平衡,還有與胎盤發育及功能的相關生長因子。代謝症候群患者罹患胎盤功能不全及胎兒死亡的機率也會愈高。代謝不平衡會改變胎盤的血管生長與血流,並減少傳送給胎兒的氧及營養。還有,肥胖與胰島素阻抗會增加胎盤的氧化壓力,對組織造成氧化危害,導致胎盤功能不全。

全面評估這些資料會發現,當代飲食與生活習慣正透過壞能量來消滅部分人口。

▌揮之不去的慢性疲勞

在美國有 10％到 30％的就醫是因為疲勞相關症狀，這讓疲勞成為約診原因第一名。美國有 67％的人在工作中經常感覺疲勞，約 7,000 萬人有長期睡眠問題，而且 90％的人每天都攝取咖啡因。停經後婦女的疲勞情況更嚴重：最近的研究顯示，85.3％的停經後婦女自述有身心耗損的症狀，相形之下，停經過渡期婦女只有 46.5％，前更年期婦女更只有 19.7％。

我在住院醫師時期曾對此有親身體會。我們多數人都把難以控制的慢性疲勞歸因於受體制所迫的睡眠剝奪。某天，在醫院值班連續保持 36 小時清醒後，我雖然開車回家，卻擠不出一丁點力氣下車回公寓好好補眠。我只能在駕駛座打盹，直到勉強鼓起意志力時才能起身離開。

不過就算狀況沒這麼極端，我們也常認為疲憊與睡眠問題是現代生活免不了的副產品。ATP 產量減少、血糖不穩定及荷爾蒙不平衡，這些代謝障礙的標誌，造成長期疲勞與不規律的睡眠。然後因為睡不好又加劇了粒線體功能障礙與疲憊，讓情況愈來愈糟。我們已經把這種模式當成幾乎無法避免的常態，但它通常是體內壞能量發出的警告訊號。

孩童也躲不過壞能量

▌普遍的兒童肥胖與脂肪肝

過去 50 年來，兒童肥胖的盛行率驚人增高，而這只不過是

壞能量在孩童身上展現的面向之一。根據美國疾病管制與預防中心的數據，從 1970 年代起，兒童肥胖率已經上升超過 3 倍，1970 年代那 10 年，大約有 5％兒童與青少年（年齡介於 6 歲到 19 歲）可以視為肥胖。到了 2000 年代末期，肥胖率已經增加到約 18％，而且持續上升。壞能量的另一個面向是非酒精性脂肪肝，現在已是最常見的兒童肝病，盛行率也急劇上升。首例兒童非酒精性脂肪肝是在 1983 年通報，現在已有高達 20％的兒童罹患此病（肥胖兒童的罹患率更高達 80％）。在某些族群與性別中，這個數字還更高。例如，25 歲至 42 歲的西裔年輕男子中，42％有非酒精性脂肪肝，而原本盛行率應該要接近零才對。同樣的趨勢在其他國家也可以見到。回顧過去，脂肪肝主要出現在酗酒的成年人身上，因為酒精會擾亂細胞裡脂質代謝的很多要素，同時也生成氧化壓力。但過去 30 年，非酒精性脂肪肝已經成為全球最普遍的慢性肝病，從 1990 年時占全世界人口的 25％，增加到 2019 年的 40％。非酒精性脂肪肝是兒童與成人的代謝功能全面障礙，其表現就是肝細胞充滿脂肪，這個狀況又加劇了胰島素阻抗。加工食品、精製糖、精製穀物、甜食、高果糖玉米糖漿、速食、低纖低植物性化合物的攝入、睡前習慣進食、習慣久坐，還有氧化壓力，都是非酒精性脂肪肝的關鍵推手。過去 15 年，肝移植手術已經增加近 50％，酒精與 C 型肝炎是肝移植的主因，現在非酒精性脂肪肝是婦女肝衰竭的首因，也是造成男性肝衰竭的主因之一，而脂肪肝更是現今美國青少年肝移植的最普遍原因。我們正在讓孩子的身體變衰弱。

兒童也出現腦功能障礙

兒童的腦也沒能逃過壞能量的侵擾。兒童心理疾病已經氾濫成災，反映出這些年輕的腦功能也已失常。隨便哪一年，全部兒童中都有約 20％ 被確認有某種心理健康問題。美國疾病管制與預防中心說，等他們到了 18 歲，全部兒童會有 40％ 符合精神障礙的標準！精神障礙的盛行率在這幾十年來急速上升，最近更持續飆升。《美國醫學會兒科學期刊》（*JAMA Pediatrics*）的一項新研究顯示，在 2016 年與 2020 年間，3 歲至 17 歲兒童診斷出焦慮或憂鬱的人數分別增加了 29％ 與 27％。

我在史丹福與其他各醫院輪值期間，聖塔克拉拉周遭每年都發生 20 起兒童或青少年自殺事件。有報告顯示，17％ 的聖塔克拉拉高中生曾經認真考慮過要自殺。自殺現在排名美國 10 歲至 34 歲年輕人死因第二位。根據美國疾病管制與預防中心資料，2020 年有 25％ 的年輕人盤算要自殺，這是我至今沒辦法接受的統計數字。鮮少有人討論代謝因素，例如致發炎食物、缺乏睡眠、身處矽谷中心的技術與學術壓力所促使的慢性壓力等是否加深了這些趨勢。

自閉症與注意力不足過動症的罹患率也同樣每年都在爬升。有肥胖問題與糖尿病的母親，生出自閉症孩童的風險是一般人的 4 倍，生出注意力不足過動症孩子的風險是 2 倍。大腦是人體最需要能量的器官，因而對壞能量極為敏感，尤其是發育中的大腦。一個合理的醫療保健環境，協助母親及幼童維持代謝健康理應是公共健康的優先事項，這才是鼓勵人口興盛的高效率方法。

壞能量引發其他代謝問題

肥胖大流行、肝功能異常及腦功能異常在在顯示出，這是細胞能量的流行病。美國文化及受制於加工食品與其他因素的每日生活，一同損害了粒線體與細胞能量的產生，導致孩子還未發育完全的小身軀，一開始就注定走向衰敗。

下面這幾項在孩子身上日漸增加的健康狀況，都已知跟細胞能量產量不足、粒線體功能障礙或氧化壓力有關，包括注意力不足過動症、泛自閉症障礙、第二型糖尿病、非酒精性脂肪肝、心肌病變、憂鬱、焦慮、高血壓、高膽固醇、炎症性腸病、氣喘、異位性皮膚炎、過敏、痤瘡、乾癬、溼疹、思覺失調症、躁鬱症、邊緣性人格障礙症，以及化膿性汗腺炎（hidradenitis suppurativa, HS，皮下會長出疼痛的發炎腫塊）。

很多當了父母的朋友會抱怨，因為孩子反覆發作的喉嚨、耳朵、病毒性上呼吸道感染，常要放下工作帶孩子去看醫師。然而很少家長明白，孩子身體產生能量的方式，對於病況走向有很大影響，因為免疫細胞（身體任何其他細胞也一樣）功能正常與否，端看細胞能否有效產生及利用能量。

代謝功能異常的孩子，得到各種感染（例如鏈球菌咽喉炎與耳朵發炎）的風險，比起沒有代謝問題或體重正常的孩子高出許多。有一項研究發現，與體重正常的孩子相比，肥胖的孩子罹患鏈球菌咽喉炎的機會高了 1.5 倍。另一項研究發現，跟體重正常的孩子相比，肥胖孩子患中耳炎的機會高了 2.5 倍。我們丟給孩子的抗生素可不是無害的。我讀過最令人心驚的一項研究說，在

童年施以抗生素，罹患心理健康問題的風險增加 44%。

用攻擊力旺盛的抗生素來摧毀微生物群系，會影響腸功能、代謝功能，以及慢性發炎，並為壞能量及後續例如心理疾病等狀況創造出有利條件。毫無意外，產前或出生後 1 到 2 年內使用抗生素療程的次數，與 4 歲到 5 歲時所增加的 BMI 呈線性關係。透過「微生物群系—腸發炎—新陳代謝」的濾鏡來看，這很合理。我們在孩子身上創造了一個殘暴的循環：由壞能量造成的糟糕免疫功能，引發更多感染疾病，導致使用更多抗生素，進而破壞微生物群系，然後更加劇了壞能量的生成。

道理就是這麼簡單。孩子的身體如同成人，都是細胞所組成，也都需要能量才能運作。我們的孩子活在災難的代謝狀況中，他們的身體正在為此付出代價，而營養學（大多由食品公司贊助），以及「醫療保健」（研究大多由製藥公司贊助，目的是「管理」增多的代謝狀況）的領導人，都對此保持沉默。我們的社會已經無法採取有意義的預防措施，來對抗兒童慢性疾病的流行大爆發。這些疾病不僅生根在傷害孩子粒線體的飲食與生活型態中，更直接把孩子置入各種代謝疾病裡，最終將縮短他們的生命並降低其生活品質。我們的孩子正進入平均壽命比父母還短的世界。

除了這些趨勢，社會還把壞能量世界強加給沒有自保能力的孩子。我們的文化覺得，給 1 歲大的孩子吃蛋糕、金魚餅乾、米餅、果汁及薯條等超加工食品很正常；我們在孩子第一次受洗時，就在他們小小的身體上塗滿有毒的、添加人工香味的乳液及

洗髮精；當孩子一表現出煩躁或感冒徵兆時，就用過量的乙醯胺酚（acetaminophen，泰諾之類的止痛藥）來殘害他們的肝與抗氧化能力；一發現他們耳朵可能有感染，就用大劑量的抗生素去摧毀他們的微生物群系。我們還用不合理的超早上課時間擾亂他們的睡眠，然後要他們每天在學校課桌椅坐上長達 6 小時或更久。我們讓他們接觸社群及所有媒體，對他們身體創造了可怕的慢性壓力。除非父母堅定反對這個所謂「正常美國文化」的浪潮，否則孩子們會生活在引發發炎與產生代謝災難的世界裡。諷刺的是，很多父母希望教養能輕鬆一點，像是孩子感染少一點、絞痛少一點、行為模式簡單一點，卻沒有想過要以能量角度來看看孩子的身體。只要好好掌握一些可控之事，就能讓自己和孩子的生活都輕鬆許多。

50 歲之後威脅生命的慢性症狀

我們很多人都目睹父母年紀漸老時罹患多種慢性病。跟同年齡的朋友聊天，幾乎沒有不談到父母健康日漸衰敗的現況，常見狀況有高血壓、高膽固醇、心臟病、中風、進展快速的失智、關節炎、癌症或需要住院的上呼吸道症狀。我當第一年住院醫師時，就有兩位同事的父母發生致殘性中風。身為醫師，我們通常會在第一時間接到父母或年長的家人來電，為最近的健康問題尋求諮詢。而這些健康狀況全都因壞能量而起。

▍中風風險增加

高血糖與中風風險可說關係密切。2014年的一份綜合分析發現，罹患第二型糖尿病的人，中風機會是沒有這項症狀者的2倍。另一個研究發現，有前期糖尿病（血糖110到125 mg/dL）的人，與血糖正常的人相比，前者中風機率增加60％。超過80％的急性中風病患有血糖問題，而且他們多半不自知。胰島素阻抗直接導致很多血管問題，例如過度凝血、鬆弛血管的一氧化氮產量減少，以及動脈阻塞造成的動脈粥狀硬化增加，這些問題都會造成中風。

▍失智風險增加

早發型失智及其他毀滅性的認知疾病也在美國人口中蔓延。前面提過，與其他所有器官相比，大腦需要更多的能量與葡萄糖，所以最容易受到壞能量與血糖不穩定影響。證據顯示，因為胰島素阻抗影響血糖吸收，長時間下來會使腦細胞粒線體因能量不足而無法正常運作，產生所謂的**「基礎代謝低下」**（hypometabolism）症狀，而研究指出，這是造成阿茲海默症的潛在因素。

阿茲海默症已經被稱為「第三型糖尿病」，因為有胰島素阻抗與高胰島素的人罹患率較高。在美國，65歲（含）以上成年人約有620萬人罹患阿茲海默症，而且根據預測，到了2050年這個數字還會加倍。美國2021年花在阿茲海默症與其他失智症狀相關的醫療保健經費，約高達3,500億美元。這還不包括病人

親朋好友所付出，約值 2,500 億美元的免付費照護。全世界約有 5,000 萬人罹患失智，而且每年預計新增 1,000 萬人，找到能夠預防、照顧、治療，或減緩病程快速進展的方法，已經變成全球刻不容緩的挑戰，因為目前阿茲海默症藥物不但效果不彰，甚至可能有害。

幸好，頂尖期刊《刺胳針》（The Lancet）最近有研究顯示，40％的阿茲海默症與 12 種可調控（所以有機會預防）的危險因素有關，所以我們要抱持信心，這個疾病將是可以預防的。

2013 年有一份研究，追蹤超過 2,000 位成人的血糖值長達 7 年，發現血糖較高與失智症（包括阿茲海默症）風險較高有關聯。即使是非糖尿病患者，這個關聯也成立。無論如何，獨立研究也確認，糖尿病會增加認知衰退的風險，而前期糖尿病對所有型態的失智都會造成風險。2021 年發表的另一個觀察研究發現，愈早診斷出第二型糖尿病，得到阿茲海默症的風險愈大。

心臟病風險增加

在西方世界，心臟病的致死排名超越很多其他身體部位的疾病。心臟病包含了高血壓、高膽固醇及冠狀動脈疾病等，這些都直接根源於壞能量。

早在 1979 年，佛來明罕心臟研究（Framingham Heart Study，醫學史上歷時最長且最重要的研究之一）率先表明，糖尿病所呈現的代謝功能障礙是造成心臟病的風險因子之一。一般推測是高血糖導致氧化壓力，然後自由基傷害了細胞導致發炎，因此造成

血管內皮惡化，致使大小血管都受到傷害。身體對這個傷害的反應是，脂肪沉澱堆積在血管內，造成血管硬化且變窄，形成動脈粥狀硬化，最後血管會變得太窄且血液流動阻塞，這就是冠狀動脈疾病的成因。在美國，心臟病每年導致將近 70 萬起死亡事件，而其中大部分死者的生物標記（第 1 章提到的那些）有部分或全部都超標。

心臟病的一個顯著風險因子是高血壓，而 50％美國人有此症狀。發炎、肥胖、胰島素阻抗、高血糖及氧化壓力，都會造成血管壁的負擔，然後這些細胞的一氧化氮產量會因而減少，而一氧化氮能讓血管放鬆。胰島素阻抗與糖尿病也會直接影響負責啟動這項程序的腦部，導致一氧化氮的合成與釋放障礙。所有這些都會造成動脈硬化、血壓增高及心臟病的風險。此外，血管內壁細胞功能不良，會促進血塊與斑塊的不當堆積，最後造成心臟病發作。（注意，這些過程跟勃起功能障礙原因幾乎相同，後者是陰莖血管變窄、無法擴張造成的）。

呼吸疾病風險增加

最主要的慢性呼吸疾病是所謂慢性阻塞性肺病（chronic obstructive pulmonary disease, COPD）。這是因漸進的發炎造成肺部損傷而導致呼吸困難。新近診斷出慢性阻塞性肺病的患者中，16％有第二型糖尿病，另外 19％在診斷出此病的 10 年內，會發展出第二型糖尿病。

慢性阻塞性肺病的主要危險因子是抽菸，抽菸直接與粒線體

功能障礙及第二型糖尿病的風險有關。香菸的煙霧中含有數種有毒化學物，其中包括會直接破壞細胞內粒線體的氰化物。對粒線體的傷害會直接導致能量的產量減少，造成多種健康問題，也會提高罹患糖尿病的風險。香菸煙霧中的有毒化學物也會造成身體的氧化壓力與發炎，加劇對粒線體的危害。

有很多研究都支持，有慢性呼吸疾病的病人控制好血糖，治療結果會更佳。2019 年一項針對超過 5,200 份病例的分析顯示，患有第二型糖尿病的病人若服用降血糖藥二甲雙胍，較不會死於慢性下呼吸道疾病。研究建議，遵守富含蔬菜水果的抗氧化飲食，能減少慢性阻塞性肺病的罹患風險，並降低重症機率，然而營養指引還不是此病的標準治療方式。攝入含糖飲料跟慢性阻塞性肺病風險（以及前期糖尿病、成人氣喘與支氣管炎的風險）有強烈相關。《營養》（*Nutrients*）期刊中的研究審視了飲食對慢性阻塞性肺病的影響，指出「飲食對肺功能的影響，跟長期抽菸對肺功能的影響可說不相上下」。可見健康飲食可以消除發炎與氧化壓力，並有可能減輕慢性阻塞性肺病的嚴重程度。

▎關節炎風險增加

年紀大了以後，除了罹患危及生命的疾病之外，很多人覺得最難過的就是身體不像以往那麼好，運作也不那麼順暢了。其實就連疼痛還有僵硬等，也都與代謝有直接關聯。頂尖骨外科醫師如勒克斯（Howard Luks）博士已闡明，關節炎比較偏向是代謝疾病，而不是人體結構上的疾病。有骨關節炎的人罹患心血管疾

病的風險是一般人的 3 倍,得到第二型糖尿病的機率也比一般人高 61％。新興的研究顯示,即使是關節炎這種肌肉骨骼疼痛,也跟其他慢性心血管代謝疾病一樣,都是壞能量的表現。

與關節炎及肌肉骨骼疼痛有關的一項代謝因子是慢性發炎。慢性發炎會傷害關節組織,造成致痛化學物的釋出。另一項很重要的代謝因子是慢性氧化壓力,這會導致膠原蛋白受損,造成關節退化,也拖慢了治療過程並使身體更難以復原。

過重也已證實會增加罹患骨關節炎的風險,而骨關節炎是最普遍的關節炎。美國關節炎協會進行的一項研究發現,體重每增加 1 公斤,膝關節要多承受 4 倍的重量。這多出來的壓力會導致關節磨損,增加罹患骨關節炎的風險。此外,肥胖一向會提高罹患膝部骨關節炎的風險,而且 BMI 愈高,風險愈高。一篇統整了 16 項研究的綜合分析發現,每增加一單位 BMI,罹患膝部骨關節炎的機率會增加 13％。此外,肥胖也與膝部骨關節炎患者的疼痛加劇與身體功能變差有關。對較年長者,運動是最能減低關節疼痛的良方之一,可能是身體活動有助於粒線體發揮功能。醫療機構持續把骨關節炎視為心血管代謝病患常見的困擾,但我們要視關節炎為細胞內功能異常正在醞釀的警告訊號,代表日後將可能造成全身各部分的退化,而且不只限於關節組織。

新冠肺炎重症風險增加

在我持續進行代謝與相關病症的發現之旅時,遭遇到了 COVID-19。2020 年初,當這個疾病開始流行的消息首次在媒體

披露時，我才剛與合夥人成立 Levels 這家健康技術公司，旨在增進個人對代謝健康的了解。對我們這些從事代謝研究與醫學的人來說，壞能量與絕大多數慢性疾病、症狀皆有關已是清楚的事實，所以當然也會透過代謝鏡片來看這個快速發展的病毒現象。

COVID-19 危機是我所見過常規醫學代謝盲點裡，最戲劇化也最嚴重一個。受這個急症殘酷蹂躪的人，多半有不自知的慢性症狀或疾病，而且這個壞底子主要是由飲食與生活習慣造成的，在很多高品質同儕審查論文中可以清楚看到這些關聯。全世界的專家都想就此登高一呼，但訊息並沒有傳遞出去。世界各地團體都錯失了這個教導人們「疾病的嚴重性與飲食、運動及其他可調控因子已證實有關」的機會，可謂慘敗。

在很多 COVID-19 死亡率的研究中，死亡的人 80% 到 100% 還有其他慢性病，其中最普遍的是代謝問題，例如第二型糖尿病跟高血壓。其他研究顯示，有代謝症候群的染疫者，住院風險增加了 77%，而死亡風險增加了 81%。

COVID-19 並不是第一個對糖尿病人有差別待遇的病原體。糖尿病患者若有細菌感染與季節性流感這兩種疾病，病情都會較嚴重，原因包括在高血糖之下，急性免疫反應會受損。事實上，在流感季節，有糖尿病的人若得了流感，住院需求是非糖尿病患的 6 倍。高血糖對免疫系統有很多負面影響，包括阻礙免疫系統在全身移動及到達遭感染之處，還有降低吞沒、摧毀病原體或遭感染細胞的能力。再加上，抗體如果經糖化作用被糖黏上，工作效率會比較差。還有，高血糖會促使免疫細胞釋放過量的促發炎

細胞激素,造成過激但功能失常的免疫反應,使身體組織受到無正面效益的連帶傷害。

錯失訊號的殘酷代價

長期以來,我們接受肥胖、痤瘡、疲憊、憂鬱、不孕、高血壓或前期糖尿病等是「健康」成人逐漸變老必經的儀式。這些小症狀實際上是邀請我們對身上這些代謝功能障礙產生好奇。如果置之不理,之後壞能量幾乎一定會造成更嚴重的症狀。

在我的功能醫學診間,病人若有源自於壞能量的綜合症狀跟嚴重疾病,例如心臟病或癌症,都是多年前就已有一或兩種代謝症狀。

醫學上稱兩種(或以上)容易相伴出現的症狀為**「共病」**。醫師受訓時,會發現糖尿病患者常常也合併出現高血壓,而肥胖的人通常也合併有憂鬱。在醫學院時,每當看到這種狀況,我們通常會聳肩再加上一句:「嗯,有意思。」來結尾。在醫院裡,**共病**單純只是一個告示:「如果你看到這個疾病,請找出另一個」,然後發揮所學治療每一種疾病,或如果疾病超出你的專業領域,就把病人送到更合適的專科醫師那裡。雖然關節炎跟心臟病是共病,但骨科醫師或心臟科醫師都很少深入思考,眼前病人身上的代謝功能障礙、氧化壓力與細胞慢性發炎原因,也很少想到要怎麼協助才能讓這些致因途徑回歸正軌。相反的,他們只是處理症狀,然後讓病人離開,而病人的內在生理狀況仍然是一

團糟。

因為**共病**這個詞太過普遍，讓根本不應該視為正常的事情也變得正常化，但這一堆嚴重的症狀，根本是同一個根系長出的同一棵樹所生出的不同枝幹。這種正常化在某種程度上強化了我們的盲點，導致我們喪失無數的機會，沒有及時在數百萬人健康變糟之前，幫助他們扭轉病情。這就是我媽遇到的情況。

我媽不知道，她的醫師們也不知道，她身上多餘的脂肪是細胞負荷過重且孤立無援的訊號。我媽的代謝幾乎沒有進入燃燒脂肪的狀態，而身體只有在沒有超載葡萄糖跟碳水化合物時才會開始燃燒脂肪。她不知道她的高血糖、失衡的膽固醇及高血壓這些共病，就是代謝功能障礙的**定義**。這些共病在細細訴說並發出警告卻遭忽略。長久以往，她的代謝愈來愈惡化，效率愈來愈差。

我媽盡全力想讓健康恢復正常。她戒菸、請健身教練、加入可爾姿（Curves）健身房、閱讀每本營養書並身體力行，還加入很多課程，包括史丹福醫學院與慧儷輕體（WeightWatchers）推廣的瘦身計畫。她試過以植物為基礎的原型食物飲食計畫，然後也試過生酮飲食。她一試再試，然後又試。然而所有宣稱的終極良方各有不同理論，她對此感到沮喪。而且很不幸，她不知道要透過細胞能量鏡片來檢視身體，也沒有資源可以搞清楚自身的生物標記，最終身體也沒有獲得改善。每一項努力都有好處，但因為沒有把所有箭頭都對準代謝功能障礙這個**正確**的方向，於是努力沒有成果，她也沒有得治。

這個各自為政的醫療體系辜負了她，因為她所面臨的每項健

康問題都被當作獨立事件。醫師本可在她經歷每一階段時教導她：產下巨嬰、減不了體重、高血壓與高膽固醇，以及最後的胰臟癌，所有這些都是同一棵樹長出的枝幹。她的醫師沒有把這些綜合起來一起檢視，反倒是把所有症狀都分開來看。

這些影響我、我的中年朋友、我們的孩子，以及我們年邁父母的症狀，都顯示我們開始在壞能量裡扎根。我們被致命的誤導，這些症狀要分開用各不相干的方式來治療。而其實，粒線體的功能與數量、慢性發炎的盛行、氧化壓力的程度、代謝的健康，彼此都互相影響。

我們曾經迷途，但可以快速改道。人體細胞有極好的適應力與再生力，它們從早到晚，每天都這樣做，破損的細胞可以很快修復。每個年齡層的人都是如此。我看過 80 歲、18 歲甚至 8 歲的人重獲健康、自信、自尊跟快樂，這一切都從保護細胞能量製造力的基礎開始做起。我們可以當個有自主權的病人，但若想掙脫目前的醫療體系，要先對它的誘因與短處有清楚了解。

想查閱本章引述的論文，請上網站 caseymeans.com/goodenergy。

第 3 章

面對慢性病，
現代醫療不是唯一解答

我生命中最重要的 13 天，由無視一群醫師展開。

當我媽診斷出胰臟癌後，隨即有一群來自史丹福與帕羅奧圖醫療基金會（Palo Alto Medical Foundation）的醫療團隊馬上採取行動，建議了一長串手術與處置，從切片檢查、輸血到肝內支架。在多數案例中，病人會同意所有處置，然後醫療會議很快就圓滿結束。畢竟這些建議是由全球頂尖機構所提出。

但我根據在醫界的經驗，開始提問。我發現，這些處置有 33％的機會延長她的生命，但最多只能延長幾個月；也有 33％的機會可能縮短她的生命；另外 33％則是對她的生命長度毫無影響（然而卻會讓她無法回家）。其中，侵入性方法代表我媽需要獨自待在病房（因為疫情規定），而且如果手術比較複雜，時間會拖更久（免疫功能不全的癌症病患開刀常會如此）。此外，她的癌症會造成肝臟日漸衰竭，身體也會摧毀紅血球，使得預後更糟，可能導致原本建議的手術變複雜，最後就算已經虛弱到幾乎無法下床，還是要每隔一天就到醫院輸血數小時。當時正處於

疫情封鎖期間，我們也知道她得被迫獨自住院進行手術，而且可能出不了院。我媽跟腫瘤科醫師說得很明白，她不怕死期將至，只求在最後日子能把不必要的痛苦減到最少。雖然她已經清楚表明，但醫療系統還是強推那些會造成疼痛與噁心的處置方式，而且咄咄逼人譴責家屬對這種全面進攻療法的質疑。

醫師並不是刻意要建議次佳的醫療方式，但我知道侵入性治療可以為醫院帶來數十萬的收益，而醫師的收入也跟安排這種手術息息相關。

我跟腫瘤科醫師確認：「你建議我媽做這種最多只能讓她多活幾個月，卻會讓她孤獨死在醫院的侵入性療法？就算 CA 19-9 血液測試與電腦斷層掃描結果已經確定是胰臟癌第四期，而且她已經肝衰竭，紅血球也所剩無幾了？」

「對，我們建議這樣做，」醫師回答。

在全家的支持下，我媽選擇不做確認診斷手術，留在家裡跟家人度過最後的日子。這些手術是為了減輕醫師在檢查表、演算法、病例模板、醫療計費代碼上的負擔，而不是考量我媽狀況所決定的。當時，我為那些要獨自經歷這些決定的家庭感到難過，因為他們沒有可信賴的援手幫忙，無從知道醫療體系的誘因，也沒有專業知識可以問出困難的問題。

我們沒有把媽媽留在醫院，不然她可能沒辦法再看到家人或與我們接觸相處。我們決定出院，開車回到我爸媽在加州半月灣的家，陪她走過最後的日子。

我媽最後還清醒的那天，她很虛弱的醒來，也沒辦法再好好

講話。當天稍晚,她突然迴光返照似的敦促我們帶她去看自己即將埋骨之地,那是離家車程僅 3 公里,可俯瞰田野與海洋的小樹林。我們很快載她到那兒,用輪椅推她到自然葬的所在。我媽看到美麗的海景與將永伴她的樹林很是驚喜,我們全家一起擁抱。她要我爸蹲在輪椅旁,然後捧起他的臉,注視著他說出此生能相遇有多神奇。在這小小的地球一隅,身後即是太平洋,他們沉默對望,彼此流露的感情與感激是言語難以完全表達的。他倆最後相擁時流露的尊重與連結,將永遠是我對生命的定義。

「這真的是……太完美也太美麗了,」當全家人在她的最後安息處擁抱她時,我媽脫口說出。

幾分鐘後,她就沒有意識了。2 天後,她在全家手牽手圍繞之下過世。

我與我媽共度的最後 13 天,是我生命中最有意義的時光。

假如我們接受醫師的建議,這些都不會發生。

醫療體系的誘因與介入

我還是住院醫師時,好朋友正是癌症外科醫師。與我媽的醫師開會時,好友幾年前說的話在我腦海中響起:**一旦你走進癌症外科,不管需不需要,你一定會被動手術。**

我記得下班後跟這個朋友聊天時,她因為剛目睹病人被迫進行不必要的手術而整個人大受震撼。通常,她會建議癌末病人進行安寧照護(優先考量的是病人最後時光的舒適與平靜),而資

深醫師通常抱持反對意見。她告訴我，主治醫師可能會「昧著良心」只建議開刀，而不提供其他選擇。如果病人想拒絕侵入性手術，部門長官會要求病人簽署「違反醫囑」書然後出院，幾乎沒有提供尋找安寧照護的資源或最少侵入治療的選擇。

醫病關係如此嚴重不平衡，病人因為擔心生命，當醫師提出被認可的「療法」來解決糖尿病、心臟病、憂鬱或癌症時，幾乎無力拒絕。

沒有人讀醫是為了想占病人便宜以求致富的。有太多更輕鬆的辦法可以賺錢，而不用讀 4 年醫學院、再花 3 年到 9 年當住院醫師及接受專科醫師訓練，考一次醫學院入學考試、三次美國醫師執照考試，還有專業資格考的口試及筆試。我的同僚幾乎每一個都是從小就夢想要治病，並且瘋狂用功才成為醫師。他們不眠不休的學習科學，充滿理想的進入醫學院並成為家族之光。他們當住院醫師時還背著數十萬的助學貸款，而且已經開始把睡眠不足及上級施加的辱罵當成不可或缺的經驗，因為「大成就來自大犧牲」。

但幾乎我所遇到的醫師，這種理想主義最後都變成憤世嫉俗。我當住院醫師時的同事經常表示懷疑自己的理智，思考這一切是否值得。我也跟很多成功的外科醫師聊過，他們都寫過幾十次的辭職信，還有一個常做拋下一切去當烘焙師的白日夢。我跟隨學習的許多主治醫師都很想擠出時間陪伴小孩。我在手術室見過不只一次，醫師因為手術拖延再次錯失陪伴小孩入眠的機會而淚崩，也有很多醫師經歷過自殺性憂鬱。我完全明白為什麼醫師

的過勞及自殺率是所有職業中最高的。

這些對話不免產生一種認知,而且我相信美國每一間醫院的醫師都會私下議論,那就是他們覺得被困在有毛病的系統裡。對多數醫師來說,換跑道是難以想像的事,因為財務壓力,還有他們的身分早已與名字後面附加的「醫師」二字緊緊相連。

這些盡心盡力的專業人士背了數十萬的貸款,又置身在單純由財務誘因驅動的系統中:**每個對你健康有影響的機構,都會在你生病時多賺一點,而在你健康時少賺一點**,從醫院、製藥業到醫學院,甚至保險公司都是如此。

這個誘因造就了顯然正在傷害病人的醫療體系。

想像你是從外太空來到美國的智慧外星生物,你看到的醫療保健景象是:75% 的死亡及 80% 的醫療花費,都導因於肥胖、糖尿病、心臟病及其他**可預防且可逆**的代謝狀況。現在想像你要求這個外星人撥款 4 兆美元(美國每年花在醫療保健上的經費)來解決問題。外星人絕對不可能表示,應該等大家都得病了再來開藥,然後再做一些無法逆轉深層病因的處置。但這就是我們今日的所作所為,因為這麼做可使美國最大的產業持續獲益。

急症信任醫療,慢性病則否

大部分的醫療保健書籍提供建議時,都會在最後加上「請諮詢你的醫師」這樣的免責宣言。

我的想法不同。我認為,在可預防且可控制的慢性病上,你

「不」該信任這個醫療體系。這可能聽起來很悲觀且嚇人，但了解驅動醫療體系背後的誘因，還有為什麼它不值得我們信任，是成為有自主權病人的第一步。

我媽在過去 20 年的生命中，接受的是很多人公認的世界最佳醫療。她經常到梅約醫學中心做預防篩檢，也定期去史丹福醫院看診。儘管忠實的進入醫院的旋轉門，我媽的細胞從未得治。她的醫師用一堆藥物來控制她的生物標記，但這些藥從沒治癒她細胞的混亂狀態。跟幾乎所有慢性病一樣，只要實踐本書的好能量生活習慣，胰臟癌是很有可能預防的。但在這些頂尖的醫療機構中，沒有任何人強力建議她從細胞基礎功能進行改善。他們一心擁護的積極醫療介入措施，是那些在她顯然病篤時才提出的建議。

讀到這裡，我猜你心中應該有這些問題：這個系統在過去百年不是創造很多醫療奇蹟嗎？這段時間人類預期壽命不是倍增了嗎？醫學很複雜，為什麼要質疑已經運作如此良好的體系？

預期壽命倍增，主要是因為衛生習慣跟感染病防控措施，是因為面對緊急且有生命危險的情況如盲腸炎與嚴重外傷時有的緊急手術技術，是因為抗生素逆轉了威脅生命的感染。簡言之，幾乎我們指出的每一種「健康奇蹟」都是治療急症（也就是沒有馬上處理就會沒命）。就經濟層面來說，緊急狀況在現代醫療體系裡很不吃香，因為病人很快就會痊癒，不再上門消費了。

從 1960 年代起，醫療體系在急症創新上獲得信任，然後以此要求病患不要質疑它在慢性病上的權威，而慢性病會持續一輩

子,因此有更多獲利。但是過去 50 年對慢性病的醫療處置已經徹底失敗。今日,我們把疾病分門別類,每一項都有固定療法:

- 高膽固醇?看心臟科醫師,開斯他汀藥物。
- 高空腹血糖?看內分泌科醫師,開二甲雙胍。
- 注意力不足過動症?看神經科醫師,開阿德拉(Adderall)。
- 憂鬱?看精神科醫師,開血清素再吸收抑制劑。
- 睡不著?看睡眠專科醫師,開安眠藥。
- 疼痛?看疼痛專科醫師,開類鴉片藥物。
- 多囊性卵巢症候群?看婦產科醫師,開排卵藥克樂米芬(clomiphene)。
- 勃起功能障礙?看泌尿科醫師,開威而鋼。
- 超重?看肥胖專科醫師,開瘦瘦針。
- 鼻竇炎?看耳鼻喉科醫師,開抗生素或開刀。

但是沒有人討論(我想醫師也不懂)的是,就在我們花了數兆美元「治療」這些症狀時,它們的發生率卻在升高。

當面對這些前所未見、發生在許多人腦部、身體且將終生跟隨的流行症狀(其實全都根源於代謝功能障礙)時,我們被教導要「相信科學」。這顯然沒道理。我們遭到情緒勒索,因而在過去 50 年慢性病發生率激增時都不敢質疑。

現今以介入為基礎的醫療系統其實是設計出來的。1900 年初,約翰霍普金斯醫院創辦者豪斯泰德(William Stewart

Halsted）醫師首創住院醫師制度。對豪斯泰德來說，醫學教育是「一種強調英雄主義、克己、勤奮與永不倦怠的超人職業」。

在豪斯泰德眼中，醫院最重要、最崇高的使命，就是外科醫師對病人動刀以擺脫疾病。積極的醫療介入是英勇的（難免野蠻與粗暴），是以病人身上暫時的疼痛，換取長久的利益。要以達爾文式的系統來確保只有最優秀與最聰明的人能獲得成為外科醫師的殊榮。他會與住院醫師一起進行長達數日的手術馬拉松，以測試並篩選學生。

與此同時，石油大亨洛克斐勒（John D. Rockefeller）意識到，他可以用自己石油製品的副產物來製藥，於是斥資重金在全美創辦醫學院，教導的課程則以豪斯泰德模式的介入第一為本。洛克斐勒的一個員工被委派提出《弗萊克斯納報告》（Flexner Report），報告中擘劃的醫學教育願景以介入為優先，且汙名化營養、傳統及整合療法。1910 年，美國國會確認了此份報告，從此在美國，合格的醫學院都要遵循弗萊克斯納／洛克菲勒以介入為基礎的模式。

一開始，我認同豪斯泰德醫師的觀念。我申請外科住院醫師時，一心只想用動刀來「解決」所有問題。我相信成為醫師，特別是外科醫師，是一項特權，因此要施以嚴格手段來確保唯有最好的人可以勝任。身為年輕住院醫師，我指責那些抱怨日程表繁重的人。

我在醫學院時，不知道豪斯泰德醫師一生都苦於古柯鹼與嗎啡成癮。他會利用藥物好讓自己能在外科病房進行多天馬拉松手

術,然後陷入精神崩潰,在家足不出戶數天或數星期。他常常因為睡眠不足和毒品,導致手抖得太厲害而不能動刀。但是從1910年起,美國國會就未曾改變弗萊克斯納/洛克菲勒以介入為主的醫學模式,並持續以此定義美國醫學。

所以事實是,當我們碰到危急性命的感染或骨折之類的緊急狀況,就應考慮聽從醫療體系的指示。但若要處理的是在生活上造成困擾的慢性症狀,就應該質疑幾乎所有醫療院所提出,包括從營養到慢性病的建議。你要做的,應該是關注其背後的金錢與動機。

醫院做愈多賺愈多

我就讀大學時,史丹福醫學院院長皮佐(Philip Pizzo)是疼痛專科醫師,2011年他受命領導政府支持的一個國家醫學院專家小組,目的是制訂美國慢性疼痛治療建議。在19位專家中,有9人跟類鴉片藥物藥廠有直接關係。皮佐醫師接受此項任命時,還設法為學校向輝瑞藥廠爭取到300萬美元的捐款,而輝瑞正是類鴉片藥廠的龍頭之一。這個專家小組提出了寬鬆的類鴉片藥物給藥指引,因而造就今日見到的藥物成癮危機。

2012年至2019年間,美國國家衛生研究院的經費至少資助了9,000位有「重大」財務利益衝突的研究員,許多人都與藥廠有關,據報導相關金額約1.88億美元。

還有許多一流醫療機構的院長直接從製藥公司領取數百萬美

元的款項。

我開始擔任住院醫師時,《平價醫保法》(Affordable Care Act, ACA)剛通過,所有醫師都要了解「以績效為基礎的誘因支付制度」(Merit-Based Incentive Payment System, MIPS)這個隸屬於「論質計酬計畫」(Quality Payment Program)的新方案。根據這個系統,醫師的治療如果符合特定醫療品質標準,聯邦醫療保險的支付金額會大幅調整。一般會以為,醫學界的「品質」與「績效」指的是**「病人真的好轉」**。但當我深入研究「績效激勵付費系統」網站,查看每個專科的特定品質標準為何時,驚訝的發現這些品質標準基本上根據的是醫師是否定期開藥或做更多的介入治療。沒錯,政府的激勵計畫重點不是病人的結果(例如病人更健康了嗎?)而是著重於醫師是否開了長期處方箋。例如,氣喘的「有效臨床護理」欄目下有四項品質績效,沒有一項跟解決或改善氣喘有關,恰恰相反,績效指標是例如「在 5 歲到 64 歲診斷出有氣喘的病人中,開出長期控制藥物的百分比為何」。而此規則一致貫穿許多疾病的數百項指標。後來我才知道,製藥業花在遊說上的金額,超過石油工業 3 倍之多,深切影響幾乎每一項我曾遵守的醫療保健法規與指引。

我聽聞醫師常常講起他們浮動的薪資是奠基於「相對價值單位」(relative values units, RVU),這是一種根據醫療計費代碼來衡量醫師生產力的指標。很多醫院會激勵醫師增加他們的相對價值單位。例如,進行減重手術得到的相對價值單位,遠遠高於對肥胖病人進行健康飲食諮詢。即使是沒有明確把薪資與相對價值

單位綁定的醫院，行政部門也會希望醫師至少能達到每年的最低值。這套標準也用在晉升評鑑上。「相對價值單位」可精確判斷醫師為醫院帶來的經濟價值，而最大化這項標準就是醫院管理階層與院內醫師的主要考量。這很合理，因為「相對價值單位」所衡量的介入療法就是醫院用來賺錢的方式。這種誘因導致醫師收到外科病人時，不會提出能拔除病因的療法，而是更傾向建議病人動手術，不管是否真的有必要。從我當住院醫師起，教授就教我要學會正確開計費單，因為外科醫師就是「靠動刀賺錢」，也就是說，你動愈多刀，帳單開愈多，就賺愈多。

每當我問起為什麼要進行手術，或是提出可行的飲食介入建議（對莎拉這類偏頭痛病人）時，資深醫師就會教訓我，用語大概類似「我們當外科醫師不是為了來給飲食建議的」。就算這代表末期病人在剩下的日子會經歷嚴重的創傷、與家人分離，醫師被灌輸的信仰是盡全力保住病患的生命，即使是多擠出幾天生命住在加護病房也好。

計費根據的是做了哪些醫療行為，而不是解決病人的病因。衡量或給付某項醫療行為（如開藥、動手術、做電腦斷層掃描）可以計費，但是以多重因素的生理結果增進病人健康（逆轉糖尿病、預防癌症、減少發炎或氧化壓力）則無法。

這種做法鼓勵了醫院盡可能施行更多處置，同時盡可能快速看診，以看更多病人增加給付。如果你是因為手臂骨折就醫，醫院在治療你的手臂之外，如果還幫你開了麻醉藥，就可以多賺一點。不管病人的治療結果為何，醫師做愈多，給付愈多。

當住院醫師時，我在耳鼻喉科的座位旁有一個標誌，上面寫著「癌症去死吧！」大概是用來激勵那些遭蔓延全身病症嚇壞且虛弱的可憐人。在史丹福醫院，我看過有錢有權的癌症病人讚美癌症醫療團隊，感謝團隊協助對抗疾病，並在各項檢查空檔堅定的告訴家人，他們有「全世界最好的醫師」相伴。很顯然，對病人來說，受到心理激勵有益於對抗疾病，而且對醫療團隊有熱情也完全沒有錯。但我忍不住想，把時間往前推幾十年，當病人不可避免出現一些例如糖尿病、輕度失智症及高血壓等症狀時，這些激勵人心的口號何在？癌症常是**可預防**的，但對抗病魔的「熱情」，通常只在重大傷害已經造成時才會湧現。

事實上，確診癌症之後，醫師醫術是否高明已經無關緊要。你的醫師開的藥跟其他任何醫師都一樣，都是使用相同的儀器進行相同的化學治療，在差不多的標準下進行相同的手術，一切都是根據美國國家癌症資訊網的指引，而這個指引充滿了利益衝突。在診斷出癌症後說「你有最好的醫療團隊」，就像在車輛全毀後說你有最好的技師一樣。

我媽過世後，我跟她的一個腫瘤科醫師通過電話。我以醫師對醫師、女性對女性之姿坦白說出自己很失望，因為她竟然會建議我媽採取那些處置，我們倆都心知肚明那會讓我媽在最後的日子與家人分離，而且完全無助於增加壽命。我很同情她，我知道她行醫是為了助人，但卻深陷制度中而無他法可想。

醫療保健的最大謊言

在這個以干預為利基的醫療體系中,最公然與致命的例子是,醫界大老對於真的讓我們生病的事情完全保持沉默,也就是食物與生活型態。

假如美國醫務總監、史丹福醫學院院長及國家衛生研究院院長,明天將在國會大廈前階梯召開記者會,說明應盡舉國之力減少孩童的糖攝取量,我相信糖的消耗量會下降。美國人通常會聽醫界大老的話。當年醫務總監一公布關於抽菸的報告,抽菸人數馬上暴跌;1990年代「飲食金字塔」公布後,我們的飲食就變成有較多碳水跟糖(結果造成災難)。

但相反的,對於幾乎席捲全球的代謝疾病,醫界大老閉口不談其背後的真正原因。

他們沒有提出警告,點出美國青少年因久坐、吃得太沒營養,導致21歲年輕人有77%體格太差,達不到入伍標準。

他們也沒批評媒體公司維亞康姆公司(Viacom,旗下有著名的尼克兒童頻道)花了數百萬美元,只為遊說美國聯邦貿易委員會不要規範給兒童看的食物廣告。2019年,單是速食公司就花了50億美元的廣告費,受眾鎖定兒童,而且99%的廣告都在主打違反美國農業部健康指引的不健康選項。

他們沒有嚴格要求學校晚點上學,就算目前已有科學共識,指出現行過早的上課時間會擾亂腦部正常發展。

他們也沒譴責美國營養與飲食學會40%的經費都來自食品

工業。這些利益衝突會導致最大也最有影響力的營養師族群認證小瓶裝可樂很健康,且公開反對「糖造成糖尿病」的主張,並進行遊說反對含糖飲料稅。

當10％的「營養補充援助計畫」（Supplemental Nutrition Assistance Program，15％的美國人賴以為生）經費都花在含糖飲料上,他們也沒表達憤慨,代表數十億的納稅金額直接倒進可口可樂與百事可樂等公司（這些公司也獲得美國農業法案對高果糖玉米糖漿的補助,補助同樣來自納稅金額,而這些糖漿是用來加在他們生產的致病飲料裡）。

他們沒有號召醫療團體拒絕超加工食品公司的捐款,這些公司捐了數百萬美元給醫學團體,例如美國兒科學會（收受來自亞培與美強生等配方奶公司的捐贈）、美國糖尿病學會（收受來自可口可樂飲料公司與吉百利糖果公司的捐贈）。

他們沒有呼籲加強規範超過8萬種合成化學物進入我們的食物、水、空氣、土壤、居家清潔及個人護理產品裡,而且其中只有不到1%已經充分測試符合人體安全,但許多都已知是荷爾蒙與粒線體的干擾素,與糖尿病、肥胖、不孕、癌症都相關。

他們沒有大聲疾呼,停止花數十億的農業補助在生產加工食品原料上:8%的美國農業法案補助用在玉米、穀物與大豆油。神奇的是,菸草獲得的補助（2％）是水果與蔬菜加總（0.45％）的4倍多。

肥胖專科醫師與小兒科醫師沒有要求把兒童的糖添加建議量降至零。他們說肥胖是「腦部疾病」,而且政府應該補助減重手

術及藥物注射來管理肥胖。

心臟科醫師也沒有大力鼓吹，全國要迫切致力於減少加工食品，以抑制美國的頭號殺手心臟病。

美國糖尿病協會也沒有對糖發起宣戰。事實上，他們接受了可口可樂之類的加工食品公司數百萬美元的捐款，然後把糖尿病協會的標誌放在某些品牌的產品上，如吉百利巧克力、Kool-Aid 飲料、Crystal Light 飲料、Jell-O 果凍、SnackWell's 夾心餅乾、Cool Whip 奶油餡料，以及 Raisin Bran 葡萄乾麥片等。

醫界大老沒有抗議農業部明目張膽忽視轄下科學諮詢委員會的建議，沒有在最新的飲食指引裡把總熱量中糖的添加量從 10% 降到 6%。他們沒有呼籲農業部推翻與卡夫（Kraft）食品公司的協議，該協議同意將滿是超加工食品的午餐盒提供給學校，並放寬學校餐廳的原型食物規定，允許提供更多加工食品。

我們期望國家衛生研究院、醫學院與美國醫學會（代表醫師的團體）等機構提出預警：正是因為飲食與其他代謝習慣才讓這麼多人都生病了。我們期望他們用受人尊敬的聲音，積極呼籲改變食物體系，發起全國減少久坐活動。但這些重要的醫學機構持續保持沉默，並持續從更多罹病者身上獲取利益。

我接受醫學訓練時，常聽到的說法是病人「太懶了」，難怪會吃到壞食物或做了壞決定，而且這個悲觀論點普遍存在於醫學界。環顧四周，我沒有看到美國人有系統性的追求肥胖、讓代謝變差，或想過苦日子並故意忽略兒孫輩生命裡的重要時刻。沒有。病人會遭擊倒是因為總值 6 兆美元的食品業（希望生產便宜

且易上癮的食物）與總值 4 兆美元的醫療保健產業（靠病人的介入療法獲利，並對致病原因保持沉默）。

這不是陰謀，而是每個病人都要清楚知道的嚴峻經濟現實。你的醫師（還有他們置身的整個體系），直接且明確的受益於你持續的苦難、症狀，還有疾病。醫師好像不明白他們在醫學工業給付結構中的角色，也不清楚他們的學程、營養研究文獻，以及他們的決定，都如同木偶般受到政治與經濟勢力操控。

驅使現今醫學與食物體系成型的誘因，迫使病人不提問，同樣引發醫療保健上更大的謊言：我們病得愈來愈嚴重、愈來愈胖、愈來愈憂鬱，以及愈來愈易不孕，背後原因很複雜。

原因根本不複雜，它們全部與好能量習慣有關。

我對醫師充滿敬意，但我更確定的是，美國每一間醫療院所裡，有很多醫師都在做錯誤的事，明明眼前的病人只要在飲食與行為上採取更積極的態度，病情就能改善，但還是促使病人接受效果較差的藥物治療及介入措施。在醫療保健體系中，自殺與過勞的比率超級高，每年約有 400 個醫師自殺（相當於每年有四個醫學院畢業班自殺）。醫師自殺率是常人的 2 倍。根據我當年身為年輕外科醫師時的憂鬱經驗，我認為導致這個現象的原因之一，是工作效益中隱藏的精神危機，以及感覺身陷無法運作的龐大體系卻又難以改變或逃脫。

自我拯救的時刻來臨

雖然看來似乎有些悲觀，但這章的主旨是樂觀的。我們身處現代健康危機之中，好消息是人體系統可以修復，危機可以解除。

120 年前，飢餓、營養不良及早逝是常態，結核病跟肺炎是死因之首。當時美國人的預期壽命約為 47 歲，死亡人口的 30% 為 5 歲以下的孩童，相較之下，1999 年時則為 1.4%。如果把當時的人帶到現代，他們體驗到現代社會的進展時會超級震驚。我們的體系在專注處理正確的問題時，結果的確相當不錯。

今天，美國的醫院擁有許多全世界最用心、最勤勉、最努力的專業人士。但他們身處在迷失方向的體系中，這個體系在病人患病時賺錢，在病人健康時賠錢。

現代醫療體系在預防及逆轉慢性病上，已經讓我們全面、徹底的失望。事實上，如果從歷史死亡數據中剔除前八項感染疾病（這些疾病因為抗生素而減少），會發現預期壽命在過去 120 年來並未增加太多，儘管醫療保健產業肯定是美國最大、成長最快的產業，而且有大量醫療保健經費投入慢性病照護。

我們會在系統自我改變之前老去，但一場翻天覆地的革命正在發生，今日的病人將更有能力掌控自己的代謝健康。接下來將個別深入根植好能量的方法，讓我們今日就感覺更好，並且預防明日疾病的到來。

想查閱本章引述的論文，請上網站 caseymeans.com/goodenergy。

第二部

創造
身體的好能量

第 4 章

身體有答案

—— 讀懂血液檢查報告，並善用穿戴裝置

愛蜜麗在孕期 24 週時，做了每個懷孕婦女都會做的事：她走進醫師辦公室，喝了溶有 50 克葡萄糖且經人工染色的混和液（口服耐糖試驗），等了 1 小時，拿到一份血糖檢驗報告，看看自己有沒有罹患妊娠糖尿病。她被告知血糖濃度沒有顯示出妊娠糖尿病的狀況，所以她「沒有問題」。

愛蜜麗很喜歡個人數據，也擁有一台連續血糖監測儀。做口服耐糖試驗那天，她也把監測儀戴在手臂上，因此能獲取涵蓋試驗前後數小時的幾十個血糖數據，得到較動態的血糖升降值，而非單一數據。連續血糖監測儀給出的結果跟醫師告訴她的完全不同：她有高血糖（完全落在妊娠糖尿病範圍內）問題，即使是喝下那杯葡萄糖飲料之後數小時仍是如此。「我離開時在想，我再也不相信那間實驗室了，要不然就是醫院把我的結果搞混了，」愛蜜麗說。

如果沒有連續血糖監測儀，愛蜜麗可能就這樣離開醫師辦公室，對自己的潛在症狀毫不知情，也不曉得這對她的寶寶或自

身可能造成的風險。根據《糖尿病照護》(*Diabetes Care*)期刊，即使經過全面篩檢，仍有20%罹患妊娠糖尿病的婦女從未檢驗出。未能管理血糖症狀可能導致胎兒的胰島素阻抗，有很高機率讓新生兒終生有代謝問題。如同我媽的例子，代謝功能障礙通常在母親懷孕時顯現初兆，這個病徵是為了讓血糖濃度保持在健康範圍，以避免相關症狀的發生（以及加重）。

管理這種狀況「使用連續血糖監測儀……是有趣的挑戰，」愛蜜麗說。懷孕期間，為保護自己與孩子，她展開一項探索。「數據顯示，血糖濃度與第二型糖尿病可能跟阿茲海默症的發展有關，」她補充，「所以我開始想，哇！我有孩子了，得開始想辦法長期保護我的腦。」

她繼續說道：「配戴連續血糖監測儀之前，身體對我而言就像一個謎，我沒有把自己的所作所為跟我的感覺拉上關係。現在則是，**喔，如果我覺得疲累或緊張，我會回想過去 24 小時吃了什麼？**因為我通常能從中找到答案。這很好玩，因為身為女人，我們總是被告知要減重、要很瘦、要變得更好看。戴上血糖監測儀之後，我的心態轉變了，對我來說，飲食是為了照顧身體並長期保護它，是維護健康的工具。」

顯而易見，深入了解食物對健康的影響、讓人有能力做決定是好事，但是多數待產的母親及大部分病患並沒有像愛蜜麗一樣，使用連續血糖監測儀來深入了解自己身體。

今天，我們對自己的汽車、財務及電腦的了解，都遠大於對自己身體功能的了解。在美國，有 22 個州，病人甚至還無法合

法擁有自己的醫療紀錄，但醫師與醫院卻可以持有。

如果無法取得這些檢驗結果，並透過它知道食物對身體是否有直接影響，代表這個醫療保健系統在阻止我們了解自身的健康走向，也不讓我們知道自己的選擇是否會有好結果。相反的，那些受產業資助的行動卻試圖說服我們「沒有所謂壞食物」。這些扭曲的行動，已經在公共健康與營養生態系統中傳播開來。

大部分人去找醫師看檢查報告時，常會失望而歸，因為醫師說的不外乎下面兩句話：

- 「全部看起來都很好！你可以離開了。」**就算你一點都不覺得好。**
- 「結果有點不好，我們開這種藥給你。」**沒有深入談到你為什麼會這樣，或對此你可以做什麼。**

事實是，大部分醫師不知道怎麼有意義的解釋實驗室數據。當然，如果病人的鉀太低，醫師會吩咐進行鉀注射；如果是低密度脂蛋白（LDL）膽固醇升高，醫師會開斯他汀類藥物；如果白血球數目超過 11,000，醫師會開抗生素。但更深入探討實驗數據間的關係，或這一串實驗數據與生物標記反映出體內何種細胞生理學狀況時，你很可能會收到茫然的眼神。醫師接受的訓練是遵循規則來解讀實驗數據，而非退一步進行綜觀，從看似無關的各項數據中判斷身體整體狀況。事實上，有 93％ 的美國成年人，各項檢驗數據顯示出的其實是「壞能量」。

幸好，我們已經進入新的醫學時代，醫師不再需要居中解釋實驗室結果。在新時代中，病人將深深獲益。Levels 公司執行長寇克斯（Sam Corcos）稱這個概念為「生物可觀察性」（bio-observability），也就是透過可穿戴式、連續監測儀、直面消費者的實驗測試等技術，讓你有能力觀察自己的生物標記。說得更直白些，生物可觀察性是醫療保健工業所面對最具顛覆性的趨勢之一。你**不該**盲目相信醫師，當然你也**不該**盲目相信我，你要相信自己的身體。你的身體可以透過容易取得的測試及穿戴式感應器測得的即時數據對你「傾訴」，幫助你了解個別症狀與整體代謝健康的關聯。

我們生活在令人振奮的時代，有潛力活出人類史上最長壽、最健康的人生，但若想達到最佳結果，還需一些努力，擔負起了解自己身體的責任。你可能已經被灌輸：自己沒有能力了解自己的身體、要懷疑常識，以及把健康外包給醫院。現在可以把這些觀念拋掉了。現在有一個行動，是人們要求了解並擁有自己的健康數據，並藉此過上更健康的人生。此時就是加入這個行動的時刻，學習更了解身體發出的訊號。接下來我將帶你深入了解如何透過症狀、血液檢查、即時生物感應器來檢視身體，並確認好能量計畫能否成功。

症狀是上天的禮物：你感覺如何？

在我的診間，有很多病人會說他們「覺得還好」、「覺得

很健康」。但若進一步做詳細的症狀問卷時，會發現他們有 10 項，甚至超過 10 項的個別症狀或狀況，而之前的醫師都視之為「正常」。這些症狀通常包括脖子疼痛、季節性鼻竇感染或反覆感冒、溼疹、耳道發癢、下背痛、痤瘡、頭痛、脹氣、胃食道逆流、慢性咳嗽、輕微焦慮、難以入睡、低能量，以及如抽筋或情緒不穩之類的經前症候群。

上面沒有一項屬於正常。大多數時間，不論在精神與身體上，你都要、也應該覺得暢快才對。我們已經把海曼（Mark Hyman）醫師指出讓人「感覺像屎一樣」的症狀認為是正常，而無法想像「無症狀一身輕」是何種感覺了。我所列出來的症狀，每一種都是身體發出的訊號，告訴我們細胞現在沒有得到應有的營養，但透過改變飲食與生活習慣來減少氧化壓力、粒線體功能障礙與慢性發炎，就可以有所改善。

要增進生物可觀察性，評估基準症狀是簡單且關鍵的一步。你可以上我的網站（caseymeans.com/goodenergy）做症狀問卷，這問卷是根據功能醫學會（Institute for Functional Medicine）提供的內容改編而來，可以看出過去 30 天你受了哪些影響。

我們都聽說症狀是可怕且要即刻處理的，但症狀其實是禮物。你可以把細胞想成是歸你照料的 37 兆個嬰兒，他們也像嬰兒一樣，無法用文字語言溝通，症狀就是他們發出的哭鬧，希望以此得到關注，以滿足需求。

每冒出一個症狀，我會問：「**身體要告訴我什麼？**」假如脖子開始疼痛，我一定會檢查近來的睡眠與壓力狀況；如果焦慮發

作,我會想想最近有沒有運動,還有這週喝了多少酒;如果無故冒出痘子,我會想想是不是在餐廳用餐時不小心多吃了糖;如果頭痛,我會回想一整天水分的攝取;如果有經前症候群,我會盤點當月所有影響荷爾蒙狀況的因素,例如纖維的攝取、酒精、壓力與睡眠。

而身體對我們「傾訴」的另一個方法,是透過生物標記。

看懂標準血液檢查數據

三酸甘油酯、空腹血糖、「好的」膽固醇、「壞的」膽固醇,當醫師快速帶過檢驗結果時,我們也隨之點了點頭,但很少人知道這些數據代表的真正意義。這些數據有其極限,它們只是身體在高速動態中的單一快照。不過如果能整合數據且解釋合宜,它們仍然可以給出有力線索,看出我們的代謝健康及細胞能量管理狀況。

血液檢查的目的,是為了知道自己是不是在那6.8%美國人之列,也就是在沒有藥物控制的狀況下,五項基礎代謝生物標記都在正常範圍,正朝著有好能量的正確方向邁進一步。要回答這個問題,你需要有最近的年度健康檢查數據及各項生命徵象,並拿出捲尺。生命首要任務應該是躋身那6.8%之列,如果沒有達到目標,注定將經歷諸多症狀,例如憂鬱、痤瘡、頭痛及致命的慢性病。女性可能在懷孕時把代謝功能障礙遺傳給胎兒,甚至不孕、流產、有嚴重的更年期症狀及發展出阿茲海默症。我們把全

美有70％人口即將罹患明顯慢性病的環境當成正常，但這不必是你的宿命。

我堅信個人選擇與個人自由，因此如果有人選擇吃不健康的食物、做不健康的事情，我也尊重。但至少要**知道**自己置身於好（或壞）能量光譜的哪個位置，才能做出有憑有據的決定。行為改變的科學研究已顯示，可以得知自己健康數據的病人，明顯有較好的成果。我相信，如果三酸甘油酯與 HDL 膽固醇比（TC/HDL-C）很高的病人，清楚這個生物標記代表他們罹患憂鬱的機率比一般人多 89％，就會更願意遵守飲食與生活計畫，來讓代謝達到最佳狀況。

要掌握健康，必須了解這五項年度健康檢查必做的基本代謝生物標記。

▎當三酸甘油酯過高

當攝取過多的糖與碳水化合物，超過肝臟細胞粒線體的負荷時，過量的葡萄糖就會轉變成三酸甘油酯運送至血流中，再利用「脂質的新生合成」（de novo lipogenesis）這個處理過程，儲存在組織與肌肉裡。

以演化來說，這個處理過程很合理。三酸甘油酯是一種脂肪型態，可以在人類空腹（現代化之前的生活是飽一頓餓一頓的循環，常被逼著空腹）或在使勁時當成能量來源。但在當今現代社會，我們永遠飽足而且常久坐，於是三酸甘油酯就在血液中堆積起來。而胰島素阻抗會導致充滿全身的超負荷脂肪細胞進行脂肪

分解，結果把更多脂肪送回肝臟來製造三酸甘油酯。不幸的是，充滿脂肪的肝臟細胞運作不良，卡住了胰島素訊號，加劇了胰島素阻抗，於是造成惡性循環，今日在大部分美國人體內上演的就是這種情況。

說到三酸甘油酯升高的原因，簡單說，高三酸甘油酯肯定是種警告訊號，顯示你吃了太多糖、精製碳水，以及（或）酒精，而且很可能沒有足夠的運動。你需要減少碳水攝取量，因為碳水會加重肝臟負擔，還會轉變成脂肪。這表示你要遠離汽水、含糖飲料、果汁、任何加糖的食物、糖果、使用精製穀物的產品（麵包、義大利麵、鹹餅乾、墨西哥玉米薄餅、洋芋片、甜餅乾、酥皮點心、蛋糕、穀物片等），以及其他高升糖指數食物，同時要增加每日運動量以燃燒多餘的能量。

攝取過量酒精會影響肝功能，因而對三酸甘油酯的濃度有負面影響。酒喝愈多，三酸甘油酯愈高，如果酒裡還加了糖、調酒配方、混了果汁，情況會更糟。除此之外，喝酒時如果又吃下含有脂肪（特別是飽和脂肪）的餐食，會損害脂蛋白脂酶（清除三酸甘油酯的酵素）的活性，使餐後的三酸甘油酯濃度升得更高。酒精也會消耗細胞裡的抗氧化資源並生成活性氧成分，這兩者都對代謝的健康有害。

- 一般標準下認定的「正常」：< 150 mg/dL
- 最佳範圍：< 80 mg/dL

認為三酸甘油酯只要在 150 mg/dL 以下就算正常是錯的，最佳範圍遠比「正常」還要低更多。研究顯示，三酸甘油酯小於 81 mg/dL 跟介於 110 至 153 mg/dL 的人相比，發生心血管事件（例如心臟病或中風）的可能性少了 50%。（然而醫師卻說這兩個族群三酸甘油酯都「正常」）。而三酸甘油酯高於 153 mg/dL 的人，發生心血管疾病的風險會急遽升高。

以我為例，在不同飲食下（一個是高碳水低脂的素食飲食，另一個是更雜食、更高脂、適度低碳水的飲食），我的三酸甘油酯都是 47 mg/dL。為什麼這兩種飲食都能保持低三酸甘油酯？答案是，這兩種飲食都不會讓我的細胞為了處理過多能量而不堪負荷，因為飲食內容主要都是未經加工的原型食物，這會觸發我複雜的飽足機制發出訊號，讓我不至於吃過多。如果你把飲食策略與全面的好能量習慣（例如睡眠、壓力管理、避免毒物、運動等）相結合，你的全部代謝系統就能有效處理來自食物的過剩能量基質，並保持粒線體健康，為體內更健康的三酸甘油酯濃度打好基礎。

▍當 HDL 膽固醇值偏低

我們談到檢驗數據裡的膽固醇時，用詞並不正確。膽固醇跟三酸甘油酯不會自己流遍全身，因為這兩種脂質都不溶於血液（主成分為水）中，而是一起包在由水溶性分子組成的球體裡，球體表面覆有如同運輸標籤的蛋白質標記，供細胞辨識與反應，以此放出球體裡的脂肪與膽固醇。球體表面的特殊蛋白質，加上

球體內膽固醇與脂肪的比率，決定了這個球體是高密度脂蛋白膽固醇（HDL-C）粒子、低密度脂蛋白膽固醇（LDL-C）粒子，還是其他種類的粒子。

HDL 常歸類為「好的」膽固醇，因為它會協助移除血管中的膽固醇，將之帶回肝臟處理後從體內排除。這個逆向運輸膽固醇的過程，能防止膽固醇在動脈中堆積成斑，降低心臟病與中風的風險，因此我們認為血液中的高 HDL 對心血管健康有益。

同時，LDL 常歸類於「壞的」膽固醇，因為它會讓膽固醇沉澱在動脈壁上生成斑塊。這個過程就是所謂的動脈粥狀硬化，會使動脈變窄，增加心臟病與中風的風險。

高 HDL 與較低的心臟病與中風風險有關，而低 HDL 與增加心臟病與中風風險有關。事實上，HDL 加上其他因素如血壓、抽菸與年齡，通常可以用來預測心血管疾病的風險。此外，HDL 有抗發炎與抗氧化物特性，有助於防止發生動脈粥狀硬化。因為發炎細胞要在血管中造成問題，首先需要與血管壁結合，而 HDL 會削弱發炎細胞的附著力。每天都有更多研究出爐探討 HDL 的細微差異，也有更多人注意到這個較大類蛋白分子的亞型。HDL 通常與更好的代謝健康有關，也是唯一你會希望它高而不是低的實驗室數據。

- 一般標準下認定的「正常」：男性 > 40 mg/dL，女性 > 50 mg/dL
- 最佳範圍：HDL 的濃度與罹病關係呈 U 字型，太高與太

低都會增加風險。雖然不同資料來源數值不同，但最低致病風險的 HDL 最佳落點約在 50 至 90 mg/dL

▎當空腹血糖過高

空腹血糖測量的是未受飲食影響時的血糖，所以應該在禁絕飲食飲水、沒有攝入任何熱量後 8 小時測量。前幾章已經說明為什麼空腹血糖很重要，因為高空腹血糖是胰島素阻抗的徵兆，葡萄糖會因胰島素阻抗無法進入細胞。我們也學到，身體因為胰島素阻抗會開始過度補償，產生更多胰島素，暫時有效「促使」細胞讓葡萄糖進入。因為這個過度補償，空腹血糖在胰島素阻抗全力發展之時，會有很長一段時間看起來很正常。

不幸的是，雖然你要測空腹血糖才知道胰島素阻抗是否正在醞釀，但很遺憾，它並不包含在美國標準的實驗室檢查項目內（儘管這項檢驗便宜又簡單）。《刺胳針》有一篇研究顯示，早在空腹血糖達到糖尿病標準之前十多年，其實就能發現胰島素阻抗，這表示我們錯失了很長一段可以提早介入的好時機（本章稍後會有更多說明）。

儘管如此，如果你的血糖升高，就是細胞運作大有問題的重要警告，也代表例如粒線體功能障礙、氧化壓力，以及慢性發炎等壞能量過程正在發生，而且細胞裡發生的這些問題，也在阻礙胰島素訊號的傳遞。

- 一般標準下認定的「正常」：＜ 100 mg/dL

- 最佳範圍：70 至 85 mg/dL

我們說血糖低於 100 mg/dL 就算「正常」，這是另一個誤解。如同魯斯提（Robert Lustig）醫師所說：「一旦空腹血糖高於 100 mg/dL（代表前期糖尿病），代謝症狀就算全面發作了，不再是進行預防的時候，而是要進入全面的治療模式。事實上，空腹血糖達 90 mg/dL 就有問題了。」

海曼醫師的糖尿病六階段說

糖尿病（糖尿病＋肥胖，等於胰島素阻抗）的發展有六個階段。第一個階段是胰島素阻抗，這時胰島素會在吃進糖負荷後的 30 分鐘、1 小時、2 小時飆高，但血糖值可能在這三個時間段仍完全保持正常。第二階段是在空腹及進行葡萄糖水試驗後，空腹胰島素升高，而血糖仍完美正常。第三階段是在吃進糖負荷後的 30 分鐘、1 小時、2 小時，血糖與胰島素都升高。第四階段是空腹血糖升高超過 90 或 100 mg/dL，而且空腹胰島素也升高。如你所見，當空腹血糖超過 90 或 100 mg/dL 時，胰島素阻抗已經發展很久了。」

當血壓過高

高血壓是心血管疾病最常見的可預防風險因子,包括心衰竭、中風、心臟病、心律不整、慢性腎臟病、失智、四肢動脈阻塞。在全世界,高血壓都是導致死亡與失能的最重要因素。高血壓的致病方式是破壞血管,造成血管僵硬與阻塞,在你毫無所知下長期阻斷重要血流。

血壓與胰島素阻抗有直接關係。有趣的是,胰島素的眾多功能之一是刺激一氧化氮的生成。這個化學物會從血管壁細胞釋出,作用是擴張血管。如果身體有胰島素阻抗,這個過程就會受損,導致血管擴張不足。壞能量過程更是對此雪上加霜:增加的發炎使一氧化氮合成酶(製造一氧化氮的蛋白酵素)濃度降低,導致高血壓,氧化壓力也會造成血管壁受損,使一氧化氮的生成量減少,引發高血壓。

- 一般標準下認定的「正常」:收縮壓 < 120 mmHg,舒張壓 < 80 mmHg
- 最佳範圍:同正常範圍

當腰圍太粗

腰圍很重要,因為它是腹部器官裡面與周邊的脂肪標記。這個區域的脂肪超標是警訊,顯示有多餘能量儲存在不該出現的地方。脂肪會儲存在身體裡三個區域,各代表不同程度的新陳代謝障礙風險。

- **皮下脂肪**是皮膚下方的脂肪。你可以用手指捏起。皮下脂肪不大危險，就算過多也不會導致死亡。
- **內臟脂肪**是腹部器官表面附著的脂肪。你可以想成是肝臟、腸子與胰臟的表面蓋著一層厚厚的脂肪。內臟脂肪很危險，會促使慢性發炎並增加致病與早逝的風險。
- **異位脂肪**是不同器官（如肝臟、心臟、肌肉）細胞內的脂肪。這種脂肪極度危險，會阻塞胰島素受器傳訊，增加致病與早逝的風險。

內臟脂肪與異位脂肪都與胰島素阻抗及代謝異常高度相關。內臟脂肪的獨特之處，在於它有如分泌荷爾蒙的器官，會釋放出召喚發炎細胞的促發炎化學物，造成脂肪流入血液（脂肪溶解），阻擋了胰島素傳訊，迫使胰島素阻抗發生。異位脂肪則會直接阻礙胰島素傳訊等細胞正常的內部活動。

腰圍雖然基本，卻是可以看出內臟脂肪堆積程度的有用標記，因為內臟脂肪就是造成身材中廣的主因。只要量測臀骨上方以及肚臍處的圍度即可。無論胖瘦，內臟脂肪量都有助於預測代謝障礙。我們可以使用例如雙能量 X 光吸收儀（dual X-ray absorptiometry, DXA）之類的影像學，更精確的測量內臟脂肪，但知道腰圍粗細是非常好的開始。

- 一般標準下認定的「正常」：男性 < 102 公分（40 吋），女性 < 88 公分（35 吋）

- 最佳範圍：國際糖尿病聯盟曾建議，南亞人、中國人、日本人及南美洲與中美洲人等族群，把標準腰圍縮至女性＜80 公分（31.5 吋），男性＜88 公分（35 吋）。至於歐洲人、撒哈拉以南非洲人、中東人與東地中海人，標準腰圍為男性＜94 公分（37 吋），女性＜80 公分（31.5 吋）

當三酸甘油酯與 HDL 膽固醇比值過高

評估完這五個生物標記後，還有一個步驟要進行，就是計算三酸甘油酯與 HDL 膽固醇的比值，以更加了解胰島素敏感度。只要把三酸甘油酯與 HDL 膽固醇數值相除即可。有意思的是，研究顯示，所得數值與潛在的胰島素阻抗高度相關。所以，就算你沒有辦法做空腹胰島素檢查，這個比值也可以讓你對自己的狀況有大略了解。

據海曼醫師所述：「三酸甘油酯與 HDL 膽固醇的比值是除了胰島素反應測試外，檢查胰島素阻抗最好的方法。根據《循環》（*Circulation*）期刊的一篇論文所言，這個比值也是預測心臟病風險的最有效測試。如果比值高，罹患心臟病的風險會增加 16 倍！這是因為糖尿病患的三酸甘油酯會升高，而 HDL 膽固醇（好的膽固醇）會下降。」

魯斯提醫師也同意：「三酸甘油酯與 HDL 膽固醇的比值是心血管疾病的最佳生物標記，也是胰島素阻抗與新陳代謝症狀最好的替代標記。」以兒童來說，比值高與平均胰島素、腰圍及胰島素阻抗相關。對成人來說，這個比值與胰島素阻抗有正相關，

無論正常體重與過重皆然,而且與胰島素濃度、胰島素敏感度與前期糖尿病有顯著關聯。

令人費解的是,通常臨床診療不會以這個比值當衡量標準。如果要在本章選一個重點牢記,那麼請記住:你必須知道自己的胰島素敏感度,因為它是指出身體出現早期功能障礙,且壞能量正在醞釀的重要線索,而且最好的方法是做空腹胰島素檢查。如果它還不是你年度健康檢查中的標準檢查,但我強烈建議你每年一定要想辦法做一次,或算出三酸甘油酯與 HDL 膽固醇的比值,而且也幫你的孩子做。然後採取後面幾章的建議,確保這個值不會開始悄悄上升。

- 一般標準下認定的「正常」:沒有特別規範
- 最佳範圍:比值只要 > 3,就很可能有胰島素阻抗。我會建議目標設定在 < 1

我的 HDL 膽固醇是 92 mg/dL,三酸甘油酯 47 mg/dL,所以比值為 0.51。

六項進階檢查

前面提到的血液檢查應該都屬於年度健康檢查的標準(通常是免費)項目,且足以顯示壞能量是否正在體內醞釀。

下面六個很重要且相對不貴的附加檢查,幾乎在標準實驗室

都可以進行，能讓你對自己的代謝與整體健康有更進一步了解。這些檢查至少每年都要做一次，如果不包含在年度健康檢查項目中，請務必額外安排。

當空腹胰島素與胰島素阻抗指數過高

　　高空腹胰島素是紅色警告，顯示細胞正在受困且壞能量持續作用。它告訴你，身體中的細胞很可能已經充滿過量的有毒脂肪、胰島素傳訊受阻、葡萄糖也被拒於細胞之外，而且迫使胰臟過度分泌胰島素，來過度補償這種細胞功能障礙。高空腹胰島素也是告訴你，發炎可能會直接阻礙胰島素訊號從細胞外部傳遞到內部。下次抽血時，請醫師也幫你安排空腹胰島素檢查。然後根據空腹胰島素與空腹血糖檢驗，計算出胰島素阻抗指數（HOMA-IR），這是醫學研究中量測胰島素阻抗最標準的方法。計算方法是利用醫療計算軟體 MDCalc，找出 HOMA-IR 欄位，然後輸入檢驗數值。

　　醫師很可能反對並說：「你的血糖沒問題啊，不必做胰島素檢查。」或說：「你的體重正常，不必做胰島素檢查。」或說：「這個檢查結果會因每天狀況不同而改變，並不可靠。」以上說法都別聽。

　　了解胰島素阻抗程度的臨床效應，相關論文沒有上百篇也有數十篇，而且甚至體重正常、沒有糖尿病的人也有胰島素阻抗。如果你的醫師反對這項檢查，我建議你給他看看下面這段引述自《刺胳針》的文字，他一定知道這本重要的醫學期刊。

發展出明顯高血糖階段的第二型糖尿病患者，在血糖指數診斷出糖尿病之前的將近 15 年，胰島素阻抗指數的數據已有顯著變化，而血糖指數在這段時間大部分仍在正常範圍⋯⋯

　　胰臟 β 細胞功能過度表現的特徵是高胰島素血症⋯⋯因為胰臟試圖克服身體漸增的胰島素阻抗，此時為血糖落在正常範圍的無症狀糖尿病。在此階段，高血糖胰島素阻抗個體在明顯發展出糖尿病之前，就已呈現出糖尿病共病的高風險。

　　這段話說得更直白些，就是在經由血糖檢查診斷出第二型糖尿病之前，你可能已經有胰島素阻抗，且最多長達 15 年。胰島素阻抗無論高低，都表示細胞已經過度負荷，你正在經歷細胞內的壞能量過程，而且有很高的風險發展出與代謝功能障礙有關的無數症狀與疾病（見第 2 章）。

　　胰島素阻抗指數是計算空腹血糖下的胰島素濃度。任兩人可能有完全相同的血糖濃度，但是有胰島素阻抗的人，會生產較多的胰島素才能讓血糖維持在該濃度（為克服胰島素阻礙）。下面的例子說明為什麼胰島素阻抗指數很重要。

　　A 某的空腹血糖為 85 mg/dL，胰島素濃度為 2 mIU/L。B 某的空腹血糖同為 85 mg/dL，而胰島素濃度為 30 mIU/L。這代表 B 某的身體明顯要分泌更多的胰島素，才能讓空腹血糖保持在 85 mg/dL，顯示 B 有嚴重的胰島素阻抗。

　　A 某胰島素阻抗指數為 0.4（非常好，胰島素敏感度很

高），B 某為 6.3（胰島素阻抗非常嚴重），代表很可能會發展出更多疾病與症狀，並且早逝。然而，醫師很少測量空腹胰島素。這兩人的空腹血糖都很正常，所以醫師會告訴兩人，他們都沒問題。

最近的研究顯示，要預測肥胖孩童未來是否有血糖疾病時，空腹胰島素與胰島素阻抗指數非常用，而空腹血糖與糖化血色素 A1c 的預測力則很差。

- **空腹胰島素**沒有所謂的「正常」標準範圍，但根據某些資料來源，應當要 < 25 mIU/L
- 最佳範圍：空腹胰島素要在 2 至 5 mIU/L。超過 10 mIU/L 就要留意，超過 15 mIU/L 就是明顯過高
- **胰島素阻抗指數範圍** < 2 為佳

最新研究顯示，當健康年輕人的空腹血糖、腰圍與空腹胰島素都落在「正常」範圍內偏高的那端時，將來發生重大心血管事件的風險會高 5 倍。現行醫療保健制度的絕對悲劇是，醫師會告訴這位年輕人，他既健康又正常。

當高敏感度 C 反應蛋白過高

發炎時，高敏感度 C 反應蛋白（hsCRP，主要由肝臟製造）在血液中的濃度會升高。這個檢查是最常見也最容易取得的發炎判斷標準，在有代謝障礙的人身上會升高，這些代謝障礙包括肥

胖、心臟病、第二型糖尿病、腸漏症、阿茲海默症、睡眠障礙如阻塞型睡眠呼吸中止症。這個標記在發炎期間也會升高。你一定會想知道自己身體的發炎程度，因為它與胰島素阻抗、氧化壓力、慢性發炎、粒線體功能障礙、細胞危險反應，以及美國人今日面對的幾乎每種慢性病與症狀發展都很有關係。

- 美國疾病管制與預防中心與美國心臟協會建議的範圍為：
  - 低風險：< 1.0 mg/L
  - 一般風險：1.0 至 3.0 mg/L
  - 高風險：> 3.0 mg/L
- 最佳範圍：< 0.3 mg/L。這個值要儘可能的低，而且一定要低於美國疾病管制與預防中心建議的「低風險」範圍。一項針對將近 3 萬人的研究顯示，非常低的高敏感度 C 反應蛋白（< 0.36 mg/L），發生心臟病、中風等心血管事件的風險最低，超過這個值之後，風險穩定上升。即使介於 0.36 至 0.64 mg/L，風險也較 < 0.36 mg/L 的人高，而介於 0.64 至 1 mg/L 的人，發生心血管事件的相對風險達到 2.6 倍

慢性發炎是壞能量的三個主要標誌之一。如果高敏感度 C 反應蛋白濃度不夠低，請盤點以下幾章列出的好能量支柱，找出可能導致身體受到「威脅」的因素，然後加以解決。

當糖化血色素過高

糖化血色素 A1c（HbA1c，或簡稱為 A1c）是測量經過糖化作用後，體內有多少百分比的血色素有糖附著其上。糖化血色素是第二型糖尿病的三種主要篩選方式之一（其他兩種是空腹血糖與口服耐糖試驗）。血色素是紅血球內攜帶氧氣的分子，如果有過多的葡萄糖漂浮在血液中，遇到血紅素然後與之結合的機會就會增加，造成糖化血色素的百分比變高，可以由此約略推算出平均血糖值。

紅血球會在血液中漂流約 90 到 120 天，然後由胰臟清除乾淨。所以糖化血色素可以約略估算出幾個月內的長期平均血糖濃度。但這個數值還受很多因素影響，包括血紅素的壽命（與基因及種族都有關）、貧血、腎臟疾病、某種巨脾症等。因此，我們只能把糖化血色素檢查當成了解代謝狀況的多種工具之一。

- 一般標準下認定的「正常」：< 5.7%
- 最佳範圍：研究建議，糖化血色素的最低風險是介於 5% 至 5.4%

當尿酸過高

尿酸是果糖與高普林食物分解後的代謝副產物，高普林食物包括動物蛋白（特別是紅肉、海鮮與內臟）及酒精（特別是啤酒）。當我們快速把身體灌滿過多果糖（例如一口氣喝下富含高果糖玉米糖漿的汽水），尿酸會快速上升，造成很多問題。過量

的尿酸會生成氧化壓力，干擾粒線體功能，讓原本應該產生細胞能量（ATP）的東西轉變成脂肪。因此，當脂肪在細胞（特別是肝細胞）堆積時，會加劇胰島素阻抗。尿酸也會促進致炎化學物（細胞激素）的釋出，造成身體全面發炎，並且使鬆弛血管的一氧化氮活性降低，導致血壓增高。

當尿酸濃度增高，會在關節裡結晶導致痛風，痛風是超級疼痛的發炎狀況，而且毫不意外，痛風女性得到第二型糖尿病的風險比一般人高 71%，而痛風的人得到腎臟病的風險也比一般人高 78%，罹患憂鬱的風險則高 42%，且發生睡眠呼吸中止及心臟病風險是一般人的 2 倍。希望這些不同症狀之間的關係不再看似困惑難解，說到底，它們都是壞能量的基本生理學在不同器官的個別表現。

- 一般標準下認定的「正常」：女性通常在 1.5 至 6 mg/dL 左右，男性通常在 2.5 至 6 mg/dL 左右
- 最佳範圍：研究建議，男性的尿酸要 < 5 mg/dL，女性要在 2 至 4 mg/dL 之間，最不易發展出心血管代謝疾病

當三種重要的肝臟酵素過高

天門冬胺酸轉胺酶（AST）與丙胺酸轉胺酶（ALT）是在肝臟細胞內製造出來的蛋白質，當肝臟細胞死亡或受傷時，會從肝細胞釋放到血液循環裡。而胰島素阻抗是讓肝細胞產生功能障礙的主要途徑之一，所以高 AST 與高 ALT 與增加脂肪肝與新陳代

謝疾病的風險有關。

丙麩胺酸運輸酶（GGT）則在全身都可製造，可是在肝臟的濃度最高。GGT 的獨特之處，在於它是少數可以提供氧化壓力線索的標記，而氧化壓力是壞能量的三大關鍵過程之一，出名的難以直接檢測。因為 GGT 的功能是代謝蛋白質穀胱甘肽（glutathione，身體製造的關鍵抗氧化物，用來中和自由基），當遇到氧化負荷及穀胱甘肽活性增加時，GGT 的濃度也會增加。由於氧化壓力與代謝障礙之間的關係，高 GGT 與第二型糖尿病、心血管疾病、癌症、肝病及早逝的風險增加有顯著關係。

肝臟對人體整體代謝與產生好能量再重要不過了。我們吃進東西，隨後營養從腸道傳送出來，第一站就來到肝臟，而且肝臟也決定了身體要如何處理與使用能量。肝臟是血糖濃度的主要平衡器，它有能力分解葡萄糖、儲存葡萄糖，以及利用例如脂肪等其他物質來製造葡萄糖；它分泌膽汁來協助分解腸道中的食物，如此一來我們就能夠吸收代謝及粒線體功能所需的關鍵微量及主要營養素；它可以把脂肪與膽固醇打包，送至身體其他部位儲存或使用；接收從血流來的脂肪與膽固醇，然後進行處理。如同我們所知，當肝臟負擔過重且受傷時，會把脂肪存在肝細胞裡，造成脂肪肝，這個有毒且可預防的過程，正影響美國超過 50％的成人。現代生活正在毀滅肝臟這個代謝的關鍵器官。

有意思的是，胰島素從胰臟分泌出來時，不會馬上進入全身循環中，而會經由門靜脈直接進入肝臟。所以如果肝臟有胰島素阻抗，胰臟接收到直接回饋所以製造了更多胰島素，產生具破壞

性的高胰島素血症及壞能量的惡性循環。我再怎麼強調也不為過：為了各方面的健康，我們需要良好、健康、功能最佳的肝臟，而下面幾章的策略會幫助你達成這個目標。你可能從來沒有想到，肝臟不健康會直接促成心臟病、阿茲海默症、經前症候群、勃起功能障礙或不孕，但它真的會。肝臟是代謝、荷爾蒙處理、解毒、消化與全身細胞能量製造的主要協調者。

- 美國梅約醫學中心認為，正常的 ALT 是 7 至 55 U/L，AST 是 8 至 48 U/L，而 GGT 是 8 至 61 U/L
- 最佳範圍：研究建議，當 AST 與 ALT 濃度 > 17 U/L 時，全因死亡率會急速上升。至於 GGT，男性要 < 25 U/L，女性要 < 14 至 20 U/L。某些資料甚至建議要 < 8 U/L。雖然因資料來源有所差異，但都是值得努力的好目標

當缺乏維生素 D

維生素 D 是我們曝曬在日光下時身體會製造的荷爾蒙，與體內鈣和磷濃度、胰島素分泌、免疫功能與細胞激素調節、細胞死亡，以及血管生長途徑等數十種關鍵生物功能有關。

很多蛋白質都是在細胞內製造然後釋入循環中，在身體其他部位進行作用。這些蛋白質包括胰島素、神經傳遞物、發炎細胞激素、抗體等。它們需要鈣當釋放的啟動訊號，而維生素 D 在調節鈣濃度上很重要。

健康的維生素 D 濃度不只能增進胰島素敏感度，也能增進

胰臟細胞產生胰島素的功能。維生素 D 也負責調節免疫系統的健康運作，當濃度低時會刺激主要的發炎基因 NF-κB，增加促發炎細胞激素的濃度，然後造成免疫細胞過度生產。簡單來說，維生素 D 濃度低時會對全身發出慢性「促威脅」訊號，我們已經知道，這與好能量背道而馳。這個促發炎狀態會直接損害胰島素傳遞訊號，降低細胞中葡萄糖通道的表現。維生素 D 補充劑已經證實會降低空腹血糖及第二型糖尿病的發生率。

- 美國國家衛生研究院建議維生素 D 濃度為 20 至 50 ng/mL
- 最佳範圍：研究建議，維生素 D 濃度在 40 至 60 ng/mL 時全因死亡率最低。維生素 D 的濃度除非高到離譜，否則通常不會有毒性

其他更深入的檢查

還有幾項更深入的實驗室檢查，可以提供更細微的健康狀況，包括擴大膽固醇檢查項目、甲狀腺激素、性激素、腎功能及微量營養素濃度。在我的功能醫學診所，我通常會為病人做上百種生物標記檢查。如果想要拿到完整的血液檢查，鎖定壞能量正在身體何處醞釀，以及得到扭轉局勢的具體計畫，建議搜尋能量醫學醫師資料庫（https://www.ifm.org/find-a-practitioner/）或利用「功能健康」（Function Health）這個遠端健康服務網站，它可以提供全部身體系統的百餘種生物標記檢查，且價格非常合理，同

時也會附上詳細解釋並提供每個檢查的理想範圍。

關於總膽固醇與 LDL 膽固醇

標準的膽固醇檢查結果包含總膽固醇與 LDL 膽固醇。雖然它們在醫療討論中極受重視,但其實需要更細緻的解讀。下面摘錄美國加州大學舊金山分校神經內分泌科榮譽教授魯斯提醫師在《代謝》(*Metabolical*)一書中對總膽固醇與 LDL 膽固醇的基本介紹:

你拿到總膽固醇的結果後,就扔到垃圾桶吧。它根本沒什麼意義。任何跟你說「我的總膽固醇很高」的人,根本不知道自己在說什麼。你要知道的是,你討論的是哪一種膽固醇。

LDL 膽固醇有複雜的歷史。在大規模人口中,LDL 與罹患心臟病的風險相關毋庸置疑,而且你的確需要知道你的 LDL 膽固醇。但是醫學界把這項檢查的重要性捧得過高,原因只是有藥可醫……高 LDL 膽固醇導致心臟病的風險係數是 1.3(即讓你終生得到心臟病的風險增加 30%),但有另一個檢查更值得關注:三酸甘油酯。高三酸甘油酯的心臟病風險係數是 1.8。

佛來明罕心臟究的重點是,如果你有非常高的 LDL 膽固醇,你罹患心臟病的可能性會增加。但是仔

細分析資料後發現，LDL 膽固醇只有在超級高（超過 200 mg/dL）時才會是風險因子；而 LDL 膽固醇低於 70 mg/dL 的人，罹患心臟病的風險相對低。但對其他人而言，LDL 膽固醇並非預測是否罹患心臟病的好標記。現在愈來愈多罹患心臟病的人 LDL 膽固醇其實都很低，這是因為膽固醇標準檢查把所有 LDL 膽固醇粒子都一視同仁。

LDL 膽固醇有兩種，但血脂檢查卻把它們合併計算。血液中主要（80％）的 LDL 膽固醇是 A 型 LDL 膽固醇，它會隨飲食的脂肪攝取而增高。這種膽固醇會在採用低脂飲食或吃斯他汀藥物後降低。既然這種膽固醇對心血管沒有影響，表示它不是導致動脈斑塊累積、引發心臟病的粒子。另一種較不常見（僅占 20％）的 LDL 膽固醇顆粒小而密緻，稱為緻密低密度脂蛋白（sdLDL）膽固醇，也稱為 B 型膽固醇，這才是可預測心臟病風險的膽固醇。問題是，斯他汀藥物可以降低 LDL 膽固醇，是因為它降低了占比 80％ 的 A 型膽固醇，卻對有問題的 B 型膽固醇束手無策。

如果你的 LDL 膽固醇過高，醫師大概會告訴你改吃低脂飲食，然而這樣雖然會降低你的 LDL 膽固醇，但降的只是其中的 A 型膽固醇，而不是真的造成問題的小而緻密的 B 型膽固醇。小而緻密的 LDL 膽固醇

升高，是因為它們對飲食中的精製碳水（例如無纖食物），特別是糖的攝取有反應。

根據海曼醫師所言：「因心臟病進了急診室的人，50%以上膽固醇是正常的。他們有 B 型膽固醇的原因是胰島素阻抗。這些小又危險的膽固醇是由什麼東西產生的？就是我們食物中的糖與精製澱粉。胰島素阻抗導致這些小顆粒膽固醇生成，服用斯他汀藥物根本無法解決問題。

想更了解你的致病膽固醇濃度，請醫師幫你安排核磁共振脂蛋白分離檢查（NMR Lipoprotein Fractionation test），可得知你的 A 型與 B 型 LDL 膽固醇含量各是多少，以及有多少氧化的 LDL 膽固醇（oxLDL），這是 LDL 膽固醇因氧化受傷後的生物標記，有可能引起發炎。若想了解所有致病膽固醇粒子在體內的量，另一項稱為載脂蛋白 B-100（apolipoprotein B-100, ApoB）的檢查會比 LDL 膽固醇濃度更有用。載脂蛋白 B-100 會包覆住特定膽固醇粒子，幫助這些粒子溶於血液中，其獨特之處在於，它所包裹的膽固醇粒子就是血液中所謂的「致動脈粥狀硬化」膽固醇，也就是使動脈堵塞造成心臟病的那些，包括 LDL 膽固醇、非常低密度脂蛋白膽固醇（VLDL-C）、中密度脂蛋白膽固醇（IDL-C）以及脂蛋白 a。因為載脂蛋白 B-100 測

量的是血液中致病膽固醇的總粒子數,所以比起單純檢測 LDL 膽固醇是更精確的心臟病風險生物標記。但這不是標準健康檢查會有的項目,而是要特別要求或在如「功能健康」之類特殊醫療體系才會提供,而且這項檢驗的最佳範圍還沒有確立。

LDL 膽固醇:
- 一般標準下認定的「正常」(根據克利夫蘭醫學中心):
  - 已有心臟或血管疾病的人,以及心臟病(合併有代謝症狀)高風險的人,要 < 70 mg/dL。
  - 高風險病人(例如有糖尿病或多種心臟病風險因子的某些病人),要 < 100 mg/dL
  - 其餘一律要 < 130 mg/dL
- 最佳範圍:根據魯斯提醫師在《代謝》書中所言,假如 LDL 膽固醇小於 100 mg/dL,那麼 sdLDL 的比率不會高到有害的程度。但如果超過 300 mg/dL,你就可能有罕見的遺傳疾病「家族性高膽固醇血症」,因無法自行清理 LDL 膽固醇,需要服用斯他汀藥物。假如在 100 至 300 mg/dL 之間,還需要看三酸甘油酯的濃度。假如三酸甘油酯高於 150 mg/dL,除非經過鏨

> 清，否則就是有代謝症候群。
>
> 也要把 LDL 膽固醇濃度與「三酸甘油酯與 HDL 膽固醇」比值一起考慮，因為這個比值在判斷心血管疾病及胰島素阻抗存在風險時是很有用的生物標記。

透過科技即時工具更了解身體

　　Levels 公司共同創辦人克萊門提（Josh Clemente）在構思並創立 Levels 之前是航太工程師，曾為 SpaceX 開發維生系統。他發現建造火箭時，會在上面安裝上萬個感測器，以了解太空船各部位的功能，如此才能在機器功能故障與系統失靈*之前*料得先機。你絕對不會希望火箭在太空中解體。然而在人體健康上，我們固守相反的模式，總是等待身體爆發系統性衰竭，有了症狀且符合特定疾病生物標記的診斷閾值之時，才建議使用感測器或以更頻繁的檢驗來解決問題。幾乎所有今日困擾美國成人的問題，大都是可預防的慢性病。如果我們對待人體就像對火箭一樣，在系統性衰竭*之前*就先裝上感測器，了解是哪裡開始發生功能障礙，是不是就可以解決問題？

　　如果你注意到穿戴式裝置的靜止心率在幾個月之內就從每分鐘 55 下緩慢上升至超過 70 下，你需要挖掘出原因：是最近更常

久坐嗎？如果你注意到連續血糖監測儀顯示的清晨血糖正從 75 mg/dL 逐漸爬升至 90 mg/dL，你就要在情況變得更糟之前解決成因：是因為超加工食品嗎？還是最近的工作壓力？或者是睡太少？我們正開始有能力為自己回答這些問題。這個能力會永久改變醫療保健體系，把它從消極的疾病照料系統轉變成真正的賦能系統。

以下列出今日你能夠量測且最有效的即時生物標記，以幫助自己做出可行的決定。

▎從連續血糖監測儀觀察血糖趨勢

我相信連續血糖監測儀是西方世界用來生成數據與喚醒覺知，以解決壞能量危機最有效的技術。連續血糖監測儀這種生物感測器能讓我們警覺到早期功能障礙，也教導我們如何飲食與生活以增進體內珍貴的好能量，並促進我們對身體的責任感。我相信這個技術有潛力減少全球的新陳代謝苦難，所以才共同創辦 Levels 公司，希望提供連續血糖監測儀以及相關軟體，讓大家能了解並能解釋測得的數據。

連續血糖監測儀是戴在手臂上的小塑膠圓盤，能在一天 24 小時內，約每 10 分鐘即自動量測血糖，然後把測得資訊送到你的智慧型手機上。跟只有一張血糖年度快照（比方經由實驗室檢查出的空腹血糖）的狀況相反，它能即時告訴你，身體對你的每一個舉動有何反應，例如早餐、運動、走路、睡不好，或有壓力時。這些因素幾乎都會立刻改變血糖濃度。在致力預防 93.2％ 美

國人正面臨的新陳代謝問題上，比起只靠一個數據點，我寧願根據每年高達 3 萬 5,040 個無痛數據點來做出個人化的決定。

做為了解並最佳化健康之旅的一環，配戴連續血糖監測儀有七大優點：

1. 改善血糖不穩定：血糖濃度應該要大致穩定，而且只在餐後稍稍升高一點。血糖極度不穩定會傷害身體組織，並造成心臟病、糖尿病以及新陳代謝功能障礙。史丹福大學做的一項研究發現，即使血糖在標準範圍內所謂健康的人，以連續血糖監測儀的數據看來，其中 25％的人有嚴重的血糖變異，而且處於此模式的時間百分比與惡化的新陳代謝標記相關。

2. 減少嘴饞與焦慮：血糖飆高後會接著發生更嚴重的血糖崩潰，然後可能導致對食物的渴望、疲憊與焦慮。最近連續血糖監測儀的研究顯示，從餐後的血糖下降（反應性低血糖）可以預測出當天稍晚飢餓的程度、多久後會再度進食，以及下一餐會吃多少。而且較嚴重的血糖崩潰會導致 24 小時內吃進更多熱量。連續血糖監測儀可以教你透過保持血糖穩定並避免血糖急促上升，來避免反應性低血糖。

3. 了解你對個別食物與飲食的反應：即使是相同食物，每個人也會有不同反應（就血糖升高這點來說），端看例如微生物群系、睡眠、最近的餐食以及血型等因素。只閱讀熱量成分或查看食物的升糖指數，不足以助你找出能穩定血糖的飲食及生活型態。慢性營養過剩是造成壞能量的關鍵因素，會使細胞過度負

荷，產生氧化壓力、發炎、粒線體功能障礙、糖化以及胰島素阻抗。連續血糖監測儀在顯示飲食對血糖濃度的確實影響上很有用。飯後血糖飆得超高，是該餐有過多精製穀物或精製糖的明顯訊號，造成細胞在處理食物能量上很大的壓力。

4. 學會運用策略來穩定血糖：用足夠的纖維、蛋白質與脂肪來進行均衡飲食；每天都早一點進食並避免吃宵夜、餐後散步，然後不要靠吃來解決壓力，這些都是有助於穩定血糖的策略。連續血糖監測儀能協助你實驗不同的血糖穩定策略。

5. 訓練身體的新陳代謝靈活性：燃燒脂肪產生酮體有益健康。但如果身體持續得到葡萄糖（身體最喜歡用來轉變成 ATP 的食物能量來源），就不會優先燃燒脂肪。學會透過飲食與生活型態來保持健康的低血糖濃度，就能提高身體將儲存的脂肪化為能量的機會，如此可以增進新陳代謝靈活性（這是更健康的指標）。

6. 更早發現新陳代謝功能障礙：儘管身體已經不斷分泌出過量胰島素來進行過度補償，使得胰島素阻抗持續增加，此時空腹血糖可能還保持很低。只要查看連續血糖監測儀上的連續血糖曲線，就可以發現更多早期功能障礙的細微線索，例如飯後血糖有多高以及血糖飆升後要花多久時間才能回復正常。

7. 鼓勵行為改變：看到即時血糖數據以及餐食與活動對血糖濃度的影響，能激勵行為改變，以及鼓勵做出更健康的選擇，進而得到更好的整體健康成果。

連續血糖監測儀可以告訴你哪些數據呢？

1. 清晨血糖：整夜睡不好或吃了宵夜後，清晨血糖可能會升高。理想上，清晨血糖應該要在 70 至 85 mg/dL，這樣未來得到心血管代謝疾病的風險最小。

2. 黎明效應：這是指我們清醒之前，身體會自然分泌生長激素與皮質醇，因而導致血糖升高。當胰島素阻抗愈來愈嚴重，黎明效應也會愈來愈大，因為身體在清除清晨血糖上升時會變得較沒效率。研究已經發現，非糖尿病患者只有 8.9％有黎明效應，前期糖尿病患則達 30％，而在第二型糖尿新病患中則有 52％。黎明效應顯示了有糖尿病的人血糖控制較差。雖然定義各異，但是上述研究認為黎明效應是指血糖會升高 20 mg/dL。如果你察覺到明顯的黎明效應，胰島素阻抗可能已在體內醞釀。

3. 飯後血糖：深入了解不同食物、飲食與成分組合，如何在你用餐後的 1 至 2 小時內影響血糖。飯後血糖飆升是血糖波動的原因之一。我們希望把血糖飆升的峰值控制到最小，因為這與糟糕的健康狀況相關。目標是飯後血糖要小於 115 mg/dL，不能比飯前血糖高 30 mg/dL 以上，這是比標準範圍（血糖只要低於 140 mg/dL 即可）還更理想的狀況。這個較低的飯後血糖目標，與配戴連續血糖監測儀的健康族群所觀察到的飯後平均血糖峰值相關，而且眾多的專家意見也對此表示支持。在使用連續血糖監測儀的第一週，我建議你照常吃，以取得基準血糖，並請記錄下任何有趣的觀察。例如，你可能發現吃蛋、酪梨與橘子當早餐

時，你的血糖飆升小於早餐吃穀片、脫脂牛奶或甜甜圈與拿鐵。這是因為來自蛋與酪梨的蛋白質與脂肪可能抵銷橘子對血糖的影響。相反的，穀片與糕點往往含大量會快速吸收的精製碳水。

4. 曲線下的面積（AUC）：曲線下的面積可以反映出飯後血糖飆升的高度與所持續的時間。通常，血糖耐受正常的人在餐後 1 至 2 小時就應該回到基準血糖濃度，然而罹患前期糖尿病或第二型糖尿病的人，可能看到血糖飆升時間會拖長一點。

5. 反應性低血糖：這類飯後血糖崩潰通常是飯後血糖飆升然後又掉到低於正常值的結果。如果你發現自己的血糖升高然後掉到比基準還低，請嘗試以下方法來均衡未來的飲食：

- 減少精製穀物與糖
- 碳水要搭配更多纖維、蛋白質與健康油脂

6. 壓力對血糖的影響：我有一次血糖飆得超高是發生在跟弟弟（本書共同作者）的爭執之後。我們老是從 Levels 聽到這類例子：壓力會使血糖增高，而且跟飲食完全無關。原因是關鍵壓力荷爾蒙皮質醇預期我們需要能量以逃離威脅，因此傳訊請肝臟分解儲存的葡萄糖，再將之釋放到血液中來增強肌肉。然而在現代社會，激發壓力通道的「威脅」諸如爭吵、電子郵件、汽車喇叭聲，以及手機提示音，這些都不大需要動用到肌肉。因此，受召集的葡萄糖就待在血液中，結果當然弊大於益。連續血糖監測儀就是教導我們壓力如何影響代謝健康的有利工具，並可以激勵我

們以深呼吸等健康方法來化解突發的壓力。

7. 運動對血糖的影響：想了解運動對代謝健康的影響，連續血糖監測儀是重要的回饋工具。舉例來說，你可能學會並內化出用餐後馬上散步 10 分鐘或做 30 下深蹲，會降低飯後血糖的攀升。同樣的，你也會注意到連續每天運動，2、3 個月後你的連續血糖監測儀顯現的所有指標都改善了。

8. 睡眠對血糖的影響：健康的人只要一個晚上少睡 4 小時，胰島素敏感度會馬上下跌 25％。而且睡眠效率（指醒來翻來覆去的時間占全部睡眠時間的百分比）太糟、晚睡、偏離一貫的睡眠模式，都會在第二天早餐造成較高的血糖反應。連續血糖監測儀可以提供精細的線索，讓你看出睡眠如何影響身體清除血液中葡萄糖的能力。唯有連續血糖監測儀能激勵我優先考慮睡眠品質、長度以及一致性。能即時看到睡眠不足對你的危害是非常有價值的。

9. 睡眠時的血糖：深夜吃高碳水飲食會造成整夜血糖波動很大，因為褪黑激素濃度增高時，胰島素阻抗相對較強（第 7 章會再詳加說明）。而在快速動眼睡眠時期，血糖濃度會自然下降。再把深夜飲酒加入這個反應式中，酒精會阻礙肝臟合成與製造葡萄糖的能力，導致血糖下降（肝臟會默默合成葡萄糖以確保血糖濃度不會降得太低）。簡言之，睡眠時血糖波動會很大，而知道這點有助於你解決可能與血糖變動模式有關的睡眠問題。

10. 平均血糖：你的 24 小時平均血糖並不是醫療實務上的常用指標，但是如果使用連續血糖監測儀的人增多，我可以預見這

個數值會得到更多認可。平均血糖把空腹血糖、深夜血糖以及血糖不穩定的幅度都納入考慮，是種粗略的測量方式，可估算出每天有多少葡萄糖在你的血液中。一個針對年輕健康族群的研究指出，平均血糖為 89 mg/dL，標準誤差為 6.2 mg/dL。

11. 長期的血糖趨勢：如果你長期配戴連續血糖監測儀或只是每年配戴幾次，都可以看到血糖的長期走向，從而有助於了解自己新陳代謝的健康趨勢。而且有一件事可以確定，如果你可以追蹤血糖，並長期保持在較低的健康範圍，就絕對沒有必要進到診間，被自己第二型糖尿病的確診結果炸得七葷八素，因為第二型糖尿病要經年累月，長達數十年才會發展出來。你會知道自己所處的確實境地，而這是很有效力的。

▌食物日記提升健康成效

要了解身體，要先知道身體每天到底接收了什麼。食物日記是強大的問責工具，可確認你攝取到所需之物，使好能量達到最佳狀態。在我的診間，我只收願意暫時寫食物日記的病人。如果不知道病人每天倒入體內那 1 公斤左右的分子到底是什麼，我就無法進行諮詢。（想像一下，病人每天吃了 1 公斤的藥，卻未告知醫師自己服用了什麼藥物。）

還有，研究已經顯示，寫食物日記的減重者相較於沒寫的人，能減掉 2 倍的體重。凱薩醫療機構（Kaiser Permanente）有一項研究，目標是觀察 1,685 位病患為期 2 週減重計畫的效率。其中用來預測減肥成果的關鍵統計顯著變數之一，是參與者每週

記錄食物的次數。我們在 Levels 資料庫也看到類似的初步相關：會員使用連續血糖監測儀時，輸入愈多食物日記的人，減掉的 BMI 愈可觀。

很多飲食記錄 app，包括 MacroFactor、MyFitnessPal 等都能協助進行飲食日記，也可以在 Levels 這類連續血糖監測的 app 內記錄，用紙本紀錄或記在手機裡也同樣有效。每週六我都會與飲食教練一起審視當週的食物日記，好了解我是不是還在正軌，以及還可以做哪些健康一點的選擇。

▌從睡眠數據看出睡眠品質

我們在第 7 章會學到，全因死亡率以及第二型糖尿病風險，在每晚睡太少（少於 7 小時）以及睡太多（多於 9 小時）這兩種人身上最高。

你可以使用穿戴式睡眠暨計步追蹤器來了解每晚的睡眠品質，以達到每晚睡約 7 到 8 小時的目標。如果有哪一天對你來說特別異常就記錄下來，然後回想原因為何。研究已經顯示，比對自我回報的資料與穿戴式睡眠數據後，會發現人們大幅高估了自己的睡眠時數。研究顯示，實際上每晚睡 5 小時的人，自我估算的睡眠時間平均會再多 80 分鐘。想想看：你以為你每晚都睡了將近 7 小時（非常理想），然而實際上你根本睡不夠，而讓自己身陷發生新陳代謝問題的高風險中。穿戴式裝置能幫助我們真正看出在睡眠這類重要的健康行為上是否不足。

想得到最大效益，就要把睡眠追蹤器拿來評估睡眠質量，包

括每晚的清醒時間有多長，以及有多少深度睡眠與恢復性睡眠。一些已有證據支持的可行步驟，例如把酒精減到最少以及睡前減少暴露在藍光下的時間，可以幫助你增進睡眠品質。了解自己的睡眠模式可以發現一些具體（以及簡單）面向，有助於著重增進好能量。睡眠一致性，也就是上床與起床時間的規律性，是用穿戴式裝置追蹤的第三根睡眠支柱。擁有固定的睡眠時刻表是達到理想健康狀態的重要因素。

從活動數據了解每天真正的運動狀況

運動是增進粒線體健康以及消耗過剩食物能量基質的最佳方式。步數是顯示我們運動量的間接度量指標。當然，步行不是唯一重要的運動形式，但已知每天多次進行低強度運動，對細胞健康與血糖控制極為重要，甚至好過把所有運動都塞在同一時段，然後其他時間都坐著（這是大部分美國人採取的模式）。

我會在第 8 章解釋運動對好能量有益的科學原理。但先簡單說一下運動為什麼這麼重要，因為運動會刺激細胞內部的葡萄糖通道移動到細胞膜，讓葡萄糖得以從血液流入細胞，轉化成肌肉所需的能量。運動也會增進粒線體的功能與數量，以及粒線體中的抗氧化蛋白質，免受氧化壓力傷害。多運動表示在細胞中有數量更多、品質更高並有高復原力的產能機器，來處理所有能量基質，降低所攝入食物變成細胞內的有毒脂肪，導致胰島素阻抗的可能性。

使用穿戴式裝置來了解每天的平均步數，目標是每天最少

7,000 步,且最終達到日行 1 萬步。研究者還在爭辯步數重不重要,但我希望這個辯論能夠暫停。

發表在最重要醫學期刊《美國醫學會期刊》的一個研究,追蹤了 2,110 位成年人近 7 年之久,發現每天至少走 7,000 步的成年人與未達此步數的人相比,後續時間內死亡風險小了 50 到 70%。其他研究也有類似發現:從追蹤 6,355 位男女平均 10 年的數據顯示,每天走 8,000 到 1 萬 2 千步的人相較於每天走不到 4,000 步的人,死亡風險少了 50 到 65%。

除了步數,你也會想知道自己每日活動的時數,也就是你起身到處走動超過 250 步的時間。如果你整天坐著但因為跑步 1 小時而達成 1 萬步,對健康的好處還不如把這些步數分散到白天每個小時內(第 8 章會更深入討論)。穿戴式裝置有助於當你白天有久坐傾向時發出警告,以聲響提醒你起身。

研究顯示,我們自以為的活動時間與實際活動時間有很大的落差。例如,一項有 215 個參與者的研究中,自我回報的中度到劇烈運動時數是每週 160 分鐘,然而穿戴式裝置在同一段時間的數據顯示,這些人實際從事中度到劇烈運動的時間每週只有 24 分鐘。穿戴式裝置的數據清楚顯示我們真正運動了多久。

達到每天與每週心血管運動分鐘數

研究強烈建議,為了心血管新陳代謝健康,每週至少要進行 150 分鐘的中等強度有氧運動(而對情緒而言,運動的效用跟抗憂鬱藥一樣),也就是每天 30 分鐘,一週 5 天。追蹤心率的穿

戴式裝置有助於你達成這個每週目標。

▌心率變異度了解壓力情況

　　心率變異度（HRV）這個指標，顯示出每個心跳之間的時間變異，有助於了解我們的壓力趨勢與緊張程度，這兩者都會影響細胞產生能量的效率。與預期相反的是，心跳之間的時間變異**愈大**，表示健康狀態與結果愈佳。在身體處於壓力較大與比較緊張時，心血管系統會像節拍器一樣，規律控制每個心跳的時間。而在較放鬆、靜止與復原狀態，心血管系統會比較「有復原力」，每個心跳時間會有些不同，例如一個心跳可能是 895 毫秒，下一個是 763 毫秒，再下一個是 793 毫秒，諸如此類。假如你的心跳率是每分鐘 60 下，這並不表示每個心跳都占 1 秒；事實上，也最好不要如此。

　　心率變異度高，反映出神經系統有效率，心率變異度低則可能指出身體緊張、疲憊、過度訓練或有慢性疾病。低心率變異度一直與缺乏運動、免疫功能障礙、高血壓、糖尿病、心血管疾病、憂鬱、社會參與下降、面對壓力源時心理調適能力下降、抗癌能力下降，還有不孕，以及許多第 2 章所提壞能量因子有關。甚至在核酸檢測還是陰性時，就可以從心率變異度的下降預測出是否感染了 COVID-19。

　　心率變異度與細胞如何製造能量之間的關係錯綜複雜，我們尚未完全理解，但我的看法是：因遭受日常傷害（慢性營養過剩、睡眠剝奪、慢性心理壓力或過度身體壓力卻沒有時間復原、

毒素等）導致生成壞能量的細胞會送出壓力訊號，並活化自主神經系統中主管壓力的交感神經。所有的這些傷害都暗指身體處在威脅中，需要馬上準備好「戰鬥」，即使根本沒有戰爭可打。壞能量在體內顯現時，會發展出胰島素阻抗，而胰島素阻抗會降低一氧化氮活性，讓血管系統放鬆與適應能力變差，然後使得血管系統僵硬與心率變異度低的循環更加惡化。一氧化氮也會直接刺激神經系統中主管放鬆的副交感神經系統，特別是調節紓壓的迷走神經。理想狀況是，我們希望自主神經系統的這兩個部門達到平衡，有能力在受威脅時武裝起來，然後在安全的時候放鬆。心率變異度低就表示壓力與緊張的油門踩過頭，於是身體（特別是血管系統）無法放鬆。

你可以用穿戴式裝置來監看心率變異度，並察看長時間的趨勢。心率變異度因人而異，沒有通用的理想範圍。你可能天生就比身邊的人高一點或低一點。重點是，要確認什麼樣的生活型態因子會使你個人的心率變異度高於或低於你的基準，以此為根據進行調整，來增高心率變異度。目前有一種追蹤心率變異度、體適能、睡眠的創新穿戴式裝置，已發現有數種因子都能逐漸增加心率變異度：

- 在激烈的運動訓練後讓身體有時間復原
- 飲水充足
- 避免酒精：僅是有一晚喝酒，心率變異度就會下降，最多持續 5 天

- 有一致且足夠的高品質睡眠
- 有固定的進食時間
- 吃健康的飲食
- 睡前 3 到 4 小時避免飲食
- 暴露在低溫下：身體短時間暴露在低溫下（例如沖冷水或進行冰浴），能刺激副交感神經系統
- 寫感恩日記也會影響心率變異度。專注在豐盛與感謝上，身體會收到平靜訊號

靜止心率可評估整體健康

　　靜止心率是人在休息時每分鐘的心跳數，公認是評估整體健康與體適能的基本指標。靜止心率較低顯示心臟泵血效率佳，而且壓力較小。研究證明，有較低的靜止心率可以增進壽命以代謝健康。靜止心率較高與心臟病、第二型糖尿病，以及全因死亡的風險增加相關。研究也建議，持續運動可以降低靜止心率。靜止心率每分鐘超過 80 下（哈佛、梅約醫學中心以及美國心臟協會認為正常範圍是每分鐘 60 至 100 下，80 下剛好居中），比起每分鐘心跳低於 60 下的人，罹患第二型糖尿病的風險高 2.9 倍。一項以超過百萬人為樣本的綜合分析中，靜止心率每分鐘超過 45 下，全因死亡率以及心血管死亡率會明顯以線性增加。

醫師診間的替代品

我們正進入生物可觀測性時代：有更多現成的血液檢查與透過人工智慧分析過濾的即時感應器，來對身體提供更個人化的了解，並制定量身打造的計畫以符合個人日常選擇與需求。這些都無法在 15 分鐘的門診裡具體完成，我們都應該歡迎用更多科技來解釋我們的生物標記。現在我們知道如何量測好能量，接下來讓我們積極改變心態，並以可行的步驟來最佳化好能量。

重要新陳代謝生物標記最佳範圍總覽

下面是本章所提各項關鍵新陳代謝血液檢查最佳範圍。第二部的提醒以及第三部的計畫，會提供你具體步驟來增加好能量以及增進這些生物標記：

- 三酸甘油酯：< 80 mg/dL
- HDL 膽固醇：50 至 90 mg/dL
- 空腹血糖：70 至 85 mg/dL
- 血壓：收縮壓 < 120 mmHg；舒張壓 < 80 mmHg
- 腰圍：
  - 南亞人、中國人、日本人以及南美洲與中美洲人等族群：女性 < 80 公分（31.5 吋），男性 < 88 公分（35 吋）

- 歐洲人、撒哈拉以南非洲人、中東人與東地中海人：女性＜ 80 公分（31.5 吋），男性＜ 94 公分（37 吋）
* 三酸甘油酯與 HDL 固醇的比值：＜ 1.5，超過 3 就是新陳代謝功能障礙的警訊
* 空腹胰島素：在 2 到 5 mIU/L 之間，超過 10 mIU/L 就要小心，超過 15 mIU/L 則明顯太高
* 胰島素阻抗指數 HOMA-IR：＜ 2
* 高敏感度 C 反應蛋白：＜ 0.3 mg/dL
* 糖化血色素 A1c：5 至 5.4%
* 尿酸：男性＜ 5 mg/dL，女性在 2 至 4 mg/dL
* 三種肝臟酵素：AST 與 ALT ≦ 17 U/L，至於 GGT，男性要＜ 25 U/L，女性要介於 14 至 20 U/L。
* 維生素 D：40 至 60 ng/mL
* 建議即時追蹤的指標：
  - 血糖（連續血糖監測儀）
  - 食物（食物日記或 app）
  - 睡眠（長度、品質、一致性）
  - 活動（步數、每天與每週提升心跳的運動分鐘數）
  - 靜止心率及心率變異度

想查閱本章引述的論文，請上網站 caseymeans.com/goodenergy。

第 5 章

吃出好能量六大原則
──掌握飲食關鍵，提升粒線體與細胞功能

「我要跟你那該死的主管談，」病人對我嘶吼，這發生在我第四年住院醫師訓練時。他因為我沒再開類鴉片止痛藥而生氣，雖然他的手術已經是好幾週前的事了。他很清楚病人滿意度調查會影響醫師表現的評估。這些評估工具也會決定醫師的薪酬，即使病人滿意度常與病人健康狀況背道而馳。有很多次，病人一再打電話到診所，威脅說如果我不開類鴉片處方就要給我負評。

人竟會被藥癮蒙蔽而變得如此軟弱，逼得做出這樣的舉止，我以前都是這樣想的。但後來我發現，大部分的類鴉片藥癮來自合法處方，而用藥過量致死常常是成癮者被迫去買來路不明且參雜未知毒物的藥物所造成。2022 年在美國就有約 8 萬人死於類鴉片藥物過量，而其中很多人開始服用類鴉片藥物，是因為醫師所開的處方。

我們還有另一個更未為人知的成癮危機，也就是每個美國人一出生就被塞入的高度上癮物質，這些物質每年造成上百萬人死亡。它們就是超加工食品。

美國國家衛生研究院定義的成癮是「反覆發生的慢性障礙，特徵是儘管有不良後果，還是會難以抑制的尋找藥物並使用」，這種現象顯然也發生於現代工業食品上。我們無法用其他方法解釋，美國人會違反演化衝動到這麼徹底——讓30%青少年有前期糖尿病，以及74%成年人過重或肥胖，這就是現在發生的狀況。我們有難以自拔的集體食物成癮，我們正在把自己吃死。

這個危機的解決方法很簡單，就是推廣未加工的原型食物、不鼓勵超加工的工業化食品。然而我們目前身處於搞不清楚怎麼吃才對的狀態中：約有59%的人表示，營養訊息的自相矛盾讓他們懷疑自己的選擇。

有機、植物性、天然、非基因轉殖、公平貿易、永續、零殘忍、無激素、再生、無麩質、自由放養、牧場放養、慣行——選擇食物時，我們要對數不清的名詞進行排序。

我們需要停止落入食物哲學的陷阱，並開始把食物分解成各別的小組成，分析這些組成對細胞是好是壞。食物不過是分子元件組成的，這些元件是否符合細胞需求，大致決定了我們的健康狀態。當我們看到對類鴉片藥物或酒精成癮的人，很容易就能辨識他們問題的根源。但牽涉到食物，我們就難以分析個別元件到底是有益於細胞，還是會傷害細胞，因為我們不會把食物想成是由分子元件組成的。

舉個超簡單的例子：

- 一杯水是好的，而且有助於你補充水分

- 一杯水混入砷是不好的，而且會害死你

上面的例子裡，我們很容易就把混入砷的水分成兩個獨立部分，一個是有助於你的水，另一個是會殺死你的砷。但我們面對大多數食物時，不會想得這麼清楚。再舉一個區分不那麼明顯的「漢堡」為例，漢堡雖然看起來都一樣，但可以由幾樣不同成分組成：

- 牛肉來自集中型動物飼養經營（concentrated animal feeding operation, CAFO）長大的牛，食用全穀物飼料
- 牛肉來自戶外自由放牧的牛，只吃無殺蟲劑的草
- 另類牛肉，如未來漢堡（Beyond Burger）或不可能漢堡（Impossible Burger）

這三類漢堡的分子組成天差地別。牛隻在數千年演化中吃的是草，草提供了抗氧化物 omega-3 脂肪酸。穀飼牛隻體內的 omega-3 脂肪酸只有草飼牛的五分之一，但發炎物 omega-6 脂肪酸卻明顯增加。就以微量營養素來說，草飼牛通常有較高的維生素 A、維生素 E、β 胡蘿蔔素，這些都對維持新陳代謝及免疫功能非常重要。

未來漢堡的兩個主成分是豌豆蛋白與芥花油。芥花油的 omega-6 脂肪酸含量很高，使得未來漢堡比草飼牛更易致炎。其他附加成分還包含天然香料（這完全是誤稱，因為天然香料很可

能經過高度加工並含有化學添加劑）以及甲基纖維素（製造緩瀉劑的主成分，是木頭在酸液中加熱萃取純化出的纖維素）。顯然，這三種不同種類的漢堡會給細胞完全不同的分子資訊。

食物賦能（food empowerment）所代表的，不是只看食物上的標籤，還要深入了解這些內容如何創造健康的細胞功能。舉例來說，你可以把青花菜簡單看成綠色蔬菜，或者你可以更精確的把它當成分子元件組成的生態系，能透過消除氧化壓力、慢性發炎、粒線體功能障礙來維持好能量。青花菜中的高纖成分能餵養你腸道的細菌與腸壁，減少腸漏與慢性發炎，並能協助生產短鏈脂肪酸等能最佳化粒線體的化學物；維生素 C 能保護粒線體免於氧化壓力；維生素 K 化身粒線體電子載體來降低粒線體功能障礙；葉酸則扮演如同鎖頭與鑰匙功能的輔因子，參與粒線體蛋白質生成 ATP 的過程。青花菜也富含無數抗氧化物，能保護你的細胞免遭氧化傷害。所有這些物質調節了好能量的關鍵過程。你不需要知道所有這些科學名詞，但開始把食物當成會影響我們日常與長期功能的分子資訊**至關重要**（第 6 章會再詳細說明）。

我想先告訴你一則充滿希望的訊息：每天，我們都會做出數百項與食物有關的小小決定，這些決定有可能改變我們在基因上與生物學上的「命運」。

跟所有醫師一樣，我曾給予病患空洞的飲食建議，例如「多吃蔬菜跟水果」，然後開藥單結束看診。醫師在受訓時常被告知，營養是「尚未有科學根據」的有趣話題。你在**正式**的治療指引中，很難找到關於任何疾病的具體營養建議，例如在累積數

百頁關於偏頭痛、鼻竇炎、COVID-19 以及前列腺癌的治療指引中，你看不到**任何一條**提到可採用哪些具體的飲食模式，儘管有上百篇科學論文顯示營養介入對這些疾病有好處。開藥或動手術這些介入方式被歸為英勇行為，然而營養介入法卻被認為是雜亂無用的建議。我們忽略了僅是天然食物中就有超過 5,000 種已知的植物化合物，每一種都是會影響健康的小分子，而這就是藥物的定義。

我們每日吃入數公斤會影響健康的分子資訊到體內。你的所有思維與感受都是由食物而來。你在母親體內時，是以食物為原料 3D 列印出來的，而且你消化的所有成分，也都在持續列印出你自己的下一個版本。身體、神經傳遞物、荷爾蒙、神經以及粒線體，全都是也必須是從你（或你母親）吃進嘴裡的東西而來，我們不是憑空冒出，而是由食物打造而成。

但醫師與病人經常被教導基因是命定，但這絕不是事實。我們多數的健康狀況不是由基因所決定。我們吃了什麼與如何生活，影響了基因表現以及細胞生物學，決定了我們的健康狀況。食物化學物進入你的體內，並做為傳訊分子，它們會直接增進或降低基因表現，改變 DNA 折疊方式，以及活化關鍵細胞傳訊通道，比方說那些控制細胞是否產生好能量的通道。

要放什麼東西進入體內，是我們對健康與幸福所做的最關鍵決定。為了了解為什麼食物是對抗慢性病最強而有力的工具，我不得不在當了醫師很久之後，親自學習關於食物的一切。

原則一：食物決定體內細胞與微生物群系的結構與功能

我們的身體完全是由食物所構成。飲食是把外界物質轉變與吸收成我們所需形式的過程。每一天，食物會在腸道分解成不同種類的「磚塊」，然後再進入血流中，持續用來重建我們下一個版本的身體。如果提供身體正確的「磚塊」，就能建造出正確的結構，獲得健康。下面五個例子顯示出食物如何在細胞中擔任結構元素、功能傳訊者，以及微生物群聚及其產物的塑型者。

▌做為結構：建構好的細胞膜脂肪層

細胞膜是包圍住細胞的結構，由鑲嵌了膽固醇分子與蛋白質的脂肪層所構成，其中膽固醇分子讓細胞膜有可塑性，蛋白質則是做為受器、錨定物與通道。細胞膜是細胞的關鍵功能單元，上面駐紮了細胞受器、通道、酵素以及錨定物，可以發動無數細胞傳訊活動，而當代的工業化飲食已經根本改變了細胞膜的結構。健康的細胞膜對各方面的健康都很重要，因為它是細胞守門員，控管物質與訊號進入細胞。omega-3 與 omega-6 脂肪酸都是最佳化生物功能之所需，但是我們希望這兩者達到平衡，因為 omega-3 脂肪酸是抗發炎物，且會增進細胞膜的彈性，而 omega-6 脂肪酸則會增加發炎。由於超加工工業化食品的出現（這些食物充滿從加工蔬菜或種籽油而來的高濃度 omega-6 脂肪酸），我們從飲食攝入的 omega-6 脂肪酸量相對於 omega-3 激增

許多，徹底改變了細胞膜的結構與功能。不過細胞膜的更新非常快速，只要調整飲食中 omega-3 與 omega-6 脂肪酸的攝取量，短短 3 天內就會改變細胞膜中這兩種脂肪的比率。

食物也是外界傳來的訊息，會直接活化或抑制身體深處的基因通道。食物的功能可不僅僅是結構磚塊，同時也是傳訊分子，指揮了細胞與全身包含基因如何表現之類的關鍵功能，也能在荷爾蒙受器上像荷爾蒙一樣發揮作用，直接產生或減輕氧化壓力，更可經由擔任化學反應中的輔因子來改變蛋白質酵素的功能，如同開鎖的鑰匙，啟動細胞內製造 ATP 與其他工作的機器。

像是吃進香料薑黃（能直接把慢性發炎降到最低）或十字花科蔬菜（會直接把氧化壓力降到最低），就是食物發出好能量功能訊號方法的兩個例子。

做為功能訊號：減少氧化壓力

異硫氰酸酯（isothiocyanate）這類分子來自十字花科蔬菜，例如青花菜或抱子甘藍，有助於消除氧化壓力這個關鍵壞能量過程。當存在過量氧化壓力時，細胞會送出稱為 Nrf2 的蛋白質到細胞核與基因組結合，增加抗氧化基因的表現，以此增加抗氧化分子的生成。如果沒有要進行這項作用，Nrf2 就不會活化，並保持與 Keap-1 這種分子結合。十字花科蔬菜的異硫氰酸酯能與 Keap-1 結合，讓它釋放 Nrf2 進到細胞核，促進抗氧化基因的表現，以此減少有害的氧化壓力，提供好能量。所以食物中異硫氰酸酯的作用，能有效活化與好能量相關的關鍵基因。

做為功能訊號：抑制發炎

薑黃素讓薑黃呈現黃色，它的作用類似異硫氰酸鹽，但不是增強抗氧化基因，而是**阻擋**促發炎基因的表現。一般而言，細胞內稱為 NF-κB 的蛋白質與 DNA 交互作用後，會引發一系列的基因表現，其中也包括發出致炎訊號。過量的氧化壓力、加工食品、睡眠剝奪以及心理壓力，都會使 NF-κB 過度反應，導致慢性發炎而對身體造成損傷，並直接促進胰島素阻抗。NF-κB 未受激發時會與 IkB 蛋白相結合，而失去活性（如同 Keap-1 讓 Nrf2 失去活性一樣）。但當另一組蛋白質 IkB 激酶將其磷酸分子附加到 IkB 蛋白上時，IkB 蛋白會失去活性，此時 NF-κB 就可以自由進入細胞核，發揮它的促發炎效應。在細胞中，薑黃素會抑制 IkB 激酶，從而讓 IkB 蛋白與 NF-κB 保持結合，消除 NF-κB 的活性。薑黃素以此使細胞裡的促發炎基因活動失去活性，來提供好能量。

定義體內微生物群系的組成

我們的微生物群系擁有數兆個細菌細胞，這些細胞組成了生活在我們體內的第二具身體，影響我們的新陳代謝健康、心情以及壽命。它有點像是我們的靈魂：隱藏在體內，決定了我們的生活品質、壽命以及想法與行為。而且它是不朽的，因為我們死後，它會分解我們的身體然後繼續存活下去。飲食最大的目的之一，是餵養這頭好心的怪獸，讓它好好服務我們，把我們吃下去的食物轉化成各種控制我們思想與身體的化學物。錯誤對待微生

物群系或餵錯食物，生命就會以各種離譜的方式遭受痛苦，例如憂鬱、肥胖、自體免疫疾病、癌症、睡眠障礙等。照顧好微生物群系，會讓你驚呼一聲哇，因為生活會很奇妙的變得輕鬆許多。

纖維、富含益生菌的食物以及富含多酚的植物性食物，都可以滋養及協助微生物群系保持健康，支援強健的腸壁（可以把慢性發炎降到最低），並讓微生物群系能生成短鏈脂肪酸之類有益新陳代謝的化學物。你可以把你的微生物群系想成把食物變藥物的神奇轉換器。

決定微生物群系能否生成尿石素 A

當微生物群系中的某些腸道細菌，遇到了鞣花酸（ellagic acid）與鞣花單寧（ellagitannin）這兩種植物性化合物（常見於石榴、某些莓果及堅果中），會轉變成一類稱為尿石素（urolithin）的化合物，其中最常見的是尿石素 A。尿石素經過身體吸收後會在血液中流動，當它進入布滿全身的細胞時，會經由數個機制來增進好能量。首先是做為抗氧化物，再來是增進關鍵的粒線體自噬過程，這個控制粒線體品質的機制，能夠降解受傷與多餘的粒線體。

＊　＊　＊

食物要在身體裡扮演結構、功能與支援微生物群系的角色，所以需要經過聰明的挑選，才能產生健康與好能量。這就帶我們

來到原則二。

原則二：吃是使進入口腔之物與細胞需求相符的過程

任何能有效促使細胞功能更臻理想、消除慢性症狀，並達到生物標記最佳化的飲食，就是適合你的飲食。

讓我們從細胞的角度來思考食物。你的體內是溫暖、潮溼與黑暗的。你體內的 37 兆個細胞大部分也生活在潮溼的黑暗中，只能等待訊號與資訊來決定何時行動、要做什麼，好給你幸福生活。細胞明顯看不到、聽不到也聞不到。它們只能耐心等待營養漂過，再靠細胞膜上的受器與通道來接收營養拿來使用，好進行工作。

如果漂來的是工作所需的結構與功能資訊，你的細胞（還有你）就會很健康。

假如正確的資訊沒有漂來，細胞就會很困惑。假如漂來的是危險訊號，細胞就會受傷害。在絕望下，它們會試著用劣質材料築起所需的結構或進行該做的工作，但結果會很糟，就像建築商用品質很差或數量不足的磚塊來蓋房子一樣。你吃入的每一樣食物，不僅決定了細胞會與什麼東西相遇，也決定了細胞的命運。

飲食是適配問題，當吃進的食物符合細胞的需求，就能產生健康。如果我們沒有恰當的讓輸入符合需求，或者吃入身體不應該接觸到的危險物質，就會出現症狀或生病。

人一生會吃入驚人的 70 噸食物。食物持續重建我們快速死去與重生的身體。我們的皮膚細胞每 6 週左右會全部更新一次，腸壁則幾乎每週更新。所有的重建原料都是從食物而來。不幸的是，有很多因素導致這 70 噸食物中的大部分，對身體持續更新的過程與基礎功能不是無用就是有害。難怪有這麼多人生病或覺得不舒服。

第一個因素是工業化農法，例如單一耕作、耕耘、農藥以及工廠化的動物養殖，導致食物中的營養大量減少。和 70 年前相比，你今日吃的水果或蔬菜，其中的礦物質、維生素含量已減少高達 40%，而相同食物中的蛋白質更只剩過去的一半。

第二個因素是我們的食物經由長途跋涉而來，導致營養出現降解與傷害。在美國，從農場到餐桌的平均旅程大約近 2,400 公里。旅程中，有些水果與蔬菜可能會喪失高達 77% 的維生素 C 含量，維生素 C 是粒線體產生 ATP 以及影響細胞抗氧化活性的關鍵微量營養素。你之前可能認為「吃在地」與「跟農夫買」很無聊，但這真的是確保你每天能吃到最大量有用分子資訊，以建構身體的關鍵舉動。

第三個因素是美國人大部分攝入的熱量是營養缺乏的超加工食品。美國成人由超加工垃圾食品中攝取大約 60% 或以上的熱量。而那些符合細胞需求的食物，只是我們所吃進 70 噸中的一小部分。

難怪我們總是貪求無厭而且還把自己早早吃進棺材。因為無法從吃進的那些營養枯竭工業化物質中得到細胞所需，因此身體

以及微生物群系的大智慧會迫使我們多吃一些。

所吃的食物大都來自非加工且高品質很重要。你吃超加工食品時,其中的關鍵營養素都已從食物原型裡剔除,等於立即消減了細胞獲得所需的可能性。你吃未加工的原型食物時,則有較大機會餵食你的細胞好東西。而且如果所吃的食物生長在沒有遭農藥汙染、健康並充滿生機的土壤上,那麼你的食物充滿必需分子的可能性最高,能完全滿足你的細胞茁壯生長的需求,同時食物中傷害細胞的有害物質數量會最少。此外,因為細胞的需求已經得到滿足,飢餓感也毫不費力的消失了。

有趣的是,因應細胞需求而吃「適配」食物是種動態過程,會因每日生活及人生不同階段而改變。比方說,女性在月經週期後半段(後排卵黃體期),因為黃體素濃度相對較高,因此胰島素阻抗會較大,促使粒線體生成過氧化氫(一種自由基),導致氧化壓力增加。在經期後半段多補充抗氧化食物以及減少攝取高糖食物(高糖食物會加劇胰島素阻抗引發的血糖波動),就是動態的食物干預法。我在黃體期時,會多吃富含抗氧化物的莓果、十字花科蔬菜,以及豆蔻與薑黃這類香料,而且多攝取低升糖食物,例如葉菜、堅果、種籽、魚、蛋以及牧場放養的肉類。

細胞改變需求的第二個例子是,當有心理壓力時,體內包括鋅、鎂(這兩種元素參與體內超過 300 種化學反應)等數種微量營養素會呈現枯竭。至於為什麼會有這種現象發生,研究者推論出數種可能原因,其中包括壓力增加時、新陳代謝需求增加、較多微量營養素被排出,或者用掉較多抗氧化的微量營養素。有鑒

於此,在心理壓力較大期間可以採用多補充微量營養素的干預手法,能大幅降低細胞功能不良,以及已知會伴隨慢性壓力而生的疾病。

* * *

吃進嘴裡的就是機會,而你不會想要浪費一絲機會。你會希望吃進的每一口都能與你的細胞充分溝通,讓細胞達到你的期望。而這一點引領我們來到下一個原則。

原則三:食物是你與細胞溝通的方法

把你的意識與自由意志想成一位將軍。你的細胞是捍衛你生命安全與整體性的軍隊,食物則是將軍用來發送的訊息,以此激勵部隊並告訴他們要做什麼。將軍以及部隊的求生能力,端看訊息的品質及明確與否而定。為了求生,我們一定要表達得清晰又正確。

在理想狀況裡,食物傳達清楚的訊息給細胞,指揮身體要如何行動以茁壯生長。特定的食物選擇與食物行為可以告訴身體不同的事,比如:

- omega-3 脂肪酸(富含於鮭魚、沙丁魚、奇亞籽、核桃中)傳達給免疫細胞的是:**放下防備,現在安全了**

- 十字花科蔬菜（在花椰菜、高麗菜、抱子甘藍、羽衣甘藍中含量豐富）傳達給 DNA 的是：**情況險峻，我們要提高防備**
- 白胺酸（牛肉、豬肉、優格、扁豆以及杏仁果中的必需胺基酸）傳達給肌肉的是：**是時候進行建設了，出發吧**
- 鎂（存在於南瓜籽、奇亞籽、豆類、葉菜類以及酪梨中）傳達給神經元的是：**放鬆**
- 纖維傳達給微生物群系的是：**我愛你**
- 間歇性斷食傳達的是：**我們需要進行掃除**
- 合成除草劑與農藥傳達給腸道中健康細菌的是：**去死吧**

與身體清楚溝通的例子：以類囊體調節飢餓

　　你高中生物應該學過，植物利用葉綠體吸收太陽能產生能量。葉綠體中，稱為類囊體的綠色小圓盤是這個過程的主力，你吃未加工的綠色蔬菜時，也就吃進了類囊體。類囊體進入腸道，會阻礙脂酶（由胰臟分泌以消化脂肪的荷爾蒙）的活性。抑制脂酶的結果是放慢脂肪分解及提升飽足感。類囊體也會抑制飢餓，方法是激發兩個促進飽足的荷爾蒙：膽囊收縮素（CCK）以及類升糖激素胜肽-1（GLP-1）。當餐食中富含類囊素時，這兩種荷爾蒙都會顯著增加，對甜食的渴求會顯著減少。類囊體代表向身體傳送你已經吃飽了的訊息，它在生菠菜、羽衣甘藍、芹菜、芝麻菜、青花菜以及螺旋藻中含量很多。

　　我早上用十幾種有機食材製作冰沙時，精確的想過當天我要

跟身體進行的對話，我想要：安全、強壯、飽足與復原力。

＊　＊　＊

跟所有關係一樣，溝通不良會造成混亂與問題。

原則四：超級嘴饞是因為細胞被我們搞昏了

引起嘴饞的原因很複雜，牽涉到十餘種荷爾蒙、腦部數個區域以及微生物群系。但從根本上來想，嘴饞代表想享受某種特定食物的欲望，這顯示你吃進去的東西把你的細胞弄昏頭了。嘴饞可以經由選擇食物跟身體做明確的溝通來克服。

我跟很多病患及民眾談到要他們改變飲食時，完全可以感受到他們就是無法戒掉嘴饞的食物。

「這真的太難了！」

「我就是沒辦法停止吃這玩意！」

「我寧願少活5年也不要放棄X（請代入任何吃了會上癮的食物）！」

悲哀的是，最後這句話我聽過幾十次了。

要了解如何克服嘴饞並創造完全飲食自由的感覺，關鍵點在於了解，如果身體強迫你獲取某種特定食物（嘴饞），那就是你的體細胞或微生物群系細胞的生物需求未獲滿足，於是它們使用手邊的工具，例如分泌飢餓荷爾蒙來讓你積極尋找食物，這樣你

就有機會吃到滿足它們根本需求的東西。你可以把自己與你的行為，想成是受你的細胞與微生物群系意志操控的機器人。

我們把自己吃成壞能量狀態，因為我們吃的食物並不符合我們或身體的需求，反而激發了上癮通道。第 1 章曾提到，「長期營養過剩」（也就是吃太多）是我們壓迫粒線體，造成細胞內脂肪堆積和胰島素阻抗的關鍵原因。我們無法**運用意志力**來避免長期吃太多，因為狂吃的驅動力太強，而且微生物群系發出的訊號也太有力。最能對抗長期營養過剩的辦法，是吃未經加工的真正食物，這樣一來，你就會激發身體極其敏銳的調節機制，讓自己不再吃得超出需求。吃未加工的真正食物時，你也會感受到更多樂趣，也不再想那些加工過的東西，且這個過程毫不費力。我在童年與在外科醫師受訓時，絕大部分時間都受制於嘴饞，而且到了出門非得在袋子裡藏一些甜食不可的程度，我特別愛 Hershey's Kisses 水滴牛奶巧克力或 Reese's 花生醬巧克力杯。我學會只用更多未加工的食物餵養身體，消除了我覺得已成為一部分自我的嘴饞渴望。

提到食物搞昏細胞最慘的例子時，我想到果糖。液態果糖在 1970 年代出現，並完全改變了人與糖的關係，把我們的果糖添加量從一天 6 克（都是由水果而來）增加到 33 克，達 5 倍之多。大量果糖進入體內，會消耗 ATP 在細胞內的量，導致細胞能量不足。而且果糖的新陳代謝副產物尿酸，會增加粒線體的氧化壓力及功能障礙。對細胞而言，ATP 的急速消耗以及細胞能量較低的訊號會引發飢餓，促使胃口大開以及狂找食物的舉動，一

心想吃更多糖來提升 ATP 在細胞中的濃度。同時，為了消除飢餓感，由尿酸引起的粒線體功能障礙會導致糖以脂肪的形式儲存起來。果糖對細胞（也就是身體）說，**你餓壞了，而且要準備過冬了。盡量吃吧，然後把它儲存起來。**

很多動物在冬天食物來源少的時候，會盡可能在身上堆積脂肪。牠們狼吞虎嚥吃下充滿果糖的完熟水果。秋天短暫的高果糖飲食攝取，會引發覓食行為，甚至增加暴力與侵略性。對動物來說，這段狂吃水果的時間可說攸關生死，而且果糖湧入開啟了改變新陳代謝與行為的生存開關。生存開關的概念源自強森（Richard Johnson）醫師的《大自然就是讓你胖》（*Nature Wants Us to Be Fat*）一書。然而現在超濃縮高果糖玉米糖漿一天 24 小時都可取得，這個生存開關已經被拿來對付我們自己，把我們變成積極尋找食物的成癮者，為永不會到來的冬眠而準備。

食品公司也精通血糖飆升科學，以此來讓食品更容易吃上癮。研究已經顯示，嚴重嘴饞通常發生在血糖飆升後的血糖崩潰（反應性低血糖），這點第 4 章已經提過。如果你把身體塞滿糖，比方吃了精製高碳水食物或添加了糖的食物後，身體會釋放出大量胰島素來清除血液中的所有葡萄糖。血糖飆高後的結果是血糖大崩潰，而且常會掉得比飯前血糖基準還要低。這個低血糖時刻，已經證實就是人經常貪吃高碳水零食之時，而且當平均飯後血糖低於基準線，甚至可以預期飯後 2 到 3 小時會很餓，然後下一餐會吃進更多熱量，且隨後 24 小時皆會如此。選了血糖飆升（或崩潰）的食物，就是讓身體進入混亂恐慌，而要找食物來

穩定自身。我們可以透過簡單的血糖穩定策略（下一章會詳加說明），避免血糖飆漲來預防這種循環。有趣的是，配戴連續血糖監測儀時，很多認為自己或小孩有「低血糖」的人，會發現事實上問題出在血糖先是飆得太高，才有隨之而來的反應性低血糖。因此解決方法是穩定血糖，學習怎麼吃來避免血糖飆升，並讓新陳代謝變得更靈活。

霍爾（Kevin Hall）醫師曾領導過一項有意思的飢餓斷食研究，2021年發表在《細胞》（Cell）期刊。研究者讓20個體重穩定的參與者住在美國國家衛生研究院的住院設施中一整個月，只吃研究團隊送來的食物，也無法離開。頭兩週，參與者可以無限量吃超加工的工業製造食品，如常見的美國主食Cheerios各式穀片、可頌、Yoplait優格、藍莓馬芬、人造奶油、袋裝牛肉義大利餃、無糖檸檬汁、燕麥葡萄乾餅乾、白麵包、現成的肉汁、罐裝玉米、低脂巧克力牛奶、熟食火雞肉、墨西哥薄餅、亨氏酸黃瓜醬、Hellmann美乃滋、奶油酥餅、Newtons無花果夾餡軟餅乾、柳橙汁、Tater Tots炸薯球、薯條、使用美國起司的起司漢堡、亨氏番茄醬、火雞培根、英式馬芬、雞塊、潛艇堡卷、蘇打餅乾、熱狗、墨西哥捲餅、墨西哥玉米片等。

後兩週，參與者可以吃不限量的非加工食品，例如新鮮的炒蛋與歐姆蛋、蒸蔬菜及烤蔬菜、米飯、堅果、水果、加了莓果與生杏仁果的燕麥片、淋了優格加了水果的沙拉、蘋果、自製沙拉醬、番薯炒肉末、無糖希臘優格加水果、蝦、鮭魚、雞胸肉、烤牛肉以及烤番薯。

研究者會稱量餐盤所剩的每一口食物，所以知道每個參與者的精確食用量。神奇的是，在食用不限量未加工食物的那兩週，每個參與者每天吃的熱量**少了** 500 卡，短短 2 週總計少了 7,000 卡，這段期間平均每人掉了 0.9 公斤，而吃加工食品期間則增胖 2 公斤。而且毫無意外，這兩個階段的飽足荷爾蒙也明顯不同：未加工食物會產生較高的飽足荷爾蒙濃度，較低的飢餓荷爾蒙濃度。所以即使是同樣的身體，不同的食物訊號（未加工 vs. 加工）也會傳遞非常不同的訊息：一個讓身體很混亂，以為自己需要更多食物而事實不然，而另一個是身體完全滿足。所以事實很清楚，**攝入超加工食品會促使增胖、吃太多**，但這要把每個人都關在有如監獄般的國家衛生研究院裡才能證明，超加工食品會讓你更餓、吃得更多，然後變得更胖。

史蓋茲克（Mark Schatzker）在《饞之終結》(*The End of Craving*) 一書中提出，我們對食物貪得無厭的欲望，根源自加工食品的獨有特性，稱為變動獎賞（variable reward）。原本從看見並品嚐食物的那一刻起，身體就準備好要進行消化，並預測有哪些營養會進入消化道，但是身體從來無法確定非天然的加工食品會帶來什麼營養。對身體而言，超加工食品是一場營養賭博。某天它是零卡可樂，第二天是全糖可樂，但嚐起來都一樣，而且就像賭博一樣，變動獎賞驅使我們繼續尋找食物，靠的是觸發我們的關鍵動機通道──多巴胺。超加工食品把身體精確預測輸入營養成分的能力搞亂了，因而驅使我們繼續尋找食物。相反的，在相對穩定的時間裡吃進非加工食物，能讓系統流暢運轉。

食品工業利用嘴饞科學製造出更容易成癮的食物，並縝密的研究超加工食品要以怎樣特殊的組合，來讓消費者達到愉悅的「極樂點」，驅使他們想吃更多。我們如果沒有清楚意識到，食物已經以精巧的方式變成用來混淆身體的武器，那就實在太天真了。在美國，有超過 2,100 萬人在食品業上班，而這個產業的運作目標是成長，這代表要讓我們對加工食品更渴望，更上癮。

吃未加工原型食物的美妙之處在於，你有最好的機會獲得各式各樣符合細胞與微生物群系細胞需求的營養素，從而減輕嘴饞。假如你這樣做就不會再嘴饞，以食物為享樂的欲望會停止，然後不費吹灰之力就能享受並愛上對你有益的食物。

對於正在努力改變以達到健康的所有人，我能給的最佳建議就是，找出方法，**什麼**方法都可以，堅持只吃完全未加工的有機食物，1 個月或 2 個月就好。這段時間結束後，我可以保證你的偏好與嘴饞會有改變。

原則五：別管飲食哲學，重點是吃原型食物

飲食模式之爭是一場鬧劇。

我所認識的一些傑出又勤勉的高學歷人士，他們相信的營養學理念可能完全互相對立。其中一群人認為，低脂、高碳水飲食是唯一能產生「好能量」的飲食法，而另一群人則認為高脂、低碳水飲食才是最好。兩造都有數據可證明這些飲食法能減輕脂肪肝（胰島素阻抗的關鍵標記）、降低體重、減少三酸甘油酯、增

進胰島素敏感度,以及減少發炎,而且雙方都是對的。然後在這兩個極端之間還有地中海飲食,有好多文章支持這種偏向無所不吃的飲食法。所有這些飲食法都可以**有效**達到健康,因為它們全都注重未加工的原型食物,因此給了細胞運作之所需,也觸發了飽足機制,所以不會吃太多。

IG 與部落格上,有無數篇素食健康專家抨擊肉食者毀害地球的文章;而生酮與肉食群眾對素食者的回擊,則是我在網路所見最殘酷的惡言惡語。雙方的攻擊論點都有誤,但他們的飲食選擇都是對的。我認識優秀的素食運動員與葷食運動員,他們都完全達到低胰島素濃度、低血糖、低三酸甘油酯與低內臟脂肪。

我很榮幸能涉足這兩個世界。我知道兩邊的飲食運動都很有價值,而且**擁護者都是重視科學與有使命感的人**。然而我不是沒有定見。事實是,吃未加工、乾淨、天然的食物(這種模式讓你保持精力充沛、無病無痛,而且生物標記都很理想),就是對你有益的飲食方式。

為什麼不同的原型食物飲食模式都能得到好能量?慢性營養過剩與粒線體功能障礙,是造成細胞塞滿脂肪,進而導致壞能量的原因。如果沒有慢性營養過剩,細胞就會運用所有的物質,不管是葡萄糖或脂肪,或是兩者的混和物。如果你食用的是從健康土壤所生長的未加工且飽含營養的食物,你的飽足機制會精巧的運作(如同其他所有**沒吃**超加工食品,所以沒有得到新陳代謝疾病的動物一樣),你也不大可能會過度進食。此時身體只要處理它所需的能量,而細胞不會把自己塞滿脂肪,然後也不會發生胰

島素阻抗。

我們需要擺脫各種飲食法的標籤,並開始把食物想成是分子資訊。關鍵是了解食物裡有什麼分子資訊,有多少能被吸收以及細胞對結果是否「滿意」。

重點是,明白身體完全有能力經由冗餘機制,把不同的輸入轉變成類似的結果,也就是,你吃永續、以植物為主的未加工飲食,或吃以肉食為主的飲食,都會讓細胞得到同樣的分子資訊。下面是從不同飲食都能得到三種細胞所需關鍵營養素的例子。

▎丁酸鹽

丁酸鹽(Butyrate)是體內的關鍵傳訊分子,擔任粒線體功能的正向調控因子。高丁酸鹽濃度與減輕憂鬱與降低肥胖風險相關,而此兩個狀態與粒線體功能障礙有密切關係。丁酸鹽是一種短鏈脂肪酸,是纖維在腸道裡與細菌進行發酵作用後所產生,隨後經腸壁細胞吸收,進入循環。高纖飲食被吹捧成這麼有益,就是因為會產生丁酸鹽。生酮飲食常被判斷為有問題,有部分原因是飲食中缺乏纖維。然而,吃低纖生酮飲食的人仍然可以經由自己的細胞製造丁酸鹽而獲其益。當身體缺乏碳水,肝臟會製造稱為 β-羥基丁酸這種化學物(跟從腸道生成的丁酸鹽幾乎一樣,只多了一個氧原子),從而產生另一個途徑,帶給你相同的好能量益處。吃高纖飲食,腸道中的細菌每天會為你生產 50 克的丁酸鹽。進行生酮飲食,你可能每天會生成差不多甚至稍多一點的量。在人類演化過程中,某些文化一天會經由覓食(就像現代坦

尚尼亞哈扎部落的狩獵採集那樣）獲得 100 克纖維，而其他文化大部分吃的是以牛奶與肉類為主的動物性食物，很少吃到纖維（就像肯亞的馬賽部落）。但我推測這兩種文化的人細胞裡都有充足的丁酸鹽，雖然是經由兩種不同的生理途徑而得來。

EPA／DHA

人們避免全素飲食的理由之一是，這種飲食缺乏關鍵 omega-3 系列脂肪酸中的 EPA（eicosapentaenoic acid）與 DHA（docosahexaenoic acid），這兩者大多出現在動物性飲食裡（雖然藻類裡也有）。omega-3 系列脂肪酸在新陳代謝中扮演重要角色，既在粒線體中傳遞訊息，也能減少慢性發炎。植物中最多的 omega-3 脂肪酸是 α-硫辛酸，要經過許多轉換步驟才能變成生物上重要的 EPA 與 DHA。植物性飲食受到的主要非難也在此，很多人認為這樣的轉換途徑沒有效率。但在下這些判斷之前，不妨從生物層面的角度深入挖掘。有三個細胞蛋白質機器（酵素），也就是 δ-6-去飽和酶（delta-6-desaturase）、延長酶（elongase）、δ-5-去飽和酶（delta-5-desaturase），負責 α-硫辛酸轉變成 EPA 與 DHA 的過程。這三個酵素需要微量營養素才能順利運作，包括維生素 B_2、B_3、B_5、B_6、B_7、維生素 C、鋅與鎂。在美國，有 92％的人缺乏至少一種重要微量營養素，很可能是因為超加工飲食、貧瘠的土壤以及糟糕的腸道健康。所以，如果你缺乏這些微量營養素，身體就可能無法有效率的把 α-硫辛酸轉變成 EPA／DHA，但如果你體內有充沛的相關營

養素則無問題。還有，omega-6 脂肪酸也是利用**同樣**的酵素來轉變成它們的下游版本，而這個轉換要經過幾個步驟，先從亞油酸（linolenic acid）轉變成花生四烯酸（arachidonic acid，omega-6 脂肪酸的下游產物，會生成促發炎的化學物）。所以如果你像典型的美國人那樣，食用了加工蔬菜油以及加工食品，你會吃進比以前的人多 20 倍的 omega-6 脂肪酸，所以也會阻擋 α- 硫辛酸接觸酵素的機會，因而阻礙身體把 α- 硫辛酸轉變 EPA 與 DHA 的能力。

對各類不同飲食法都深思熟慮後再來採行，就能得到想要的正面結果，這說明了為什麼健康無發炎的人會分屬不同飲食陣營：一個是完整植物性飲食，另一個則偏向動物性飲食。

維生素 C

維生素 C 的作用是降低細胞中的氧化壓力，並涉及其他許多功能的關鍵營養素。素食者從無數色彩繽紛的植物得到維生素 C，包括甜椒、番茄與柑橘。肉食者多半從內臟得到維生素 C，特別是肝臟，肝臟是為數不多的動物性維生素 C 來源。素食者與肉食者在獲得維生素 C 上都沒有問題。

＊ ＊ ＊

請專注細胞生物學而不是飲食教條。盡全力找出並食用生長在健康土壤上的非加工食物，你的健康會因此大幅度提升。就是

這麼簡單。

雖然如此,「知道」健康飲食的原則跟實際上每日「實踐」是兩回事。這就讓我們來到原則六。

原則六:有意識的吃,找出食物令人敬畏之處

如果生活在 21 世紀的人很容易固守有機、未加工飲食,我們就會一直吃到乾淨健康的食物。實際上,要持續做出健康食物的選擇,需要每天有意識的努力對抗常態文化的潮流。我藉由挖掘對食物的敬畏感與神奇感,因而領會到食物對我生命的影響,也激勵我盡可能做出最健康的選擇。在挖掘食物與我身體間神奇互動的感激之情時,下面是我所想到的幾件事情:

我想到,我正在吃的植物,它所有儲藏在細胞各鍵結中的能量,原本是從太陽發出的一束光子能量,在穿過太空後由植物的葉綠體吸收,再轉變成葡萄糖,然後由某個可能被我吃進肚的動物接收。植物裡的葉綠體非常像人體中的粒線體,粒線體最後把植物吸收陽光後形成的葡萄糖,轉變成我能使用的 ATP,驅動了我的生命,以及我思考與愛的能力。然後到了我最後死亡之時,ATP 會回歸大地(希望是以我媽那種自然葬的方式,如此我的身體會直接葬在土壤之下,由蟲子、真菌與細菌分解,再次進入更大的生態系),構成我身體的組成磚塊會挹注新的植物進行生長,這些植物會在永無止盡的神祕轉變迴圈裡,把更多太陽能轉變成葡萄糖。

我想到，處理食物能量以活化組織的粒線體，是我們從母親那裡完整繼承而來，這些粒線體傳承數千年並像俄羅斯娃娃一樣，隨著母系血統延續下來。從精子來的粒線體與卵子結合時，基本上就已經分崩瓦解，只有從母系來的粒線體能撐下去，並生產出足夠的能量，供我們進行所需的**所有行為**。

我想到，我們的粒線體原本是從細菌而來，受更複雜的細胞吞噬後，攜手創建出更有力的東西。我靜下來想到我媽時，我會想像那數百萬年未間斷的血脈傳承，然後想像我母親的細胞引擎以這種令人驚嘆的方式活在我身上。她，以及在她之前存在於我們血脈裡的所有女性，在我打這些字時正活在我身上。我不想要因為做了錯誤的食物選擇而傷害到這項禮物。現代生活對我們的粒線體形成攻擊，這代表它攻擊了我們的祖先以及我們的母親，攻擊了我們身上所有女性創造力與生產力，並攻擊了我們蓬勃的生命力。它攻擊了非凡的能量流動，這個流動起始於太陽發出的宇宙能量，再經過土壤與植物，經過我腸道的細菌，經過我細胞的粒線體，創造出的能量點亮了我的意識以及統計學上幾乎不可能出現的「**我**」。出於對所有這一切的尊敬，我必須抵抗。而我抵抗的方法是透過我所買、所煮，以及所吃的食物。

我想到，一湯匙健康土壤裡的微生物，數量比這顆星球上的人還多，這些小小的細菌、線蟲以及真菌不分晝夜的工作，把空氣、水、陽光、土壤與種籽，神奇的變成人們生存與幸福所需的所有東西。我想到我們如何用農藥與工業化農業來謀殺土地的生命力，以及一場由再生農業倡導者推動的不可思議且充滿希望的

運動，正積極找回土地的生命力，因為我們的生命以及維護我們生命的生物多樣性，全都仰仗於此。

我想起腸道的本質。從某個觀點來看，腸道只是管狀組織，但從另一個觀點，它是我們自己與宇宙（也就是宇宙所有東西）的接口。如同所有關係，邊界不清會造成有毒的結果。沒有比腸壁更重要的邊界（不管是物理上或心理上）了。我在心理治療中處理了大量個人邊界問題，我確信健康的情緒邊界（例如清楚說出你想或不想哪些東西進入生命中），才能讓關係正常。你的腸壁是一道邊界，隔開你與除你之外宇宙所有想要湧進來淹沒你的東西，而且它們會不留情面的生成發炎。用食物來治療並強化你的腸壁，建造並強化這重要的邊界，減輕腸的滲透性（也就是「腸漏」），讓你能嚴格篩選出宇宙物質中你想吸收的東西。你能選擇對你有益的。

我想到，很多社會問題，包括暴力、心理疾病、發育問題以及疼痛，都因人而起，而人是由細胞組成的，細胞功能發生障礙是因為氧化壓力、粒線體功能障礙，以及慢性發炎。而食物可以直接對抗這些事情，不是很神奇嗎？人不健康，社會就不會健康。細胞功能不良，人就不會健康。而細胞功能要良好，就不能有粒線體功能障礙、氧化壓力、慢性發炎，以及從食物來的有毒化學物來擾亂細胞與荷爾蒙。我們透過從有活力且生氣蓬勃土壤所長出、營養密集且未加工的食物與這些事情搏鬥。我們很多人都對加工食品上癮但無力戒除，原因是不知道在彼岸等待我們的是什麼。事實上等待我們的，是這一生無與倫比的積極體驗。

進食前停下來想想這些概念，並在開動前表達對食物的感謝，然後慢慢吃，是我用來強化這些概念的方法。從對神奇的食物充滿敬畏與讚賞出發，我發現要做出更健康的食物選擇變得簡單許多。然而很顯然的，隨之而來的下一個問題是：我們該吃什麼，又不該吃什麼？

好能量飲食六大原則

原則一：食物決定體內細胞與微生物群系的結構與功能

原則二：吃是使進入口腔之物與細胞需求相符的過程

原則三：食物是你與細胞溝通的方式

原則四：超級嘴饞是因為細胞被我們搞昏了

原則五：別管飲食哲學，重點是吃未原型食物

原則六：有意識的吃，找出食物令人敬畏之處

想查閱本章引述的論文，請上網站 caseymeans.com/goodenergy。

第 6 章

每一餐都充滿好能量

—— 認識五種好能量元素與三種壞能量食物

　　就讀史丹福醫學院時，我連一堂關於營養學的課都沒修過。事實上，80％的醫學院至今仍沒有要求學生修營養課程，儘管因食物而來的疾病正在消滅我們的人口。

　　我偶爾會看到一些營養研究被提及，但重點總是強調「營養很複雜」，而且研究結果都自相矛盾。比如說，某些研究已經證明紅肉會引發心臟問題，然而其他研究會證明紅肉能預防心臟病。有一些研究證實糖會造成肥胖，而其他研究證實了糖與肥胖沒有關係。而且有些研究證明低碳水飲食最好，另一些研究會證明低脂飲食才最優。

　　一直到我離開醫學體系，才發現這許多研究都是由食品公司所贊助，它們投入營養研究的經費比國家衛生研究院多 11 倍。毫無意外，這些錢使研究結果產生偏頗：82％的自籌經費研究顯示含糖飲料有害，但 93％的企業贊助研究顯示含糖飲料無害。當食品公司贊助研究時，報告中對有疑問食品呈現出有利結果的可能性高了 6 倍。

決策者採用這個高度妥協的研究,因而影響了食物指引、學校午餐以及食物補助決定。制訂「2020年美國飲食指南」的美國農業部專家小組中,有95%學者與食品公司有利益衝突。食品工業對研究造成的影響,致使現行指引說出10%的兒童飲食可含**精製**糖,事實上毫無疑問應該降至0%。

2022年,有一份美國權威營養研究,由國家衛生研究院、塔夫茨大學傅利曼營養科學與政策學院(Dorothy R. Friedman School of Nutrition Science and Policy at Tufts),以及加工食品公司聯合贊助的報告說,Lucky Charms 穀物片在健康排名上遠超過羔羊肉或碎牛肉之類的全食物;而通用磨坊、佳樂氏、Post 等70個品牌的穀片其健康評比則高於雞蛋2倍。如果這項研究的目標不是為了影響「針對兒童的行銷」,就還挺好笑的。

野生動物不會染上廣泛的新陳代謝疾病,人類在不很久的75年前也不會。動物似乎會靠本能解決問題,而不被「專家」意見搞亂。根據 PubMed,2020年到2022年間就有4萬5,688篇經同儕審查的營養研究。

我相信,如果把所有研究代以下述簡單指引,美國會變成更健康、更幸福,也更繁榮的地方。我們應該吃下列食物:

- 有機(理想上是再生)未精製或最低限度精製水果
- 有機(理想上是再生)未精製或最低限度精製蔬菜
- 有機(理想上是再生)未精製或最低限度精製堅果與種籽
- 有機(理想上是再生)未精製或最低限度精製的各種豆類

- 牧場放養、有機、100% 草飼肉類與內臟，包括駝鹿肉、鹿肉、野牛肉、羔羊肉、牛肉、豬肉、山羊肉
- 牧場放養、有機、100% 自行覓食的禽肉與蛋
- 牧場放養、有機、100% 草飼，理想的 A2–β 酪蛋白奶製品，例如牛奶、起司、優格與克菲爾奶（kefir，類似優格，通常呈液態，由克菲爾菌種與牛奶或羊奶發酵而成）
- 野生海釣富含 omega-3 脂肪酸的小型魚，包括鯖魚、沙丁魚、鯷魚與鮭魚
- 有機未精製或最低限度精製的香草或香料
- 有機最低限度精製調味料，例如醋、芥末與辣醬
- 有機（理想上是再生）最低限度精製的發酵食品，如德式酸菜、韓式泡菜、優格、納豆、天貝、豆腐與克菲爾奶
- 逆滲透或活性碳過濾的水

把加工與超加工食品排除在你的飲食之外，特別是含有下列成分的食品：

- 任何種類的精製糖
- 任何種類的精製穀物
- 任何種類的精製蔬菜油或種籽油

乾淨的水很重要

水占我們血液的 90%，而且潔淨的水對健康至關重要。不幸的是，我們愈來愈清楚，美國的自來水並不潔淨。美國環境工作組織（Environmental Working Group, EWG）有一個資料庫，你可以根據郵遞區號來搜尋你所在地的自來水潔淨度。我所住社區的水，砷含量是安全建議值的 820 倍。我建議花錢買逆滲透淨水器或高效能活性碳濾心淨水器（如 Berkey 牌），以確保能穩定獲得乾淨的水。Brita 牌跟其他類似且不貴的濾水壺都使用活性碳濾心，能有效濾除氯的味道與氣味，但在去除其他如重金屬、細菌與有害化學物等汙染物上效果就差了一點。

充分飲足乾淨的水，是達成新陳代謝健康與預防肥胖反應式中的重要部分。根據美國科羅拉多大學醫學教授暨超棒的書《大自然就是讓你胖》作者強森醫師所言，即使「輕度缺水也會刺激增胖」。有趣的是，製造脂肪組織是人類儲存更多水的方法，這種脂肪裡的水稱為「代謝水」（metabolic water），能在缺水的時候釋出。想想駱駝：牠們可以在水量極少的沙漠裡存活，有很大一部分是因為把水存在駝峰的脂肪細胞裡！缺水如何導致肥胖，是整個醫學領域中最迷人的故事之一。缺水會活化腦中的多元醇通道，激發身體產生果糖。身體產生的果糖會做兩件事，一

是激發抗利尿素（vasopressin）這種荷爾蒙，告訴腎臟要保存水分，二是干擾粒線體功能，致使身體印出脂肪（意思是實際製造出更多脂肪來填滿細胞）。這隨後讓我們在脂肪中儲存更多的「代謝水」。根據強森醫師所言，「肥胖者脫水的可能性是較瘦者的 10 倍」。德國的一項研究顯示，只是每天多喝一杯水，孩童變胖的風險就可降低 30%。

減少穀物的攝取量

你可能注意到，上述建議飲食清單上沒有非精製穀物。我看不出把穀物加入任何飲食中有什麼重大效益。穀物是相當現代的食物，它能提供某些維生素、礦物質與纖維，但含量遠比清單上的其他食物少很多。比方說，一杯熟藜麥有 5 克纖維、34 克淨碳水、8 克蛋白質以及 160 毫克 omega-3 脂肪酸——而僅僅兩湯匙的羅勒種籽有 15 克纖維（是一杯藜麥的 3 倍）、0 克淨碳水（表示血糖升高近乎零）、5 克蛋白質以及 2,860 毫克的 omega-3 脂肪酸（一杯藜麥含量的 17 倍）。在美國新陳代謝危機的脈絡下（93%成人有新陳代謝問題），避免碳水為主但保護性物質較少的食物是聰明的選擇。生活在現代社會，不管你多謹慎，你的腸壁都會受到某種程度的損害。不管你是不是強烈過敏，現代穀

物中的某些濃縮蛋白質都可能造成腸漏。再加上,美國大部分穀物其實都覆滿了有毒農藥。

慣行、有機、再生是什麼?

慣行栽培食物

慣行栽培食物占美國食物銷售的 94%,而慣行這詞代表食物並非有機栽培。在美國,慣行農法每年使用約 45 萬噸農藥,其中有許多已知會對人類以及微生物群系細胞造成傷害,而且與肥胖、癌症以及發育疾病等都有關。世界衛生組織已經清楚說明,最廣泛使用的農藥年年春(Roundup)其關鍵成分嘉磷塞(glyphosate),會損害我們的 DNA 並且可能致癌。慣行農法採單一作物法,就是在同一塊土地重複種植同一種作物,如此會剝奪土壤的關鍵營養素。單一作物法通常不會栽種覆蓋作物(傳統上用於栽種間期以補充土壤營養)。沒有覆蓋作物,土壤會過熱並流失水分,變為毫無生氣的塵土,不再是生氣勃勃的土壤。

此外,我們把原本經由覆蓋作物及天然肥料(例如糞肥與堆肥)而來的土壤補充劑,替換成化石燃料衍生的合成肥料。大量的天然氣與煤直接用來製造合成肥料。研究顯示,長期進行單一作物法會造成「土壤病」並減少細菌

的多樣性。慣行農法也利用機械耕耘，這種強力翻動與攪動土壤的方式，會殺死脆弱的微生物生態系，而微生物生態系會盡可能使我們的食物營養豐富且強韌。慣行土壤裡的微生物枯竭，導致表土浩劫、水分流失，以及水裡與環境中含有毒化學物，最後造成環境浩劫，例如在密西西比河流入墨西哥灣之處，那個面積如新澤西州般大的死區。

慣行飼養的動物生活於「集中型動物飼養場」中，通常受到監禁並餵食覆滿農藥的草，造成牠們體內 omega-6 脂肪酸含量增加。這種缺乏多樣自然飲食與運動的惡劣狀況，會造成流行病肆虐。在美國，70％的抗生素用在慣行飼養的動物身上。令人震驚的是，美國有 70％的慣行農法黃豆以及將近 50％的玉米是做為動物飼料，這形成了一個循環：先以慣行農業傷害我們的土壤，然後動物又因食用慣行農作物使體內含有過量 omega-6 脂肪酸而生病，隨後又使吃了牠們的人類患病。

我們要不惜一切代價避免慣行栽培的食物，這類食物傷害了我們的土地、環境、水系統、農民的福祉、全球生物多樣性、你的微生物群系以及你的細胞健康。吃非有機或非再生性食物，就是鼓勵使用大量化石燃料來毀滅環境的產業。

有機栽培食物

有機農法指的是堅守受美國聯邦政府監督的一組嚴格標準，包括嚴禁使用大部分的合成肥料與農藥。然而，有機並不代表這種方法專注於再生活力充沛且具生物多樣性的土壤。與慣行栽培食物相比，有機栽培的食物顯然是較好的選擇，因為它大幅減少在土壤與食物中使用某些最毒的化學物。

有機肉品與奶製品來自未食用合成農藥所栽培作物的動物，然而這並不表示這些動物吃的是天然食物。最多只能說，這動物只吃有機穀物飼料（例如玉米與黃豆），這些飼料富含 omega-6 脂肪酸且可能促成動物新陳代謝功能發生障礙。最好在肉品或奶製品標籤上能看到「有機」**以及**「草飼」或「牧場放養」標示，因為這表示動物是以草料之類無農藥天然食物餵養，並且活動更為自由。

再生栽培食物

再生食物農業注重土壤健康與生物多樣性，利用多種作物輪耕，避免使用合成肥料、減少耕作並運用堆肥以及其他操作。再生栽培的食物能提高土地的微生物計數、增進土壤的營養、改善水的流域、減少水分流失而且需求的水量較少。動物於再生農法生態系中能自由漫步在牧場與

果園中，土壤因自然放牧而受輕柔翻動。如此一來，動物的糞便與尿液使土壤獲得營養與生物多樣性，達到土壤的營養補充與再生。再生農法會讓水與空氣更乾淨、水的用量減少 30%（因為健康多孔的土壤可以保存更多水，不讓水一下子就流失）、食物營養密集以及透過顯著增加的根系成長，增進土壤的碳捕捉。植物需要較大的根系才能從環境中捕捉碳，來製造碳基植物組織。

以再生農法養成的動物，體內 omega-3 脂肪酸含量較高，而且這些動物的奶，抗氧化物與植物營養素含量比慣行奶品高 6 倍（這些營養在慣行乳牛所產的奶中幾乎量測不到）。再生農場的動物不會定期打抗生素（除非真的病了），因為牠們能自由運動、飲食與社交，長得既健康又有抵抗力。

有人會爭辯，慣行農法比再生農法更便宜也更有效率，在餵養大規模人口上有其必要。這個爭辯可謂短視近利，只注重農業法案補助這類極短期效益。慣行農法非常危險，因為它使生態變脆弱了。海曼醫師指出，我們為慣行栽培食物付出 4 倍以上的代價，它的便宜是假的。為了扶持這種不可永續的操作，我們付出了納稅人的補助，付出食物本身的價格，付出對健康的有害影響，更付出對環境造成的災難性結果。贏家是超加工食品公司。改採大規

模的永續農法能削減我們的醫療保健費用、環境損害的速度、全球使用的能源以及對化石燃料的依賴。還有，轉變成慣行農法，農人能減少投入成本（例如農藥、殺蟲劑以及抗農藥種籽）。紀錄片《共融之地》(Common Ground)中有農人說明，他使用再生農法後每英畝可以省下 400 美元的花費，算下來每年可以省下 200 萬美元。

選擇再生栽培食物，是身為健康追求者或環保人士所能做的最有力選擇之一。再生植物、覆蓋作物、健康土壤從大氣中吸存碳並以 3D 列印出的龐大根系，長得比慣行農業中的植物根系大上許多，因為後者得在堅硬且毫無生氣的塵土中奮戰。再生農法積極運用堆肥，因此幾乎沒有製造出廢棄物。再生農法甚至大幅減少化石燃料（用來製造合成肥料）的使用、保護水系不受農藥與肥料逕流的影響（這會殺害水中生物），以及在多孔且有吸收力的再生土壤中儲水以減輕乾旱，不讓水分在逕流中流失。自然資源守護委員會（Natural Resources Defense Council）預估，每增加 1% 的健康土壤，每英畝會增加 2 萬加侖以上的儲水量。

加工食品的定義

超加工食品占成人熱量攝取的 60％左右，兒童熱量攝取的 67％，而且促成如肥胖、高血壓、失智、第二型糖尿病以及胰島素阻抗等壞能量疾病，影響非常巨大。一項新近研究追蹤 2 萬名參與者超過 15 年，發現追蹤期間參與者每日食用超過四份的超加工食品會增加 62％的死亡風險。每多吃一份超加工食品，全因死亡率會增加 18％。我們要了解超加工食品是什麼、要怎麼盡全力避開。（劇透一下：每日四份超加工食品並**不如**想像的多，總量可能看起來就是一把扭結餅、一份墨西哥玉米片、一片現成的麵包，以及一塊餅乾）

所以什麼是超加工食品？ NOVA 分類系統基於加工程度把食物分成四類，這些分類是以「食物離開大自然」後所經歷物理、生物以及化學製程來決定：

- 未加工食物與輕度加工食品
- 加工的烹飪食材
- 加工食品
- 超加工食品

多吃未加工食物與輕度加工食品

未加工是指食物離開大自然後受到的改變為零，另如吃剛從樹上摘下的蘋果。沒有添加任何成分的原型食物，例如水果、蔬

菜、蛋、堅果、種籽、乾燥的香草、香料以及生切肉片、禽肉以及魚，通常都歸類為未加工食物或輕度加工食品。輕度加工食品裡也可能會有一些加工程序，例如清洗、壓碎、切碎、過濾、烘烤、裝罐、低溫殺菌、真空包裝、冷凍、非酒精發酵、加熱殺菌或放置於容器中，然而食物沒有任何部分受剝除或濃縮，也沒有多添加鹽、糖或其他成分。

要達到代謝健康，未加工食物或輕度加工食品要占你所吃食物的絕大部分。

加工的烹飪食材也可能有害

加工的烹飪食材包括油、奶油、糖、楓糖漿、豬油以及像鹽之類的無熱量食材。這些食材是從天然食物或大自然中取得，經由碾磨、乾燥、擠壓、切碎、壓碎以及精煉等方法萃取而來。它們本質上是「不平衡」、濃縮且通常是能量密集的食物（鹽除外），很少單獨食用。

雖然某些加工的烹飪食材可能是理想健康飲食的一部分，但其中也有許多對新陳代謝健康有負面影響。例如大豆油與玉米油（美國最通用的油脂）是以工業技術萃取的植物油與種籽油，因為含致炎的高濃度 omega-6 脂肪酸而有害健康。相反的，例如橄欖油與酪梨油等油脂是從原型食物中擠壓出（而非以機械或化學方法從種籽或蔬菜萃取而來），通常與正向的健康結果相關。

問題多多的加工食品

　　加工食品的製造，是透過結合輕度加工食品與加工的烹飪食材，來增加食物的「耐久性」與「感官品質」，以製出「超級美味」的品項，這可能包含新鮮未包裝的全穀麵包、加糖的番茄糊、以鹽醃製的培根、以糖漿浸製保存的水果、泡在飽和鹽水中的蔬菜或豆類罐頭。確認加工食品最簡單的方法，是找出標示中的油、鹽與糖。

　　某些加工食品可能是健康飲食的一部分，然而同樣的，這也需要經由閱讀標示來確認。例如，Flackers 或 Ella's Flats 的亞麻籽蘇打餅可能含有某些本身看起來很健康的成分（例如有機亞麻籽、蘋果醋以及海鹽），而且沒有過度加工。你可以在產品上看到整顆亞麻籽。此外，草飼有機未加工切達乳酪可能僅使用非高溫殺菌牛奶以及海鹽製成，是由優質原料以自然工法加工而成的食品，可以納入健康飲食的組合。

　　然而，大多數加工食品問題很多，而且其中的糖、鹽與油的含量都過高。有些你不疑有他的食物都屬於此類，例如番茄醬、沙拉醬跟花生醬。要避開任何含有精製蔬菜油或種籽油、精製穀物、添加糖或有無法明顯辨認成分的食物。

絕對不要吃超加工食品

　　超加工食品在工廠裡製造，是把從各種不同食物萃取而來與經過加工的多種成分，再加入防腐劑或食用色素等合成成分混和而成。你永遠不該吃這些「科學怪食」（Frankenfood），也絕對

不要給小孩吃。這些食物現在占美國人能量攝取的大宗。但在我們的飲食裡，科學怪食的占比應該為零才對。2020年一項關於「超加工食品攝取對慢性病影響」的研究結果顯示，攝入最多超加工食品的人，過重或肥胖的風險增加39%、腰圍增加39%、新陳代謝症狀增加79%，而LDL膽固醇濃度增加102%。

　　製造商在製作超加工食品時，要先把原型食物分解為各組成成分，然後再使用合成化學物把這些成分加以重組，製造出保存期限較長的化學仿製品（主要仿製對象為那些較少加工的食物）。食物先是分解成可萃取出的成分，例如油、糖、澱粉、蛋白質與纖維，然後可能再經由化學修飾進一步改造，例如使用酵素從成分中萃取出天然香料、顏色或蛋白質。製造商可能在油裡添加氫，讓油在室溫中固化並避免敗壞，但目前已知這些氫化油會造成發炎並損害血糖的調節。

　　超加工食品包含大量製造的酥皮點心、麵包、蛋糕、餅乾、堅果奶、用絞肉或黃豆製成的「雞塊」、薯片、燕麥脆片棒等點心食品。下面是一些常見的超加工食品，在美國文化中認為這些都是正常食物，但你應該視之為非法藥品，極力避開。這些品項不是含有精製糖，就是含有超加工穀物或工業精製蔬菜油與種籽油，為了擁有好能量，這三類食品都必須避開。清單中的各項食品可能多家品牌均有生產，因此也特別列出某些熱門品牌：

飲料：

1. 含糖果汁（例如 SunnyD 與優鮮沛）

2. 能量飲料（例如紅牛）
3. 加味奶精（另如雀巢的咖啡伴侶）
4. 非乳製品奶（例如 Oatly、Silk）
5. 調味乳（例如 Nesquik、Horizon 草莓牛奶）
6. 水果風味飲料（例如 Capri-Sun）
7. 運動飲料（例如開特力）
8. 甜味茶（例如 AriZona 與雀巢茶品）
9. 汽水（例如可口可樂、健怡可樂與零卡可樂）
10. 人工加味水（例如 Dasani Drops）
11. 水果潘趣飲料（例如 Hawaiian Punch）
12. 加味冰沙（例如思樂冰與 Icee）

烘焙食品與甜點：

1. 蛋糕預拌粉（例如 Pillsbury）
2. 現成糖霜（例如 Betty Crocker）
3. 巧克力棒（例如士力架）
4. 餅乾（例如奧利奧與 Chips Ahoy!）
5. 甜甜圈（例如 Krispy Kreme 與 Hostess Donettes）
6. 冷凍華夫餅與鬆餅（例如 Eggo）
7. 袋裝麵包（例如 Wonder Bread）
8. 甜餐包與酥皮點心（例如 Cinnabon 與 Pillsbury）
9. 包裝蛋糕（例如 Twinkies）
10. 馬芬（例如 Entenmann's）

11. 甜蘇打餅（例如 Honey Maid）

早餐穀物與燕麥脆片：
1. 穀物棒（例如天然谷）
2. 即食燕麥包（例如桂格）
3. 添加精製糖的燕麥脆片（例如家樂氏 Special K Granola、Kashi GO）
4. 含糖穀物（例如家樂氏 Froot Loops）
5. 酥皮餡餅（例如家樂氏 Pop-Tarts）

乳製品：
1. 加味優格（例如優沛蕾與 Go-Gurt）
2. 加工起司片（例如 Kraft Singles）
3. 含糖煉乳（例如鷹牌）
4. 打發鮮奶油（例如 Cool Whip、Reddi-wip）

肉與禽肉：
1. 雞塊（例如麥當勞或泰森牌）
2. 熟食肉品（例如 Oscar Mayer 與 Boar's Head）
3. 熱狗（例如 Nathan's Famous）
4. 肉丸（例如 Chef Boyardee）
5. 香腸（例如 Jimmy Dean）
6. 培根（例如 Oscar Mayer）

7. 牛肉乾（例如 Jack Link's）

零食：

1. 起司口味玉米膨化物（例如奇多）
2. 脆片（例如多力多滋）
3. 餅乾（例如麗滋）
4. 加味爆米花（例如 Smartfood）
5. 加工零食（例如冠寶起司捲心餅或 Dunkaroos）
6. 水果風味零食（例如 Fruit Gushers、Welch's、Mott's）

冷凍食品：

1. 冷凍披薩（例如 DiGiorno）
2. 冷凍膳食（例如 Hungry-Man）
3. 冷凍墨西哥玉米捲餅（例如 El Monterey）
4. 冷凍雞翅（例如泰森牌）
5. 冷凍魚柳條（例如 Gorton's）

醬料與調味品：

1. 含糖烤肉醬（例如 Sweet Baby Ray's）
2. 番茄醬（例如亨氏牌）
3. 美乃滋（例如 Hellmann's）
4. 沙拉醬（例如 Hidden Valley）
5. 蔬菜油與種籽油（例如 Crisco 或 Wesson）

包裝膳食：

1. 起司通心粉（例如 Kraft 或 Annie's）
2. 速食調理包（例如 Betty Crocker）
3. 披薩捲餅（例如 Totino's）
4. 即食馬鈴薯泥（例如 Idahoan）
5. 泡麵（例如日清杯麵）
6. 預製午餐組合（例如 Lunchables）

冷凍甜點：

1. 雪糕與冰淇淋三明治（例如 Magnum 與雀巢 Drumstick）
2. 冰棒（例如 Fla-Vor-Ice）
3. 雪酪（例如哈根達斯）
4. 含乳雪酪（例如 31 冰淇淋）
5. 冰淇淋（例如 Ben & Jerry's）

濃湯與清湯：

1. 罐頭濃湯（例如 Campbell's Chicken Noodle）
2. 混和乾湯料（例如立頓麵條湯）
3. 泡麵（例如 Maruchan）
4. 高湯塊（例如 Knorr）
5. 混和肉汁調味粉（例如味好美）

抹醬：
1. 巧克力榛果抹醬（例如能多益）
2. 含糖花生醬（例如 Jif）
3. 果醬（例如 Smucker's）
4. 棉花糖醬（例如 Fluff）
5. 甜抹醬（例如 Smucker's Goober 花生抹醬與果醬抹醬）

很多包裝食品品牌正準備推出更健康、更永續版本的超加工食品。舉例來說，以花椰菜與種籽粉做餅皮、莫札瑞拉起司及無糖番茄糊當配料的有機冷凍披薩，還有以豆類或堅果粉做的包裝義大利麵。有些包裝食品或許可以納入好能量飲食中，但請務必仔細察看標示，確保你買的是沒有添加糖、精製穀物、種籽油或蔬菜油的有機食材。

超加工食品有巨大的環境成本。例如，1 公升裝的葡萄籽油需要 54 公斤葡萄籽或 1 噸葡萄以製成。超加工食品經常都保存在塑膠或其他非永續材料做的容器中，容器隨後會進入垃圾掩埋場。大部分超加工食品原料都是慣行栽培的穀物，所以除了摧殘我們的健康，也對環境造成災難且會浪費資源。

你可能會想，**吃未精製或輕度加工且永續的食物，對多數人來說不是太貴嗎？**然而事實可能讓你不舒服：你不是先花錢在健康食物上，就是將來花在原本可預防的醫療問題上，而且還會喪失生產力。美國有 70％的破產都是醫療問題所造成。肥胖成人的年度醫療費用比一般人多 1 倍。隨體重增加，這些費用也會急

速增加。罹患第二型糖尿病的人,要承受**每年**平均將近 1 萬 7 千美元的醫療支出,有心血管疾病之類慢性病的人,每年會少掉將近 80 小時的工作時數,損失的年度工作生產力成本可達將近 1 萬美元,肥胖的人在工作上請假的機率比一般人高 1.4 倍。很明顯,我們的健康與食品產業正在讓我們失望:對超加工食品進行補助,而且只在我們染上新陳代謝疾病時才啟動「管理」。這是公共政策的缺失,對低收入家庭來說,在很多超市買可樂都比買瓶裝水便宜(因為可口可樂使用了很多有補助的原料)。我們必須改變食物與健康體系的誘因結構,然而在那之前,我們要盡全力抵制超加工食品。若預算有限,後文也會提供可行的建議。

三種優格背後:哪一種是超加工食品?

超加工食品(絕對不要吃)

- Dannon Light + Fit 優格。包含發酵的無脂肪牛奶、水、果糖、人工與天然香料、修飾食物澱粉、乙醯磺胺酸鉀(acesulfame potassium)、蔗糖素、檸檬酸、山梨酸鉀、優格菌種——共 11 種成分,其中的化學物已知會擾亂代謝

- 優沛蕾兒童杯。包含低脂牛奶、糖、修飾玉米澱粉、玉米澱粉、天然香料、山梨酸鉀、食用色素紅色 40 號、藍色 1 號、黃色 5 號、維生素 A 乙酸酯、維生素

> D3——共 11 種成分,沒有活性菌種,其中的色素已知有毒且在歐洲需要提出警示。例如,體外實驗發現,山梨酸鉀有基因毒性,並對免疫系統有負面影響,而且有些研究認為,兒童的過動與注意力不集中與色素有關
>
> **輕度加工食品(適合食用)**
>
> - Straus 全脂有機希臘優格。包含有機全脂牛奶、乳酸菌種這兩種成分,使用活的活性菌種、牧場放養的乳牛吃的是無農藥的草
>
> 　　選擇有機且成分單純的優格(只有牛奶與菌種最理想),沒有添加糖,並在標示上標出「活的活性菌種」。

採買便宜好能量食物的方法

以下是我愛用並以此盡可能便宜獲得有機食物的好方法。

1. 買冷凍有機水果、蔬菜、肉品與野生的魚,或買新鮮食材再冷凍保存。我每週在好市多購買 4 磅有機冷凍花椰菜米,花費不到 10 美元而且可吃將近八餐。
2. 用慢燉鍋或爐灶一次煮大量的有機豆類與扁豆。大部分

的有機豆類與扁豆可能每磅不到 4 美元。
3. 大量購買最便宜的有機堅果與種籽。例如，有機松子每磅可能高達 44 美元，然而有機亞麻籽與奇亞籽每磅常常低於 6 美元。
4. 購買任何剛好在特價的有機產品。這樣做的附加好處是可以試試沒吃過的食物！
5. 購買野生捕撈的魚罐頭，例如鮭魚，而不是鮮魚。
6. 加入社區協力農業（community supported agriculture, CSA）計畫，或報名有機產品配送服務，這項服務是配送原本可能丟棄的品相不佳有機食物。
7. 某幾餐以豆子或扁豆等植物性蛋白來取代肉或魚，以降低支出。
8. 在農夫市場跟農夫多聊聊，以購買最優惠產品。農夫通常會把當週過剩的產品削價出售。另外，有很多農夫沒有使用合成農藥，但也沒有花大錢歷經冗長過程來獲得正式的美國農業部有機認證。他們的產品不含化學品而且可能比認證過的有機產品便宜，是很好的選擇。

好能量飲食五大關鍵元素

接下來，我們要聚焦在如何搭配每一餐。想達成好能量飲食計畫，簡單到你只要確保最大化五件事，並移除三件事即可。

每日（理想上是每餐）飲食都應該包含以下五大類元素：

1. 微量營養素與抗氧化物

——微量營養素與抗氧化物告訴粒線體:「你是有復原力的」。

微量營養素是指鎂、鋅、硒以及維生素 B 群之類的小分子,在細胞裡負責四種主要功能以提供好能量。

- 被整合入蛋白質結構中,以確保蛋白質能順利運作。例如:微量營養素硒會被整合入「硒蛋白」中,硒蛋白的主要功能是做為保護性的抗氧化物,以及幫助健康的免疫細胞進行運作。
- 做為輔因子,協助細胞內的化學反應順利進行,例如:在粒線體製造 ATP 最後幾個步驟中的化學反應。例如:維生素 B 群會與粒線體裡的蛋白酵素結合,使蛋白質結構產生些微改變,讓產生 ATP 的後續步驟能順利進行。
- 做為抗氧化物以減輕氧化壓力造成的傷害,氧化壓力會損害新陳代謝過程與粒線體功能。例如:維生素 E 能把自己嵌入細胞膜,並提供一個電子來中和易反應的自由基,自由基可能會危害並損害細胞膜的脂肪,若不加以控制會造成慢性發炎。
- 會變成關鍵生物過程的前驅物。例如:也稱為菸鹼酸的維生素 B_3 是菸鹼醯胺腺嘌呤二核苷酸(NAD+)與菸鹼醯胺腺嘌呤二核苷酸磷酸(NADP+)的前驅物,兩者與細胞中超過 500 種化學反應有關,包括在粒線體製造 ATP 時做為電子載體。

微量營養素促使許多關鍵生物過程以最佳化運作，其中包括身體對葡萄糖的處理。不幸的是，因為土壤貧瘠與過度加工，超加工飲食裡的許多微量營養素是前所未有的稀少。

你身上有大約 37 兆細胞，每個細胞可能包含超過 1,000 個粒線體，每個粒線體有無數的蛋白質鑲嵌在它的膜上，這些蛋白質就像微小的分子機器，參與製造 ATP 的電子傳遞鏈生產線。這些電子傳遞鏈上的蛋白質，需要足夠濃度的特定微量營養素才能正確運作。這些微生素、礦物質、痕量金屬以及抗氧化物，是調控你身體所有新陳代謝連鎖反應中的關鍵環節。在很多情況下，這些微量營養素與大型蛋白質複合物結合，產生「恰恰好」的分子狀態，讓微小的生物機器能正確運作。

要說明微量營養素對好能量有多關鍵，Q10 在生育力所扮演的角色就是一個好例子。當電子傳遞鏈進行電子轉移時，需要微量營養素輔酶 Q10，輔酶 Q10 同時也鑲嵌在細胞膜上提供抗氧化保護。排卵時卵子從卵巢釋出，隨後卵子粒線體的活性與結構會發生許多改變，使得卵子在前進到子宮的一路上快速「老化」與降解。輔酶 Q10 做為粒線體的輔因子，能增進粒線體功能，明顯改善排卵後卵子的老化。輔酶 Q10 能降低氧化壓力以及 DNA 損傷的程度，並且抑制細胞死亡途徑，於是維護了卵（卵母細胞）的品質。提供粒線體需要的東西，粒線體就會為你完美運作，包括撐起未來寶寶的健康。

好能量關鍵微量營養素一覽表

微量營養素	好能量受益點	來源
維生素 D	• 增進胰島素受器與葡萄糖運輸通道的表現。 • 增加與能量代謝相關的粒線體基因表現。 • 減少粒線體的氧化壓力。 • 調控與發炎及抗氧化防禦相關基因的表現。	富含油脂的魚（鮭魚、鮪魚、鯖魚）、蛋黃、洋菇
鎂	• 參與電子傳遞鏈中產生與使用 ATP 的反應，促進 ATP 順利合成。 • 降低氧化壓力並增強粒線體酵素的活性。 • 活化涉及葡萄糖吸收、肝醣（儲存的葡萄糖）合成及脂肪酸氧化的酵素，來調節葡萄糖與脂肪的新陳代謝。	堅果（杏仁果、腰果）、種籽（南瓜籽）、菠菜、豆類（黑豆、四季豆）
硒	• 做為抗氧化酵素（例如穀胱甘肽過氧化酶）的輔因子。 • 增進胰島素傳訊蛋白的表現與活性。 • 透過促進甲狀腺激素的合成與轉換，來增進甲狀腺功能。甲狀腺激素能調節新陳代謝率與能量的產生。	巴西堅果、鮪魚、火雞肉、沙丁魚、雞肉、蛋
鋅	• 在電子傳遞鏈中做為輔因子。 • 增進抗氧化酵素的活性。 • 活化涉及胰島素傳訊、葡萄糖吸收、脂肪酸氧化的酵素，來調節葡萄糖與脂肪的新陳代謝。	牡蠣、牛肉、南瓜籽、豆類（鷹嘴豆、四季豆）、黑巧克力
維生素 B_1、B_2、B_3、B_5、B_6、B_7、B_9、B_{12}	• 參與能量新陳代謝中的許多步驟，例如葡萄糖在進入粒線體前的分解、粒線體中 ATP 的生成，以及脂肪酸與胺基酸的合成。	B_1：豬肉、糙米、葵花籽、豆類、堅果

微量營養素	好能量受益點	來源
	• 在電子傳遞鏈中做為酵素的輔因子，另外也調控粒線體的基因表現。 • 調控與發炎及氧化壓力相關的基因表現，來調節發炎與氧化壓力。	B_2：牛奶、杏仁果、菠菜、蛋、洋菇 B_3：牛肉、雞肉、花生、洋菇、酪梨 B_5：雞肉、番薯、洋菇、扁豆、酪梨 B_6：鷹嘴豆、鮪魚、鮭魚、馬鈴薯、香蕉 B_7：蛋、杏仁果、番薯、菠菜、青花菜 B_9：菠菜、蘆筍、酪梨、豆類（黑豆、四季豆） B_{12}：牛肉、蛤蜊、鮭魚、牛奶、蛋
α-硫辛酸	• 在電子傳遞鏈中做為酵素的輔因子。 • 活化涉及葡萄糖運輸以及胰島素傳訊的蛋白質，以此增進葡萄糖的吸收與胰島素敏感度。 • 調控與發炎及氧化壓力相關的基因活性，來減低發炎與氧化壓力。	菠菜、青花菜、番茄、內臟（肝、腎）
錳	• 穩定與活化蛋白質酵素，來參與電子傳遞鏈中 ATP 的合成。 • 做為抗氧化酵素的輔因子（例如過氧化物歧化酶），來增進抗氧化防禦。 • 活化涉及葡萄糖吸收與利用的酵素。	堅果（杏仁果、胡桃）、豆類（皇帝豆、黑豆）、茶
維生素 E	• 做為抗氧化物。 • 增進胰島素傳訊。 • 增進免疫功能，進而透過降低發炎與感染，間接促進新陳代謝健康。	杏仁果、葵花籽、酪梨、菠菜、番薯

微量營養素	好能量受益點	來源
輔酶 Q10	• 在電子傳遞鏈合成 ATP 時，於呼吸複合體間傳送電子。 • 做為抗氧化物，來對抗自由基與減低氧化壓力。 • 加強胰島素傳訊功能與降低發炎，來增進葡萄糖代謝及胰島素敏感度。	內臟（心、肝）、沙丁魚、牛肉
牛磺酸 （Taurine）	• 經由增進與能量代謝相關基因的表現並減少氧化壓力，來促進粒線體功能。 • 活化與葡萄糖運輸及新陳代謝相關的蛋白質，來增進胰島素敏感度。 • 調控與發炎及氧化壓力相關的基因表現，來調節發炎與氧化壓力。	肉類（牛肉、羔羊肉）、魚（鯖魚、鮭魚）、禽肉（雞肉、火雞肉）、蛋
左旋肉鹼	• 促進脂肪酸進入粒線體進行作用，因而增進能量的產生以及降低脂類堆積在組織中。 • 降低氧化壓力並增進粒線體酵素的活性。 • 增進胰島素傳訊與葡萄糖吸收。	紅肉（牛肉、羔羊肉）、禽肉（雞肉、火雞肉）、魚（鱈魚、大比目魚）
肌酸 （Creatine）	• 轉變成磷酸肌酸，在高強度鍛鍊或進行高能量需求任務時能快速轉變成 ATP。 • 增進粒線體酵素的活性，並減低氧化壓力。 • 幫助調控發炎與抗氧化基因。	紅肉（牛肉、羔羊肉）、魚（鮭魚、鮪魚）、禽肉（雞肉、火雞肉）、豬肉、蛋
維生素 C	• 促進與能量代謝及降低氧化壓力相關的粒線體基因表現。 • 做為抗氧化物，來對抗自由基並降低氧化壓力。	柑橘類水果（柳橙、檸檬）、草莓、青花菜、甜椒、番茄、奇異果

另一類微量營養素是多酚（polyphenols），多酚是植物裡的小型化學物，具有驚人的生物效應，包括做為抗氧化物以及滋養微生物群系。我們通常認為纖維是微生物群系發酵的食物，但新近證據指出，多酚經由發酵達到微生物轉換，生成的代謝物會進入體內，促成各種正向生物效應，包括做為腦中保護性神經傳遞物，並直接減少癌細胞的生長，包括阻止癌細胞吸收葡萄糖來當能量。植物裡有超過 8,000 種的酚類，對細胞提供了多種好處。當然，超加工毀了一切。植物經過超加工，例如玉米加工為玉米片，多酚就流失大半了。

乾燥香料與香草是多酚含量最多的食物，緊接在後的是可可、黑莓、種籽與堅果、各種蔬菜、咖啡跟茶。

從下表選出各式各樣的食物來吃，能確保你獲得各種不同的微量營養素。

最佳抗氧化物來源

我們已知攝取抗氧化物是促進好能量的關鍵，因為抗氧化物能降低氧化壓力。下面列出每 100 克中抗氧化物或多酚含量最高的食物：

- 杏仁果
- 所有乾燥香料
- 薑（新鮮或乾燥）
- 綠薄荷（乾燥）

- 油甘果（乾燥）
- 蘋果
- 朝鮮薊
- 蘆筍
- 月桂葉（乾燥）
- 蘿勒（乾燥）
- 黑豆
- 野櫻莓（Black chokeberries）
- 黑接骨木莓
- 黑胡椒（乾燥）
- 黑莓
- 紅茶
- 藍莓
- 青花菜
- 酸豆
- 藏茴香籽（乾燥）
- 卡宴辣椒（乾燥）
- 芹菜葉（乾燥）
- 櫻桃
- 蝦夷蔥（乾燥）
- 綠橄欖（連核）
- 綠茶
- 榛果
- 卡拉馬塔橄欖（kalamata olives），連核
- 薰衣草（乾燥）
- 芥菜籽（乾燥）
- 肉豆蔻（乾燥）
- 奧勒岡（新鮮或乾燥）
- 匈牙利紅椒（Paprika）（乾燥）
- 桃子
- 胡桃
- 胡椒薄荷（乾燥）
- 開心果
- 李子
- 石榴，整顆
- 紅萵苣
- 紅洋蔥
- 玫瑰花（乾燥）
- 迷迭香（新鮮或乾燥）

- 辣椒（乾燥）
- 肉桂皮（乾燥）
- 丁香（乾燥）
- 可可粉
- 咖啡豆
- 孜然（乾燥）
- 咖哩粉
- 蒲公英葉（乾燥）
- 黑巧克力
- 蒔蘿，新鮮或乾燥
- 小茴香葉（乾燥）
- 小茴香籽（乾燥）
- 番紅花（乾燥）
- 紅蔥頭
- 菠菜
- 草莓
- 天貝
- 百里香（乾燥）
- 薑黃（乾燥）
- 香草籽
- 核桃
- 白腰豆（White bean）
- 野生馬鬱蘭葉，乾燥

2. omega-3 脂肪酸

——omega-3 脂肪酸告訴細胞：「你很安全。」

之前提過，包括 α- 硫辛酸、EPA 與 DHA 等 omega-3 脂肪酸屬於多元不飽和脂肪酸，是維持細胞結構、調節發炎途徑與新陳代謝途徑的關鍵成分，也有助於動脈保持彈性。

攝取足量的 omega-3 脂肪酸也能減少 omega-6 脂肪酸的影響，後者與發炎相關。標準西式飲食中，omega-6 脂肪酸與 omega-3 脂肪酸的比高達 20：1，但應該要接近 1：1 才對。會有

這麼高的比值，是因為我們吃太多富含 omega-6 脂肪酸的精製種籽油與蔬菜油（包括芥花油、黃豆油、蔬菜油、紅花籽油、葵花油與玉米油），而較少吃含有 omega-3 脂肪酸的野生脂質魚、奇亞籽、亞麻籽與核桃等原型食物。

　　慢性發炎是壞能量的關鍵表現。很多人會說 omega-3 脂肪酸能「抗發炎」，但這到底是什麼意思？首先要了解的是，omega-6 與 omega-3 這兩種脂肪酸在膳食中的組成比率，直接決定了它們在你所有細胞膜（包括免疫細胞）中的比率。細胞膜中，這兩種脂肪酸的作用完全不同。免疫細胞會把 omega-6 脂肪酸納入細胞膜，來製造讓發炎反應更加惡化或延長的傳訊分子。另一方面，免疫分子利用 omega-3 脂肪酸製造出的傳訊分子，則會減少發炎基因的途徑，最終解除發炎過程。omega-3 脂肪酸會直接降低 NF-κB 這個最主要發炎途徑的活性，使其在發炎發作後關閉。

　　試想有一個人，他免疫細胞的細胞膜中 omega-6 脂肪酸濃度很高。當此人感染了病毒，像是導致 COVID-19 的那種病毒，身體會進行運作去攻擊這個病毒。我們預期身體會受到連帶傷害，發生腫脹、發炎、氧化壓力，並分泌有毒物質來殺死受病毒感染的細胞。不過一旦這人的免疫細胞殺死受感染的細胞，所有的交戰必須終止。而如果此人的細胞膜有足夠的 omega-3 脂肪酸，細胞會直接從細胞膜擷取出來並製造出止炎素（resolvin）與保護素（protectins）這兩種特定促修復介質（specialized pro-resolving mediator, SPM）來弭平戰爭。但是現在一般人身上

omega-6 與 omega-3 脂肪酸的比率超極高，細胞從細胞膜擷取來的更可能是 omega-6 脂肪酸，而生成的訊號是**繼續**戰下去。這就是慢性發炎。切記，細胞是盲目的，身邊有什麼就抓什麼。你要做的是吃進有更好 omega-3 與 omega-6 脂肪酸比的食物，這樣細胞就更有可能製造出你所需要，可以增進健康、對抗發炎的傳訊分子（例如止炎素與保護素）。你如何餵養自己決定了你會不會有慢性發炎。

如果想從膳食裡獲得 omega-3 脂肪酸，最好的方法就是吃下列食物：

- 奇亞籽
- 羅勒籽
- 亞麻籽
- 核桃
- 大麻籽
- 沙丁魚
- 鯖魚
- 鯡魚
- 鯷魚
- 鮭魚
- 鱒魚
- 魚子或魚子醬
- 牡蠣

- 牧場放養的 100％草飼野味（鹿肉、野牛肉）、牛肉、羔羊肉與蛋

3. 纖維
―― **纖維告訴微生物群系：「我愛你。」**

纖維是植物裡的一種碳水化合物，但人體並不能完全將之分解，因此無法把它轉變成血液中的葡萄糖。取而代之的是，腸道中的微生物群系會把纖維發酵成有益的「後生元」副產物，例如丁酸鹽、醋酸鹽與丙酸鹽等短鏈脂肪酸，這些脂肪酸由腸道吸收進入體內，用來調節新陳代謝並改善胰島素與血糖濃度，以及調節飢餓感與食欲並提高抗發炎作用。纖維有助於保護腸壁與黏膜，減緩消化速度與營養的吸收。結腸細胞的獨特性，在於以微生物群系衍生的短鏈脂肪酸做為關鍵能量來源，因此產生足量的短鏈脂肪酸是維持腸壁健康的關鍵。能量不足，腸壁就無法堅守什麼該存留在腸道及什麼該進入血液，因此導致「腸漏」現象。發生腸漏時，腸道就變得如同一塊破爛纖維（在微觀上），致使有害物質能進入血流，生成慢性發炎，而我們已知慢性發炎是很多慢性病的根源。如同有個研究團隊指出的，「喪失（腸道）屏蔽的完整性，可能會造成發炎性腸道疾病、肥胖以及代謝疾病。」魯斯提醫師在《雜食者的詛咒》（*Fat Chance*）一書中描述，纖維是肥胖這個流行病的「半個解方」。除此之外，大多數人沒有攝取到足量的纖維。美國農業部的「美國飲食指南」指稱，超過 90％女性以及 97％男性沒有達到每日的纖維建議攝取

量,而這個建議攝取量已經極低,依年齡與性別分別為每日 25 到 31 克不等。理想上,我們應該設定每天至少攝取 50 克或更多的纖維。

攝取纖維最好的方法是在飲食中納入下列食物:

- 奇亞籽
- 羅勒籽
- 亞麻籽
- 豆類,特別是羽扇豆
- 虎堅果(tiger nut)
- 蒟蒻根
- 朝鮮薊
- 菊苣
- 豆薯
- 酪梨
- 開心果
- 覆盆子
- 扁豆
- 豌豆
- 杏仁果
- 榛果
- 胡桃

美國腸道計畫（American Gut Project）研究顯示，腸道最健康的人每週至少要吃 30 種不同的植物性食物。切記：例如憂鬱、思覺失調症等都與腸道細菌狀況差很有關，研究者僅靠分析腸道細菌組成，就可以判斷這個人是否罹患憂鬱或思覺失調。吃的植物要多樣而且也要有纖維。

看診時，我也發現病人若積極增加天然食物的纖維攝取，他們的新陳代謝健康和生物標記會有脫胎換骨般的改善。對很多人來說這就像是魔法。豆類與扁豆都曾飽受爭議，因為原始人飲食法（Paleo diet）、自體免疫方案飲食法（autoimmune protocol diet, AIP）還有生酮飲食，都因為它們可能引起發炎或有碳水含量顧慮而將之排除在外。對有自體免疫疾病且／或有數種腸道功能障礙的人來說，與功能醫學醫師合作，有助於確保你納入的所有食物（包括豆類與扁豆）都能有益於你的療程。豆類與扁豆中可能含有某些化合物，會在**腸壁受損的情況下**促進發炎，所以某些人在採用特定食物之前，可能最好先以多元飲食法（multi-modal diet）**以及**生活型態策略來增進腸壁的健全。然而，對大多數腸道功能健康的人來說，我建議自在的把豆類與扁豆加入美妙的多酚與纖維內容中。在下所有這類決定時，進行個人化測試有助於引領你並讓你有自主力。對我來說，我每天都吃豆類與扁豆，因為我**知道**它們不會讓我的連續血糖監測儀血糖數據明顯升高，也不會讓我被踢出生酮狀態（透過手指戳針進行生酮測試）。我的高敏感度 C 反應蛋白（發炎）濃度持續低於 0.3 mg/dL（這是可以達到的最低值），而實驗室測出的自體免疫標記也都呈陰性。

因此，我可以胸有成竹的說，這些食物**不會**導致我的身體慢性發炎或發生自體免疫。與其固守某種只基於信仰的飲食哲學，不如經常測試你的生物標記，並據此來調整飲食計畫。

　　對某些吃了豆類與扁豆後的確發現血糖巨幅提升的人，可能要搭配脂肪與蛋白質來平衡血糖，或透過奇亞籽、羅勒籽與亞麻籽等低碳水高纖維食物，來取得更多纖維。長時間增加纖維與多酚的攝取，微生物群系與胰島素敏感度會隨之改變，可能因此對豆類與扁豆有了耐受力，於是食用後血糖不再飆升。

▎4. 發酵食物
──發酵食物告訴身體：「你辦得到。」

　　腸道微生物群系在消化、營養吸收、免疫功能與心理健康上，扮演關鍵角色。破壞腸道中有益菌與有害菌的平衡會導致各種健康問題，包括消化問題、發炎，甚至情緒相關病症。富含益生菌的食物當中包含有益菌與酵母等活的微生物，這些微生物跟我們腸道裡原有的微生物很類似。攝取這些食物時，這些活的微生物也能在腸道裡拓殖並繁殖，協助維持有益菌的健康平衡，並支持整體腸道健康。發酵食物因為含有**益生菌**所以對人體有益，同時也因為含有**後生元**而對人體有益。後生元是細菌發酵生成的短鏈脂肪酸之類的產物。高纖食物的一個主要益處，是腸道裡的細菌可以把纖維發酵成短鏈脂肪酸之類的副產物。但是這些短鏈脂肪酸也存在於發酵食物本身，是這些活菌種進行發酵的副產物。

最近的研究顯示，飲食中含有大量發酵食品（每天攝取六份），會顯著增加微生物相的多樣性並降低發炎標記。一天六分聽起來好像很多，但如果你的廚房備有多樣益生菌來源，然後每一餐都隨機加一點就很容易達成。我幾乎在每一道鹹式菜餚（例如蛋、炒豆腐、沙拉、炒菜或魚）裡都加半杯德式酸菜或一坨香料優格，這樣就能輕鬆攝取兩到三份發酵食物。我也會拿天貝當蛋白質來源、在餐點上以味噌添加風味、把優格當成午間點心與甜點的輪替選項，並喝非常低糖的康普茶來犒賞自己。

　　攝取發酵食物最好的方法，是在飲食中納入下列食物：

- 德式酸菜（注意：醃漬物跟德式酸菜不同，醃漬物不含活的菌種）
- 發酵的蔬菜（例如發酵的甜菜根、胡蘿蔔以及洋蔥；再次強調發酵與醃漬不同，醃漬物的酸味是因為把食物浸在醋與糖裡，而不是因為細菌自然發酵而來）
- 輕度加工的優格
- 克菲爾奶
- 納豆
- 天貝
- 康普茶（注意：我只推薦每份含糖量少於 2 克的，糖的理想來源是蜂蜜或水果。請仔細閱讀標籤）
- 味噌
- 韓式泡菜

- 鹽漬橄欖
- 甜菜汁卡瓦斯（beet kvass）
- 水克菲爾（water kefir）

5. 蛋白質

──蛋白質告訴細胞：「讓我們進行建設！」

　　膳食蛋白是不可或缺的巨量營養素，對於保持代謝恆定至關重要。蛋白質是由胺基酸組成的化合物，胺基酸在無數代謝與生理過程中，擔任結構與功能的基礎材料。蛋白質的攝入要足夠，才能合成並維持骨骼肌組織，骨骼肌是調節新陳代謝健康的關鍵，因為它既是血糖吸收庫，也會釋放稱為肌肉激素（myokine）的荷爾蒙（能抗發炎並增進胰島素敏感度）。

　　有許多種胺基酸已經確認在蛋白質合成與維持骨骼肌上至為重要。例如，白胺酸是必需胺基酸，它會激發肌蛋白的合成，並已經證明在調節肌肉質量與功能扮演關鍵作用。肌蛋白的來源包括動物性蛋白質，例如牛肉、雞肉跟魚，以及植物性蛋白質，例如黃豆與扁豆。其他的胺基酸，例如離胺酸與甲硫胺酸，在調節肌肉蛋白質的合成與維持肌肉質量上也很重要。這些胺基酸可以從包括奶製品、蛋、肉跟豆科植物等很多蛋白質來源取得。

　　此外，蛋白質的攝取已經證實會影響能量平衡與體重調節，因為蛋白質對飽足感、產熱與脂肪代謝都有作用。高蛋白飲食已被證實對體重減輕與避免增重有正面效應。蛋白質有很高的熱效應，代表消化與代謝蛋白質所需的熱量高於碳水化合物或脂肪。

增加的這些熱量支出會導致更大的能量平衡,並有可能減輕體重。還有,膳食蛋白已經證明會增加飽足感並減少食物攝取量,如此可以減少整體熱量攝取,並改善身體組成。蛋白質裡的某些胺基酸對特定飽足荷爾蒙,如膽囊收縮素與類升糖激素胜肽-1有刺激效應。要在膳食裡獲得足夠蛋白質,最好的方法是吃下列食物:

- 肉類:牛肉、雞肉、火雞肉、豬肉,以及例如駝鹿肉與野牛肉等野味
- 魚與海鮮
- 奶製品:牛奶、起司與優格都是好的蛋白質與白胺酸來源。希臘優格的蛋白質含量特別高
- 蛋:蛋是完全蛋白質來源,包含了白胺酸在內的所有必需胺基酸
- 豆類:例如豆子、扁豆與豌豆都是植物性蛋白的來源,並且富含纖維、維生素與礦物質。奶蛋素與全素食者有很多好選擇可以增加蛋白質攝取
- 黃豆製品:黃豆與豆腐、天貝等黃豆製品
- 堅果與種籽:大麻籽、奇亞籽、南瓜籽、杏仁果、葵花子、亞麻籽、腰果與開心果
- 如果使用蛋白粉,請選擇有機以及/或草飼或再生(如果是動物性蛋白),成分愈單純愈好,沒有添加糖、色素、沒有「天然香料」或「人工香料」、沒有添加膠,也沒有

你不熟悉的成分名稱

你會聽到關於蛋白的無止盡爭辯，包括生體可用率、完整性、理想壽命相對於理想肌肉生長所需的量、植物性蛋白相對於動物性蛋白，以及例如蛋白粉之類精製形式是否合宜。在此我不會解決這些爭議，但是建議閱讀里昂（Gabrielle Lyon）醫師的《肌肉抗老》（*Forever Strong*）一書，來深入了解蛋白質。蛋白質在我們的飲食中，不能像過去數十年那樣被忽略，因為人體有太多關鍵的新陳代謝過程需要它。而且我們老去時，肌肉質量也會衰減，對此我們必須積極對抗，方法是精心計較蛋白質的攝取，並進行有規律且持續的阻力訓練。蛋白質的每日營養攝取建議量是每公斤體重 0.8 克，但這並沒有考慮到活動程度或動態代謝所需（例如從疾病中復原）。對於如我這樣好動的 79 公斤成人，蛋白質的每日營養攝取建議量是每天 64 克，或每餐 20 克。但這可能不夠。我傾向每餐攝取高一點，也就是至少 30 克蛋白質來達到飽足感，讓血糖波動減到最小，以及提供身體合成蛋白質與肌肉所需的基礎材料。目標是選擇如上所列的全食物來源。

三種一定要避免的壞能量食物

如果你想記住本書一項食物原則，那就記住：在你的飲食中，請完全摒棄下面三種不好的成分，如此就會徹底改善你的健康，並確保你能吃下更多好能量食物。

- 精製添加糖
- 精製工業蔬菜油或種籽油
- 精製穀物

讓我們來檢視為什麼這三樣成分對壞能量貢獻如此之大。

1. 無所不在的精製添加糖

精製添加糖每年造成的死亡以及失能，遠超出 COVID-19 與濫用吩坦尼（fentanyl）止痛藥的總和。我們要確實認清精製添加糖的真面目：它是具有危險性及成癮性的藥物，已經被添加於美國食物系統中 74％的食物裡，而且人在一生中對它的需求量為零。在所有對細胞造成嚴重傷害並有礙「好能量」的因素中，我認為首惡可能就是添加糖。這個物質已經成為我們與孩子常吃食物的主成分。如同魯斯提醫師指出的，糖在標籤裡以 56 個不同名稱呈現，而且到處藏匿。

食物中會添加的精製糖有數十種，這些禍害中最主要的是高果糖玉米糖漿，在人類文明中這算是全新的物質，它會破壞我們細胞製造能量的能力。果糖採取的是不倚賴葡萄糖的機制，致使細胞製造能量的能力異常更趨惡化。之前提過，果糖（在水果中可以找到它的天然未精製形式）會關掉身體的飽足訊號，驅使消費者（在過去是指冬天準備冬眠的動物）吃更多來儲存脂肪。但現在我們處在穩定進食的狀態中，工業化食品加了果糖這個成癮物，關掉了我們的飽足訊號，驅使我們貪得無厭的吃不停。想想

這個狀況：當孩子喝下一瓶可樂所吃進去的添加糖，是他若生活於 150 年前一整年才可能吃到的量。

不要攝入液體熱量

美國人的飲食中液體占了 22%，除了水、黑咖啡與不加糖的茶，幾乎所有液體都是空有熱量而無營養，只會促進壞能量且毫無益處。不要喝入熱量是減少糖與其他會傷害能量調節的化學物最簡單也最容易的方法。

除掉所有果汁、汽水、星冰樂、調味乳、加糖非乳製奶、開特力和其他運動飲料、能量飲料、思樂冰，還有糖漿之類的含糖液態淋醬。喝進液體型態的糖會快速消化，累垮能量系統。（但自製富含蛋白質與蔬果的奶昔是例外）。酒精性飲料也會造成血糖不穩定，直接破壞粒線體功能並生成氧化壓力，所以也要減到最少。

我們反而要著重在喝水、氣泡水、茶，喝咖啡時不要加糖但可以加全脂牛奶或無糖的有機非乳製奶，或喝加了檸檬及一小撮海鹽的水。

雖然有些研究顯示，喝少量酒可能降低罹患第二型糖尿病的風險，但也有其他研究指出，酒精對腦部的傷害是沒有所謂安全量的，即使是少量酒精（大約一杯的量），也會大幅降低睡眠與神經系統調節的恢復效果。

大量飲酒會增加氧化壓力，擾亂微生物群系、損害肝臟、降低脂肪在肝臟粒線體中的氧化（導致脂肪儲存在肝臟中），並引起發炎。限制酒精的攝取量是達到理想新陳代謝健康之所需。如果你真的想攝取酒精，這裡有一些方法可以降低負面影響：

- 永遠選擇有機的烈酒或葡萄酒。至於葡萄酒或香檳，試著另外找出生物動力農法的酒。傳統（非生物動力農法）酒可能會有農藥、添加物還有糖，其中有很多都不需在標籤上揭露
- 避開啤酒，啤酒會增加尿酸濃度
- 製作雞尾酒時，避免加入過量的糖，例如純糖漿、現成調料或過量果汁。如果要喝水果口味的酒，選擇新鮮水果榨汁的低升糖有機水果汁，例如檸檬汁、萊姆汁、葡萄柚汁以及莓果汁
- 試試看無酒精調酒！現在有很多很棒的無酒精調酒品牌，例如 Ghia 與 Seedlip
- 用氣泡水稀釋雞尾酒
- 最後一杯酒與上床時間至少要間隔幾小時，好把酒精對睡眠的破壞降到最小

> 要了解，酒精是高成癮且有毒的物質，但因為行銷與政策受到產業影響而變得正常。如果你選擇喝酒，就要聰明的選擇酒的來源與喝酒時間，並且限制每個月只喝幾杯。減少接觸，就能減低對酒的渴望。

2. 讓全身發炎的精製工業蔬菜油與種籽油

我最近去探望我爸時，瞄了一眼他的冰箱。他才剛去過全食（Whole Foods）超市，冰箱裡塞滿了有機品項。冰箱最前面就放了一桶有機杏仁堅果奶，仔細看它的營養成分標籤，我不意外的發現第二項成分就是精製糖，然後第三項是芥花油，而芥花油是精製的種籽油。杏仁堅果奶旁邊是有機鷹嘴豆泥，而鷹嘴豆泥的第三項成分是芥花油。

我爸屋子裡有好多健康書。他費盡心力想要吃得健康，甚至還自己種蔬菜。但即使用心良苦（從有機鷹嘴豆泥到手工杏仁堅果奶），精製種籽油卻是這些產品的主成分。今日，幾乎每個人都因為隱藏的致炎油脂而受害，這些油脂正在破害我們的健康。

這些工業精製種籽油包括芥花油、玉米油、葵花油、大豆油、葡萄籽油、紅花籽油、花生油以及棉花籽油。只要看看大型加工食品商販售的所有包裝食品標籤，你幾乎肯定會看到上述其中一項油脂。

反對這些精製蔬菜與種籽油的論點很簡單。這些油含超多 omega-6 脂肪酸，會讓我們的 omega-6 與 omega-3 比率偏離，增加身體的發炎。

而製作蔬菜油之所以比較便宜，是因為獲得美國農業法案的補助，它們奪走了美國膳食中的油脂市場，取代了人們數千年來倚靠的橄欖油、酪梨油、椰子油，以及奶油、牛油、酥油等動物性油脂，這些油脂是單純從新鮮植物壓榨出來或從動物提煉出來。另一方面，製造種籽油需要密集的工業程序，而且常要以乙烷之類的化學溶劑來萃取、要加熱超過 65℃、漂白、脫蠟。（看過製作芥花油的影片，你會胃口盡失）

從 1909 年起，我們對大豆油（最受歡迎的種籽油）的消耗增加了千倍。今日，大豆油已是美國人熱量來源的最大宗，超過牛肉、豬肉跟蔬菜。我們吃進大豆油，加上遵守災難性的 1990 年代飲食指南的建議，降低了脂肪攝取，而以精製碳水取代，讓我們的飲食失去了關鍵抗炎食物（omega-3 脂肪酸），取而代之的是致發炎的油脂跟糖。

3. 無營養空熱量的精製穀物

「全穀物」是指含有麩皮、胚芽以及胚乳這些所有主要組成的穀物。一粒玉米、單獨一顆糙米以及小麥粒，因為整顆穀物中沒有任何部分遭移除，所以都屬於全穀物。麩皮是穀粒最外層的膜，通常富含纖維、維生素 B 與礦物質。胚芽是穀粒上很小但營養密集的部分，包含脂肪與微量營養素。麩皮包住了胚乳，胚

乳占穀粒的最大部分，含有最多的澱粉。如果你把穀粒想成蛋，麩皮就是蛋殼，胚芽是蛋黃，而胚乳是蛋白。碾碎全穀物，然後拿來製作麵包之類的產品，你就得到所謂「全穀物」製品。但精製全穀物把麩皮與胚芽移除，只留下含澱粉的胚乳，就讓你身處超加工的危險領域。會把穀物精製，是因為可以獲得更有嚼勁且更膨鬆的質地，並延長保存期（因為移除了含有脂肪的胚芽，脂肪是容易敗壞的成分）。多數的維生素在移除麩皮時也一併去除了，製造商常會用合成的化合物與礦物質來增加精製穀物的營養。又因為精製時，移除麩皮同時也去除了纖維，製造商會再添加精製纖維產品如菊糖與果膠，把纖維補回來。

　　超加工穀物有害健康的原因很多。沒有了天然纖維，以胚乳為主的預處理碳水更容易從腸道進入血液，導致食用後血糖馬上升高。纖維不僅能放慢消化速度，讓血糖更穩定，也對微生物群系的健康有助益。食用精製穀物會使膳食中的重要營養成分偏低，無營養的空能量增高。穀物也多半以慣行農法所栽種，並使用大量農藥。還有，許多高度加工的穀物製品都添加了大量糖及不健康油脂，因為在超加工食品裡這兩項都是一起出現。

　　一項對超過 10 萬位成年人平均追蹤 9.4 年的研究顯示，吃最多精製穀物（每天超過 350 克）與吃最少精製穀物（每天少於 50 克）的人相比，死亡的風險多 27％，心血管狀況（例如心臟病或中風）的風險增高 33％。客觀來看，每天 350 克或以上的精製穀物，大約是一份 Cheerios 早餐穀片（39 克）、兩片麵包（70 克）、一把扭結餅（30 克）、熟的義大利麵（110 克）以及

一份美國星巴克販售的巧克力碎片餅乾（80克）。但你會希望的目標是每天攝入零克精製穀物。身體不需要精製穀物，因為它會造成破壞。我也不推薦全穀物（糙米、燕麥等），但與精製穀物相比，它們的確有較多的營養價值。

相反的，請選擇以堅果粉製成的替代品，或最好以全食物來取代。例如，製作奇亞籽布丁取代早餐穀片，做墨西哥塔可餅時用奶油萵苣代替玉米餅皮，以及用花椰菜米代替米飯。

下表列出一些簡單易做且美味的穀物替代品：

好能量穀物替代品表

精製穀物產品	好能量替代品
白麵包	• 堅果粉（例如杏仁堅果粉）製成的麵包或椰子粉麵包 • 番薯縱切成薄片後烘烤，可以代替麵包 • 椰香麵餅
麵粉製成的玉米餅皮或塔可餅皮	• 海苔片 • 奶油萵苣葉 • 羽衣甘藍葉 • 豆薯捲（例如 Trader Joe's 超市販售的） • 蛋皮（例如 Crepini 牌的 Organic Petit Egg Wraps with Cauliflower） • 扁豆餅皮（例如上 ElaVegan.com 網購 2-Ingredient Lentil Wraps） • 亞麻餅皮（例如上 SweetAsHoney.co 網購） • 菠菜鷹嘴豆薄餅
白米	• 花椰菜米（購買冷凍現成品或把花椰菜的花朵放入食物調理機打成米粒狀） • 青花菜米（購買冷凍現成品或把青花菜莖放入食物調理機打成米粒狀）

精製穀物產品	好能量替代品
義大利麵	• 蒟蒻米，以高纖的蒟蒻根製成（例如 Miracle Noodle 牌） • 番薯米（把番薯放入食物調理機打成米粒狀） • 櫛瓜麵條 • 番薯麵條 • 甜菜根麵條 • 防風草根麵條 注意：上述這四種麵條是以價格不貴的螺旋切片機製成的，強烈建議大家直接買蔬菜來做成各種麵條 • 南瓜義大利細麵（烤過後用叉子把瓜肉刮出麵條般質地的長條） • 鷹嘴豆義大利麵 • 羽扇豆義大利麵（例如 Kaizen Food 牌） • 扁豆義大利麵 • 黑豆義大利麵 • 棕櫚心義大利麵（Trader Joe's、Palmini、Thrive Market 都有做這種麵條） • 蒟蒻義大利麵（有時也稱為神奇麵條，例如 Thrive Market 牌或 nuPasta 牌） • 海帶麵（例如 Sea Tangle Noodle 公司出品的）
披薩餅皮	• 花椰菜餅皮 • 杏仁堅果粉餅皮 • 椰子粉餅皮 • 以茄子製成的披薩杯（pizza bites） • 番薯製成的餅皮（上 thebigmansworld.com 網購番薯披薩餅皮）
蛋糕、餅乾、酥皮點心	• 堅果製成的替代品

精製穀物產品	好能量替代品
早餐穀片或即食燕麥片	・奇亞籽或羅勒籽布丁 ・以堅果及種籽製成的無穀物脆片 ・以堅果、種籽及椰子片製成的無燕麥燕麥片

經由避免添加糖、工業種籽油與蔬菜油、精製穀物，你就幾乎避開了所有超加工食品。而且這樣做之後，你也避開了超加工食品中無數會直接傷害我們的添加劑，例如合成或超加工的防腐劑、香料、乳化劑與色素等。美國超加工食品中的添加劑，有很多在其他國家並不允許使用，比如用在上百種烘焙物裡的麵團改良劑溴酸鉀會在動物身上導致癌症（「**強烈**致癌物」），且對人類而言是「可能致癌物」。溴酸鉀在細胞中會使 DNA 與脂肪受到自由基氧化而造成基因組的突變與損傷。

食用色素紅色 40 號是以石油合成的食物染料，被認為會造成腦部氧化壓力，引發神經毒性效應。包含食用色素紅色 40 號在內的多種人造色素，製造過程中會含有甲醛之類的眾多有毒化學物，並已證實會遭到如聯苯胺之類致癌物質汙染。單就食用色素紅色 40 號而言，它已經證實與兒童的攻擊行為、自閉症與注意力不足過動症有關係，並且被認為是「加劇精神健康問題」的食物。Skittles 彩虹糖、開特力水果能量飲、Jell-O 果凍、Duncan Hines Butter Golden 蛋糕預拌粉、Betty Crocker 草莓口味糖霜、香辣起司口味的奇多、Takis 脆辣條，及其他數百種超加工食品都含有食用色素紅色 40 號。絕對不要吃標籤上有紅、

藍、黃色素的食品。有許多天然色素可以替代，例如甜菜根可以染出紅色、藍色螺旋藻可以染出藍色、薑黃可以染出黃色。其他常見添加物還有二氧化鈦、溴化植物油、對羥苯甲酸丙酯（propylparaben）、醋磺內酯鉀（acesulfame potassium）等均已知會影響氧化壓力與粒線體功能障礙，損害細胞健康。

用好能量飲食管理血糖

我們現在已經認識了五種用來構築每一餐以及膳食模式所需的元素，有助於你塑造及保有製造好能量身體的能力，也知道了三種應避免的食物類型。但若要透過**飲食**策略來穩定每日的血糖，還需要額外的策略。這些策略是為了讓全身功能保持穩定並理想運作。如同我們在前面學到的，血糖不穩定是健康大敵，也是吃了超加工食品造成的負面結果之一。血糖隨時間變得愈來愈不穩定，顯示身體喪失了「葡萄糖耐受性」，代表體內出現胰島素阻抗並且有壞能量。胰島素阻抗可能來自第 1 章提到的所有導致壞能量因素，其中慢性營養過剩主要表現在我們吃了添加糖的食物及加工穀物後，血糖可能出現的大幅震盪。

血糖變化不穩定既是壞能量的**成因也是結果**。它是**成因**，是因為身體湧入不堪負荷的大量葡萄糖，阻礙了系統、造成細胞與粒線體的代謝壓力，導致氧化壓力、粒線體損傷以及慢性發炎。前面也提過，高血糖另一個超麻煩的特徵是，血液中高濃度的糖會黏住各種東西造成功能障礙，這就是糖化。

血糖變化不穩定也是壞能量的**結果**。造成氧化壓力、慢性發炎以及粒線體功能障礙的**任何**過程（例如慢性壓力、接觸環境中的毒物，以及睡眠剝奪），都會導致胰島素阻抗以及壞能量，進而讓身體更難處理從飲食來的葡萄糖（**不論多寡**）。

做為壞能量的成因之一，我們需要對過量的血糖暴露深入探討。我們飲食中的葡萄糖濃度已經高到不像話，是生成壞能量的最重要因素之一。血糖是唯一能夠即時追蹤的生物標記，我們可以據此精細調整攝入的糖量來確保健康。我們的熱量有 42％ 來自直接轉化成糖的食物，也就是精製糖、精製穀物與高澱粉食物（澱粉會直接轉化成糖）。

這個現象完全是前所未見的——這些熱量無法提供身體運作**真正**之所需，難怪我們永無止盡在嘴饞，而且老是處於飢餓中。想想看：我們一生吃進的 70 噸食物中，有 42％ 在建構健康身體以及為健康細胞功能傳訊上**毫無**用處。這些無用的食物會毒害體內的微生物群系並累壞粒線體，導致細胞充滿脂肪而且發展出胰島素阻抗。結果就是，血液中的血糖升高，對細胞內外都造成嚴重傷害。而且其中最糟的結果，當然是超過負荷的粒線體無法正常工作，所以無法有效製造細胞運作所需的能量，導致各式各樣的疾病。所以，學會透過飲食來穩定血糖至關重要。

下列九個策略能讓飯後血糖獲得較好的控制：

1. 不要吃「裸碳水」：裸碳水是指單吃以碳水為主成分的食物，例如香蕉（其中 92％ 的熱量來自碳水）或其他水果。這些

高碳水食物要搭配健康的蛋白質、油脂，以及（或）纖維來放慢消化速度，增加飽足感，並避免葡萄糖大量湧進血液中。例如研究顯示，吃 90 克左右的杏仁果搭配高碳水餐，可以有效壓低飯後血糖的升高。

2. 為達到理想的新陳代謝，進食順序要學會「先填滿」低升糖食物： 用餐時先吃不含澱粉的蔬菜、脂肪、蛋白質，以及（或）纖維，再吃碳水較高的部分，以此降低飯後血糖的峰值。這跟大多數餐廳建議的用餐順序都不同，但你應該**避開**餐前的麵包跟薯片，這些食物會飆高你的血糖，可能讓你**更餓**。在某個研究中，非糖尿病或有胰島素阻抗的人，在吃碳水的 30 分鐘前先吃 20 克蛋白質跟 20 克脂肪，飯後血糖的上升都明顯降低。

用餐時可以試試下面這些簡單方法：

- 在開始吃充滿澱粉的主食前，永遠先點一道以綠色蔬菜為主，再加上一些蛋白質（蛋、雞肉、起司）的沙拉。確定沙拉醬不含糖
- 請服務生不要提供餐前麵包或薯片
- 如果你的餐盤中有澱粉（例如馬鈴薯或義大利麵）、蛋白質（例如雞肉或魚），以及蔬菜，請先吃蔬菜，再吃蛋白質，最後才吃澱粉
- 在坐下來用餐之前或聚會前半小時，先吃一把堅果、一顆水煮蛋，或一些切碎的蔬菜

3. 早一點吃：很神奇的是，同樣的餐點如果在早餐吃而非晚餐食用，造成的血糖飆升會較小。我們的身體在晚上本來就會有較高的胰島素阻抗，所以在一天較早的時候吃碳水，就能對碳水進行更有效的處理，在某種意義上來說，早上吃糖得到的性價比較高。《英國營養學期刊》（*British Journal of Nutrition*）上的一項研究，請體重正常的健康參與者配戴連續血糖監測儀，結果顯示在晚上較晚時段吃高升糖食物，與白天早一點吃下同樣食物相比，胰島素與血糖都會顯著升高。在這個研究中，吃晚餐的時間是在晚上 8 點半，早餐則是在早上 9 點半。所以，晚上要避免吃高糖餐點以及甜點。

4. 縮短進食窗口：只在一天中很短的進食窗口內飲食，比起把相同份量的食物分散在一天中更長時段進食，血糖與胰島素的峰值會較低。限時進食法（time-restricted eating, TRF）是只在很短的進食窗口中吃進你一天所有的食物與熱量。2019 年《營養》期刊的一項研究證實，11 個過重且非糖尿病的人實施限時進食法，4 天都在 6 小時的進食窗口內吃完所有熱量，與在較長的 12 小時窗口吃**完全**相同食物者相較，僅僅 4 天，他們的空腹血糖、空腹胰島素與飯後血糖峰值以及平均血糖濃度均顯著降低。如果要進行限時進食法，最好先把進食窗口縮短至 12 小時（例如早上 8 點到晚上 8 點），然後再縮小窗口到 10 小時（例如早上 8 點到晚上 6 點），最後到 8 小時（例如早上 10 點到晚上 6 點）。當你的身體透過好能量生活使新陳代謝變得更有效率時，進行限時進食法就會變得更容易，這是因為你的身體對於把儲藏

的脂肪轉化為能量更為熟練了。

　　5. 避免攝取液態糖：進入消化道的所有液態糖都會被快速吸收，很可能造成血糖飆升。液態糖包括汽水、果汁與含糖飲料、甜味茶以及許多含糖的酒精性飲料。有一個例外是以蔬菜、油脂與低升糖水果，加上蛋白質充分混和、營養均衡的奶昔。根據 Levels 的數據，這類奶昔可以常喝，不會造成可觀的血糖升高。

如果吃人工甜味劑與天然無營養甜味劑呢？

- 研究已經發現，食用例如阿斯巴甜（怡口糖，Equal）、蔗糖素（Splenda 牌）、糖精（Sweet'N Low 牌）等人工甜味劑，會導致體重增加並干擾微生物群系，改變胃腸激素的濃度，這些都會造成胰島素的分泌，所以要完全避開這些人工甜味劑
- 天然無營養甜味劑例如阿洛酮糖（allulose）、羅漢果與甜菊，以及赤藻糖醇等糖醇，都是比糖或人工甜味劑更好的選擇。然而，這些天然甜味劑也會引發大腦導致饞食的回饋途徑，以及腹脹與其他腸胃症狀（糖醇類特別嚴重）。這些都要謹慎使用，慢慢減少至最後都不要用

---

　　6. 在所有食物中都加入纖維：纖維會延緩消化速度，增進微

生物群系健康，並降低飯後血糖的升高。《糖尿病照護》期刊上的一項研究，針對 18 位第二型糖尿病患者，探討進行高纖低升糖飲食與低碳水高脂肪飲食 4 週後，新陳代謝生物標記上有何差別。他們發現，參與者進行高纖飲食時，LDL 膽固醇、飯後血糖、飯後胰島素以及三酸甘油酯在午餐後 3 小時都明顯下降。此項研究的纖維來源包括豆類、蔬菜、水果與全穀物。其他纖維的優良來源包括奇亞籽、亞麻籽、其他的堅果與種籽、酪梨、豆類與高纖水果或蔬菜、扁豆與中東芝麻醬。目標是每天至少攝取 50 克纖維。

7. 使用食物輔料如醋、肉桂來降低血糖反應：在餐前或用餐中飲用蘋果醋已知能降低血糖，而且效果可能很顯著，因為有一些研究顯示健康的人在飲用蘋果醋後，飯後血糖降低了 50％。至於原因則說法不一，包括醋有可能減緩胃清空食物的速度，因此能使飽腹感維持得較久。此外，醋可能會調節胰島素活性，讓胰島素敏感度以及葡萄糖吸收都得以改善。在細胞培養研究上，醋裡面的醋酸可能也會抑制某類稱為雙醣酶的腸酵素活性，這種酵素會分解糖類以利消化，活性遭抑制後會降低從食物得到的整體糖吸收。在吃了含複合碳水化物的餐食後，只要喝兩茶匙醋就可以有效降低飯後血糖達 23％；但值得注意的是，若是吃單糖（包括右旋糖、葡萄糖與果糖）則無效，可能原因是單糖不受雙醣酶作用，而醋酸抑制的是雙醣酶的作用。

肉桂跟醋酸很類似，也有可能改善血糖濃度以及胰島素敏感度，對一般人或第二型糖尿病患者都有效。肉桂裡的天然物包括

甲基羥查酮高分子（methylhydroxychalcone polymer, MHCP）以及氫桂皮酸（hydrocinnamic acid），可能會模仿胰島素的活性或增加胰島素受器的活性，並促成葡萄糖進入細胞，以及打包成稱為肝醣的健康儲存形式。肉桂富含能降低氧化壓力的植物化學物，可能因此對新陳代謝有益。一個針對 41 位成年人的研究，隨機分配參與者攝取混在食物裡的 1 克、3 克或 6 克肉桂，共計 40 天。所有劑量的肉桂都會降低飯後血糖，但吃入 6 克的人降得最多，這些人的飯後血糖降了約 13%，第一天飯後血糖平均為 106 mg/dL，而在第 40 天為 92 mg/dL。

8. 飯後散步最少 15 分鐘：這個簡單的步驟可以降低餐食對血糖的影響達 30%，是難以置信的高產值習慣，所以請盡量在每餐後都保持這個習慣。

9. 專心用餐並充滿感恩：研究已經顯示，改善用餐時的行為與思考模式，可以改變對食物的代謝反應。用餐行為如留意食物帶來的感官與精神層次、關注用餐氣氛，而且意識到情緒性進食，已經證實是有助第二型糖尿病患者在 12 週內降低糖化血色素的部分計畫。此外，研究已經證明，吃得太快與第二型糖尿病的風險大幅增加有關。一項實驗顯示，吃得較快的人罹患第二型糖尿病的風險增加 2 倍，而另一項研究顯示，快食者的新陳代謝症狀發生率比慢食者多了 4 倍以上！對此可能的原因是，快速進食可能會讓你在感覺飽足之前就已經吃入更多熱量。想到只是放慢用餐速度，並感恩食物帶來的精神層次，就可能影響血糖的確令人震驚，但研究顯示這真的有可能。

＊　＊　＊

通往好能量之路始於你的叉子。這趟旅程開始於單純把更多有益的分子資訊放到叉子這個餐具上。過去百年來，我們轉變成食用超加工飲食，已經對身體與精神健康帶來災難，而好能量旅程帶我們遠離超加工飲食，朝向未加工、富含營養、在富饒且健康土壤上生長的原型食物。但食物不是我們細胞唯一面對的前所未見威脅，接下來的章節會探討其他該注意的因素。

每一餐都是好能量總整理

5 種好能量元素：

1. 微量營養素與抗氧化物
2. omega-3 脂肪酸
3. 纖維
4. 發酵食物
5. 蛋白質

3 種壞能量食物：

1. 精製添加糖
2. 精製工業蔬菜油與種籽油
3. 精製穀物

想查閱本章引述的論文，請上網站 caseymeans.com/goodenergy。

第 7 章

尊重你的生理時鐘

——光、睡眠與用餐時間

　　我走進手術室時,裡面已經到處都是空血袋。

　　我是第二年的住院醫師,而且正在「待命」,這代表我是唯一醒著的耳鼻喉外科醫師,要負責三家主要醫院所有與我專科有關的狀況。我已經不眠不休 24 小時,呼叫器響起時,我正想在休息室偷偷休息幾分鐘。

　　我進手術室時,裡面至少有 14 位醫護人員正焦頭爛額的忙碌著。手術台上是一個女人打開的脖子,好幾個創傷外科住院醫師正設法用手與鉗子來止血。這女人在家時脖子被刺了好幾下,而她的動脈正在噴血。創傷外科醫師要我去刷手來幫忙。我穿上手術裝備準備協助。

　　有幾分鐘,我一直在這女人的脖子上尋找傷口,想找出血管上任何可能需要修補的明顯撕裂傷。我全神貫注在這個任務中好幾分鐘,直到抬頭發現其他人都停工而且離開病人的身體。病人死了。我看著她脖子因刺傷造成的破碎、外露且充滿傷痕的皮膚,想像著不到 1 小時前發生在這女人身上的事:暴力、憤怒、

恐懼、驚叫、血、刀尖。

我自認是超級有同情心的人。我在史丹福大學時曾榮獲人道主義金牌獎，我的屋子裡到處可見個人成長的書，而且我在家裡還有個「和平使者」的綽號。但在那個時刻我最迫切的想法是，我需要睡覺。

我打電話給指導醫師，讓他知曉狀況。他很快打斷我然後大吼：「你把我叫醒就是為了告訴我一個死人的事？」然後掛斷。我頓時驚呆了，但事後回想，他的反應很合理：這個男人每天晚上都會被住院醫師吵醒，但每一天仍排滿了開刀行程，即使已經投身醫學 30 年，他還是同樣迫切需要睡眠。

等到住院醫師第五年，我已經是總醫師，回顧住院醫師的時光，一切都模糊不清。大多數日子我站在不見天日的手術室，只能抓空檔偶爾偷偷補眠，不分日夜隨時把包裝食品往嘴巴塞。我後來知道持續打斷固有的睡眠需求，會造成可觀的腦損傷、情感失調、代謝問題，甚至記憶缺失。

我當住院醫師的日子可能是極端例子，但受科技驅使的現代西方文化，已經以相似方式扭曲了我們的自然規律，也就是晝夜節律。我們不再依照讓細胞健康生長的生物機制適時吃飯睡覺。這些吃飯睡覺自然規律的改變，是造成壞能量的重要因素。

過去百年以來，我們的平均睡眠時間已經減少了 25％。幾千年前，人類一輩子都在戶外，或在不大能擋風遮雨的掩護處（當時沒有真正的「室內」可言）。我們有人工燈光的時間只占人類歷史約 0.04％。今日，現代教育與工作環境期待小孩與大人

在陽光有限的封閉環境裡，坐在書桌前度過大部分時光，然後回家也大多待在室內。悲哀的是，在現代社會，成功的人生似乎是住在小盒子，在小盒子裡工作，盯著發亮的小盒子，然後躺在小盒子裡下葬。我們已經遠離生命力的來源：太陽與土壤。

我不是建議我們回到史前時代，棄絕燈光、居家或數位科技。但我認為社會必須退一步並理解，這些發明造成了非常新穎的生物擾動，以及它們與肇因於壞能量的嚴重身心功能障礙發生率有密切關聯。

數百萬年以來，人體早已發展出非常複雜的節律生物學（chronobiology），這是一種按時進行生物活動的模式，這個模式已經編碼在細胞內，表現出的特徵就是「時鐘基因」（clock gene）以及腦部有專門區域會對陽光產生反應。雖然細胞有自己內部的時鐘，但它們也要與外來光線刺激同步，以確定事情保持在正軌上。人體兩個主要的外部同步刺激是暴露在光線下的時間，以及接觸食物的時間。我們的節律生物學每天都啟動骨牌效應，決定我們什麼時候該起床、什麼時候該吃飯、什麼時候最能代謝食物、什麼時候釋出荷爾蒙、基因要怎麼表現，以及什麼時候該睡覺。

人是**日行性**動物，代表我們的生物時鐘是設定在天光亮時活動與進食，在黑暗時睡眠與斷食。很多**夜行性**動物的生物時鐘是日夜顛倒的（也就是牠們在夜晚活動，太陽出來時睡覺）。但我們不是這樣。然而在現代世界裡，我們的行為完全與節律生物學脫鉤。我們現在很晚才吃，然後深夜還讓眼睛接受大量的人照光

線。身上數十兆細胞在某個特定時刻原本期待的是某組活動，實際經歷的卻是另一種狀況，因而使細胞陷入混亂，表現出來的就是今日很多人遭受的症狀與疾病。

研究清楚顯示，現代不規則的睡眠時程、光線暴露以及飲食時程，直接導致粒線體功能障礙、氧化壓力以及慢性發炎這三個壞能量標誌。

今天，大部分人（甚至大部分醫師）一輩子都沒有深入思考過他們晝夜節律這回事。但我們退一步來想，這是多不合理的事。假如電動車的電池可以跑約 650 公里，但需要 8 小時來充飽電，你一定會照這個規定來操作機器。假如你只充電 6 小時，然後期待車子能跑超過 1,000 公里，一定無法稱心如意。發生在細胞的情況也是如此簡單。我們對身體這個神奇機器天生設定的運作時程棄之不顧，然後對於為什麼這麼多人歷經疲憊、失眠、腦霧、行動遲緩或焦慮卻感到困惑以及無奈。於是我們尋求「治療」這些症狀的藥方，這又進一步擾亂晝夜節律。

當然，我們都聽過一些勸人多睡一點的例行呼籲，但要改變長期行為需要明白**為什麼**。而且令人很震驚的是，儘管已有大量研究證明，我們卻很少聽到「在適當時間讓光線直接照射眼睛」對新陳代謝與整體健康有多重要的相關言論。關於太陽，我們聽到的大多是要「**避開**」它，而這對我們造成了巨大損傷。我們一生都應該了解細胞天生設定的時程，以及這對身體的能量調節有多麼重要。

而這個了解可以進一步拆解成三個互相關聯的因素：陽光、

睡眠,以及何時進食。

我們是由陽光打造

這可不是隱喻。幾乎我們所有從食物來的能量,都直接來自陽光。對多數人而言,**光合作用**只不過是中學時曾學到的科學名詞,而且聽過就馬上忘記。但切記這個神奇的事實:能量從太陽轉移過來,先在太空中穿越近 1.5 億公里,然後儲存在植物生成的葡萄糖分子化學鍵結中。就算你無肉不歡,我們吃的很多動物也都是草食性的,所以我們從食物吸收到的大部分能量都可以追溯到太陽。太陽是我們生命的源頭。

我們也不要忘記光合作用生成氧,而身體所有細胞都需要氧來產生能量。

地球上會有生命是因為太陽。而我們沒有被教導太陽對身體運作至關重要的三種關鍵影響途徑,是醫學上可恥的盲點。

▎啟動身體機能

自從最簡單的生物形式出現,陽光與黑暗的規律模式就已經是驅動我們生物作用的固定環境刺激。人類細胞內建為「24 小時睡眠—清醒」循環,並以兩個不同模式來運作:在陽光下進行「活動—攝食」模式,接著在黑暗中進行「休息—挨餓」模式。這兩個階段的生物作用十分不同,有不同的基因表現、新陳代謝以及荷爾蒙活動。暴露在光線下會指出我們在哪一個階段;不穩

定或不規則的光與暗暴露會給身體含混的訊號，導致功能障礙與疾病。

陽光進入我們眼睛，正是身體的「啟動」開關。天晴時人體在戶外暴曬的光線量，是在室內照射人造光的 100 倍。即使坐在樹蔭下，曝曬的光線量也比在室內照人造光多了 10 倍或更多。一項研究顯示，室內的勒克斯（lux，光照度單位）通常小於 100，而戶外則可能高於 10 萬。儘管窗戶透亮，但玻璃還是成為阻止光子進入眼球，以及阻礙關鍵訊息到達細胞的物理屏障。如同食物是告知細胞如何運作的分子訊息，我們也可以把光線想成是告訴身體現在幾點，細胞此時該如何運作的能量訊息。當代的孩子只花大約 1 到 2 小時來感受強度 1,000 勒克斯以上的陽光，這個不自然的扭曲造就了新陳代謝疾病、肥胖、視力問題（近幾十年明顯增加）等。毫無意外，花在戶外的時間可以很大程度的防止過重與生成慢性疾病。

當光碰到眼睛的光感受器，會觸發電脈衝，在細胞間一個傳過一個。這個反應會傳到主導人體眾多功能的大腦視交叉上核（suprachiasmatic nucleus）。視神經穿過頭骨上這個三毫米小洞，是身體認知現在幾點的主要方式。視神經隨時等著傳送光訊號，好在清晨時「啟動」身體適當的生物機能。但現代生活讓我們無法在清晨時花太多時間待在戶外。

雖然大腦視交叉上核以及身體絕大部分細胞都有自己內部的 24 小時活動模式，但仍有賴光與之「同步」，以確定此刻時間，並統籌負責各種生物活動的荷爾蒙釋放與基因程序，包括產生能

量、釋放褪黑激素、消化與飢餓，還有壓力荷爾蒙。

「不規律的光訊號」是指在應該是黑暗的時刻感受到光，或在外面天光大亮時待在室內，這會嚴重擾亂代謝且增加罹患各種壞能量疾病的風險。

晨間接受較多光照而晚上則較少，是對大腦視交叉上核傳送「現在是一天中哪個時候」的訊號，讓身體能適時發出基因與荷爾蒙訊號。簡單來說：你調節荷爾蒙、代謝、體重以及疾病風險的關鍵方法，是**告訴**你的細胞現在的時刻，也就是在天色亮時讓眼球直接照到陽光，日落後則盡可能讓眼球照不到光。

影響代謝能量

從 1960 年代起，研究睡眠與糖尿病的專家就已經察覺，胰島素敏感度與葡萄糖耐受性在一天中是有節奏循環的。據信這個現象是受褪黑激素影響所造成，褪黑激素是大腦在黑暗中分泌的荷爾蒙，會引發困倦並影響胰島素敏感度。

研究指出，白天暴露在亮光下對維持胰島素敏感度也很關鍵。在巴西進行的一項研究中，肥胖婦女在白天運動後每週接受三次、歷時 5 個月的光治療，和只做運動沒有照光的婦女相比，胰島素阻抗與脂肪量會顯著下降。

日內瓦大學的科學家也發現，即使是光暴露上的小改變（例如在黑暗循環中進行光暴露 1 小時，或剝奪光照 2 天），對胰島素阻抗就會有重大影響。這個發現有助於解釋為什麼於不恰當時間暴露在光線下，比較容易罹患糖尿病之類的代謝失調。

陽光好心情

我們已經發現陽光會影響心情，而心情與代謝健康互有關聯。已知減少陽光曝曬會讓某些人產生憂鬱，但對另外一些人的情緒改變則較不明顯。研究已經發現減少陽光曝曬，與調節心情的血清素濃度降低有關。而且曝曬更多自然光，與較高血清素濃度也有關。這可以歸因於自然光能增加血清素 1A 受器與大腦的結合，而且自然光也有可能促使皮膚產生血清素。研究也指出，增加血清素訊號會減少食欲並且增進血糖的控制。

睡眠不佳是製造壞能量的引擎

想要殺死小狗？只要剝奪牠九天的睡眠就能辦到。

想要讓自己罹患前期糖尿病？只要每夜只睡 4 小時，6 天就可以達成。

每一次你忽略睡眠的長度、品質或一致性，就會生成氧化壓力、粒線體功能障礙、慢性發炎，再加上微生物群系功能障礙的大力協助，你就會往墳墓，也就是往代謝症狀和疾病，再邁進幾步。就算吃了完美的「好能量」飲食，但如果你不睡，你的細胞會吐出過量自由基，放出危險訊號，招來免疫系統奮力作戰，然後變成胰島素阻抗。缺乏睡眠品質對身體來說是嚴重的「危險」訊號，會打亂正常的代謝並促使脂肪堆存。

缺乏睡眠也會形成惡性循環。一旦你發展出壞能量（無論是經由食物、睡眠、壓力、久坐、毒物等任何因素的組合），它就

會對你獲得良好睡眠的能力產生負面影響。有代謝疾病的人容易有睡眠問題，因此又進一步讓身體狀況惡化。你必須打破這個循環才能求得無症狀的人生，而社會若要有健康及運作良好的文化，則需要克服現代普遍睡不好的現象。遭受睡眠剝奪的細胞是製造壞能量的引擎。

若具體來看壞能量過程，會發現睡眠對所有層面都有影響。

1. **粒線體功能障礙**：在一項對小鼠所做的慢性睡眠剝奪研究中，讓小鼠每 24 小時可以休息 4 小時，持續 4 個月，蓄意「以此長期睡眠剝奪**摧毀**小鼠的粒線體結構」。論文中，相對於健康的粒線體，遭睡眠剝奪的粒線體的電子顯微鏡影像就像是奇怪的畸形斑點。「遭摧毀的粒線體」毫無意外，很快就造成心臟衰竭，因為動力不足的心肌一定會衰竭。此外，附加的小鼠研究顯示，經過 72 小時的睡眠剝奪後，粒線體的電子傳遞鏈（製造 ATP 的最後關鍵步驟）活力會降低。

2. **氧化壓力**：睡眠剝奪已經證實會增加自由基，以及後續全身包括肝、腸、肺、肌肉、腦及心的氧化壓力。一流的醫學期刊《細胞》最近有一篇論文說，在動物模式中進行睡眠剝奪，會導致有害自由基在胃腸道中大量累積，引發早逝。自由基會隨每日的睡眠剝奪而逐漸累積，也會在停止睡眠剝奪後逐漸減少。既然活性含氧物是代謝過程的天然副產物，研究者假設睡眠的關鍵功能之一，是協助中和當天累積的自由基。

3. **慢性發炎**：即使是中度睡眠限制（在實驗室環境中，每晚

睡眠從 8 小時縮短為 6 小時，為時 1 週），血液中的促發炎化學物包括 IL-6 與 TNF-α 也會大量增加，這兩種化學物已知都是身體引發胰島素阻抗的危險訊號。

還有，在小鼠身上做的基因表現研究證實，慢性睡眠剝奪會增加 240 個基因的表現，並減少 259 個基因的表現，其中許多都與新陳代謝有關。

神奇的是，睡眠剝奪會嚴重改變微生物群系的組成，研究人員認為這個微生態失調的影響，是促成慢性病之類壞能量標誌的原因之一。在實驗室裡，你可以剝奪小鼠的睡眠，然後把牠的微生物群系轉移到另一隻睡眠未受剝奪且沒有微生物群系的小鼠身上，後者全身及腦部會出現慢性發炎，認知也會受到損傷。

對人而言，睡眠剝奪與腸道功能障礙、氧化壓力的關係緊密。一項對數百位大學生進行的調查顯示，有 90％ 的人每晚睡眠少於 7 小時，42％ 的人飽受腸胃道疾病之苦。這些學生當中，睡眠受限使他們的腸道製造短鏈脂肪酸丁酸鹽的細菌變少，第 5 章曾提到，丁酸鹽是腸細胞的燃料，會影響與能量新陳代謝相關的基因表現，並對粒線體功能有正向調節作用。切記，健康且強壯的腸道屏障，可以防止外來物質從腸壁滲透進來而造成慢性發炎。腸道的微生物群系對於缺乏睡眠非常敏感，而且可能因此造成壞能量，導致睡眠剝奪後發生許多問題。我們不僅是為了自身健康才需要睡覺，也是為了微生物群系的健康而睡覺。

此外，我們已經學過慢性營養過剩是生成壞能量的主要驅動

力,而睡太少會改變飢餓與飽足荷爾蒙,大幅增加暴飲暴食的可能性。在一項研究中,12 位健康年輕男性在經過 2 天的睡眠限制後,飢餓荷爾蒙飢餓素(ghrelin)會增加,飽足荷爾蒙瘦素(leptin)則減少。他們也表示飢餓感與胃口都增加了,對於能量密集的高碳水食物更是胃口大開。其他研究也顯示,減少睡眠會顯著增加蛋白質、脂肪與整體熱量的攝取,另外體重和脂肪的吸收也會增加。要避免過度進食與飢餓,要做的就是:睡眠。

今日,你常聽到醫界大老說,肥胖增加的原因「很複雜」。這惹惱了我。肥胖的主因很直截了當,就是暴露在高度加工食品下,加上健康睡眠的全面消蝕,導致荷爾蒙失調,讓我們想要吃更多。

我們很好奇為什麼只是一晚沒睡好就會覺得難受,希望上述說明有助於釐清緣由:因為少睡就像是在細胞裡放了炸彈。

阻塞型睡眠呼吸中止症

全球估計有接近 10 億人遭受阻塞型睡眠呼吸中止症之苦,這是一種「睡眠—呼吸」異常,特徵諸如日間嗜睡、夜間打呼以及晚上會有短暫的呼吸阻塞。因為會影響睡眠品質與長度,診斷出此症通常也會增加例如心臟病、心臟衰竭、心律不整、第二型糖尿病、肥胖、失智以及中風等代謝後遺症的風險。另一方面,肥胖會讓人置身更高

的阻塞型睡眠呼吸中止症風險中,因為脖子、喉部、肺部與腹部有過量組織與重量,都會造成夜間呼吸與呼吸道的阻塞,於是隨著過重與肥胖的機率增加,罹患此症的機率也跟著增加。有些研究指出,從1993到2013年,阻塞型睡眠呼吸中止症已經增加達55%,與肥胖增加率的步調一致。根據《美國醫學會期刊》指出,「輕度阻塞型睡眠呼吸中止症的患者,每增加基準體重的10%,此症的發展風險就會增加6倍,而減少相同體重,此症的嚴重程度會改善20%以上」。如果你夜間會打呼或被告知有呼吸中止或哽塞、白天會感受到困倦與疲憊、睡眠會中斷或健康狀況停滯不前,請務必去做阻塞型睡眠呼吸中止症檢查。很多病患在減重後,相關症狀會明顯改善甚至痊癒。

光線照射眼睛對很多身體程序來說是種「開啟」訊號,而處在黑暗中會促使身體釋放褪黑激素,為睡眠做準備。睡眠是斷食時間,代謝活動會有明顯變化,同時代謝速率會掉15%,也會燃燒儲存的脂肪與葡萄糖做為能量。睡眠時,大腦維持記憶穩固、認知功能與新陳代謝的電子活動與血流會有變化。沃克(Matthew Walker)教授在所著的《為什麼要睡覺》(*Why We Sleep*)一書中指出,金氏世界紀錄仍然認可「躺在針床上由最多輛摩托車碾過」的企圖,但已經停止認可「打破最長時間不睡覺

紀錄」的企圖，因為後者實在太危險。

我們不是生來要經歷跨時區、沒規律且不一致的睡眠，而且直到人類演化的最後一瞬，我們仍然不是。120 年前火車才開始風行，65 年前我們才開始進行航空旅行。我們的曾祖父母以及之前的所有人，一生中幾乎沒有踏出單一時區。他們在日落後除了睡覺以外無事可做。

我們認定不規律與不一致的睡眠是現代生活的標誌，但我不覺得我們知道這是全新現象。在美國幾乎有半數人說，他們每週有 3 到 7 天白天覺得很睏，而有 35.2％成年人表示他們每晚平均睡不到 7 小時。有 30％成年人已經符合阻塞型睡眠呼吸中止症的定義，這個症狀與胰島素密切相關，它既是胰島素阻抗造成的，同時也造就了胰島素阻抗。

只要 16 小時沒睡，身體就會開始感受到精神與身體狀況變差。如果 19 個小時沒睡，認知障礙的狀況就等同於血液中酒精濃度到達 0.08％美國法律上限的人。但就我在醫院所見，情況會自此愈來愈糟。

缺乏睡眠會明顯損害認知能力。賓州大學的一項研究證實，參與者如果連續六晚每晚只睡 4 小時，他們在白天經歷的微睡眠（microsleep）次數會增加 400％。這個研究定義的「微睡眠」是：在任務中有一段時間沒有意識反應或運動反應。最讓人憂心的是，參與者在發生微睡眠時，自己當下並沒有察覺。

甚至更讓人憂心的是，萬一那個睡眠遭剝奪的人正在你沒有意識的身上操刀。研究顯示，在加護病房中，相較於充分休息的

醫師，值班 36 小時的住院醫師會多犯下 36％的嚴重醫療疏失，並多造成 460％的診斷失誤。這樣的住院醫師在 36 小時的輪班尾聲，也明顯對病人的痛苦較沒同情心。值了 36 小時的班，住院醫師拿針誤刺自己或以解剖刀誤傷自己的機會增加了 73％。睡眠遭剝奪的住院醫師完成長時間值班，開車回家時，因疲憊而發生車禍的機率增加了 168％。

醫師屬於最容易遭受睡眠剝奪且睡眠知識最缺乏的族群，這可是大問題。醫師在 4 年醫學院中，平均接受 17 分鐘的兒童睡眠教育及總共 3 小時的睡眠教育。你可以假設你的醫師對睡眠一無所知，儘管良好的睡眠是預防及逆轉疾病最有效的方法之一。當醫師只是隨口說說「多睡點」就把你打發走，他們並沒直指問題的重要性。每個醫學大老都應該急切且直白的說清楚：每個人都要把睡眠的品質、長度與一致性，當成攸關生命的優先大事。

最佳睡眠長度

我們每晚都要有 7 到 8 小時品質良好的睡眠，才能防止身體受到壞能量的生理作用。睡眠剝奪幾乎立刻影響我們製造能量的能力，有研究證實，睡眠剝奪會降低小鼠腦中很多區域 ATP 的產生。沒人想要有運作能量不足的大腦。

有一個研究發現，體重正常且健康但每晚睡眠少於 6.5 小時的人，與有正常睡眠的人相比，要多產生 50％的胰島素才能達到類似的血糖濃度，長期下來會導致睡眠短的人面臨發生胰島素阻抗的大風險。切記，前期糖尿病與第二型糖尿病就是胰島素阻

抗，這也是幾乎其他每種慢性症狀與疾病的根源。

只是幾個晚上睡較少就會嚴重影響胰島素敏感度。有一個研究對 11 個健康年輕男士進行測試，先讓他們歷經六晚每晚只睡 4 小時的睡眠剝奪，睡眠剝奪期結束後，參與者則被允許一整個星期每晚可睡 12 小時。研究顯示，參與者在少眠期會有新陳代謝損害以及胰島素阻抗。特別的是，與充分休息時相比，他們在少眠期把糖移出血液的速度慢了 40％。有趣的是，這相對短的六晚睡眠剝奪期會導致年輕男士的新陳代謝產生變化，讓他們展現出前期糖尿病的血糖反應特徵。

關鍵壓力荷爾蒙皮質醇會告訴身體，「壓力山大」的事情正在發生。皮質醇在某種程度上也控制血糖與胰島素的調節。不幸的是，在慢性睡眠剝奪或慢性心理壓力的例子裡，慢性皮質醇的刺激會造成傷害。皮質醇會降低胰島素敏感度，這代表細胞較不喜歡利用葡萄糖，這種情況下葡萄糖就會留在血液循環中，致使血糖升高，然後更進一步激起發炎與糖化。連續 6 天每天只睡 4 小時，會增高夜晚的皮質醇濃度，然後提高血糖濃度。

研究一致指出，睡眠的「神奇數字」是 7 到 8 小時。假如你每晚睡眠平均少於 7 小時，警訊就會嗶嗶響起。有趣的是，如果你的睡眠平均**超過** 8 小時，就會因為打亂「睡—醒週期」（sleep-wake cycle）而增加新陳代謝功能障礙的風險。

兒童的睡眠常因學校太早上課而遭縮短。對他們而言，壞能量與睡眠剝奪的關係特別惱人。這種文化認可的睡眠剝奪，讓孩子陷入畢生面對新陳代謝疾病的境地。有幾項研究已經證實，沒

有得到充足睡眠的特定年齡兒童，會有較高的胰島素濃度與胰島素阻抗、空腹血糖較高，並有較高的 BMI。此外，幼童睡眠縮短的程度，與隨後幾年童年時期肥胖的風險有線性相關。

良好睡眠品質

睡眠盡可能不受干擾也是新陳代謝健康的關鍵要素。睡眠品質降低與第二型糖尿病、肥胖、心臟病、阿茲海默症及中風等壞能量症狀有關。

有一項追蹤超過 2,000 位成年男性 8 年的研究發現，自認無法熟睡的受試者，發生第二型糖尿病的風險高出 2 到 3 倍。

而且在短期內，有些研究證明睡眠品質與第二天的血糖即時管理能力有關。在這些研究中，與睡眠品質較低的人相比，睡眠品質較高的人第二天早餐後的血糖反應（平均來說）比較低。睡眠品質差（以睡眠碎片化程度來判斷），可能會經由改變皮質醇與生長激素的濃度而影響血糖反應，而這兩者都會強烈影響胰島素敏感度、新陳代謝與血糖濃度。

睡眠品質也可以由深度睡眠與快速動眼睡眠的長度來評估，這兩種睡眠階段會修復身體的新陳代謝，並受太晚飲食、酒精、太晚攝取咖啡因以及晚上開燈等生活型態因素影響。最近的研究檢視 12 至 20 年間的癌症死亡率、心血管死亡率以及全因死亡率，發現快速動眼睡眠每減少 5％，死亡率會增加 13％。根據這個研究，我們真的希望每晚要達到 15％ 或更多的快速動眼睡眠門檻，來降低死亡率。而且快速動眼睡眠愈多愈好，死亡風險最

少的人，快速動眼睡眠超過 20%。

▌一致的上床時間

　　最近幾年我很驚訝的學到，保持一致的上床時間對新陳代謝健康有深遠影響。我們的生物機制本就是為了適應規律且一致的節奏而設計，所以這不大令人驚訝，但其影響幅度卻超乎想像。

　　研究已經發現，60 歲或以下的人社交時差（social jet lag）超過 2 小時，出現新陳代謝症狀與糖尿病或前期糖尿病的風險會增加大約 2 倍。所謂社交時差是度量睡眠一致性的方法，透過計算工作日與休息日從上床到醒來的時長，並以睡眠「中點」的差異來衡量。例如，有人工作日從晚上 10 點睡到早上 6 點，睡眠中點則是半夜 2 點。如果他們週末從午夜睡到早上 10 點，睡眠中點是清晨 5 點。這代表社交時差為 3 小時，新陳代謝疾病的風險會加倍。幾乎半數的美國人報告，他們至少有 1 小時的社交時差。在夜班工作者身上也可以看到類似關聯，他們會有顯著較高的第二型糖尿病發病率。

　　透過日光節約時間（每年兩次，美國人全體被迫把睡覺與清醒時間調動 1 小時）對健康效應的研究，可以清楚看出糟糕的睡眠一致性有何影響。研究已經證實，這些每年兩度的調動與增加心臟病、中風、心律不整住院、錯過門診時間、急診造訪次數、發炎標記、高血壓、車禍以及情緒病症，以及包括時鐘基因等基因表現的改變有關。美國睡眠醫學會（American Academy of Sleep Medicine）發出立場宣言，鼓吹摒除季節性的時間改變，因為這

種 1 小時的調度「引發顯著的公共健康與安全風險」並且「造成生理時鐘以及環境時鐘的失調」。

而忽視社會層面的日夜生理時鐘科學，對孩童的傷害最大。在青春期，青少年經歷了晝夜節律的變化，使得他們很自然想要熬夜，然後晚點起床。然而大部分學校還是很早就開始上課，有些還在早上 8 點上課。這樣很可能對青少年的新陳代謝健康造成嚴重傷害，因為研究已經證實，睡眠不足會造成胰島素阻抗、體重增加以及增加罹患第二型糖尿病的風險，而我們有高達 45％ 的青少年沒有得到充足的睡眠。

研究也已經顯示，把上課時間延後以符合青少年自然的晝夜節律有明顯好處。2017 年發表在《臨床睡眠醫學期刊》(*Journal of Clinical Sleep Medicine*) 的研究提出，將國中與高中生的上課時間調動到早上 8 點半或更晚，學生在睡眠總時數、白日困倦以及學業表現都會有進步。

▎人造光危害睡眠

我們都聽說過，夜晚的人造光會擾亂睡眠，原因是光在反常的時間傳訊給視交叉上核與細胞，表示現在是白天但事實卻不然，於是擾亂了我們深根柢固的生物時鐘。夜晚的光線對健康大有危害，現在已經被視為「環境內分泌干擾物」，這代表夜晚的光線如同藥物或毒品，會**直接**改變荷爾蒙傳訊。光做為荷爾蒙干擾物，會明顯改變褪黑激素的製造、增加發炎反應，並提高壓力荷爾蒙的作用。《國際肥胖期刊》(*International Journal of Obesity*)

上的一項研究證實，即使已有飲食控制，全世界仍約有 70％的人過重，可能是因為夜晚的人造光造成的。這聽起來很嚇人，但若意識到新的人造光對人體生物作用造成多麼深遠的干擾就不會如此驚訝了。自 1806 年點亮第一顆白熾燈泡的瞬間，這個新發明就完全改變了身體數種荷爾蒙的分泌。而 1938 年第一台家用電視機以及隨後 1971 年電腦的出現，更加劇了這個問題。

研究已經發現，夜間多暴露在光下，與胰島素阻抗與血糖濃度增高有關，有一個研究發現，夜間較強的光使老年研究對象的第二型糖尿病增加了 51％。此外，研究顯示，睡前即使僅暴露在 20 勒克斯的室內光下，相對於小於 3 勒克斯的黯淡光線，也會使褪黑激素分泌慢 90 分鐘，且睡前的褪黑激素濃度降低達71.5％。褪黑激素已知有促進睡眠、抑制癌症、保護神經、避免情緒疾病以及做為抗發炎分子等功能。褪黑激素也參與健康生殖與卵品質的相關生物途徑。因此，在晚間以過量的人造光擾亂褪黑激素，是需要嚴肅看待的生活型態因素。

即使是臥室裡的環境光也有影響。在針對超過 100 位婦女所做的研究中，睡覺時暴露在燈光下，與較高的 BMI、較粗的腰圍以及較大的腰臀比有關。

適合的進食時間

之前曾提到，適時暴露在光線下對於告訴大腦視交叉上核現在是什麼時候扮演了關鍵角色，如此視交叉上核才可以合宜的安

排基因、荷爾蒙與褪黑激素當天的活動。另一個告訴細胞現在是何時的關鍵訊號，跟你**什麼時候**進食有關。如果我們在 24 小時循環中的黑暗時段（我們生理的生化作用正準備休息與斷食）吃飯，會感受到代謝過程的失調，因而增加發生代謝問題的風險。動物研究中，若在小鼠應該睡眠的時間餵食正常飲食，牠們會迅速長胖。餵食時間與身體自然晝夜節律間的失調，會誘發葡萄糖不耐、改變基因表現以及體重增加。

人類的晝夜生物作用讓我們在晨間而非在夜間有較好的胰島素敏感度，以及能從食物代謝上生成較多的熱。整體而言，研究顯示我們早一點吃對身體比較好，高碳水食物更是如此，而且晚上愈早停止進食愈好。一項研究證實，若是吃完全相同的食物，晚上較晚（晚上 8 點半）吃相較於早晨（早上 9 點）吃，前者的胰島素與血糖濃度都顯著增加。

不幸的是，美國成人表現出不穩定的進食模式，而與我們自然的晝夜生物作用完全脫鉤。當今的美國人：

- 每天進食 11 次
- 只有 25% 的食物在中午以前攝取
- 35% 的食物在下午 6 點以後才攝取
- 超過一半的美國人每天進食時段超過 15 小時
- 週末進食窗口會延至更晚

不穩定的進食模式以及過於頻繁進食，讓我們容易有新陳代

謝功能障礙。相反的,選擇在一致的時間用餐,晚上早一點結束進食,是一種限時進食法,對於預防及治療代謝紊亂效果很不錯。針對沒有糖尿病但過重者的研究發現,僅實施限時進食4天,空腹血糖、空腹胰島素以及平均血糖都明顯降低。

限時進食法屬於斷食法的一種,而斷食是特意限制攝取食物。斷食跟健康時尚或時髦的健康趨勢都沾不上邊,而是我們歷史與生物作用的一部分,因為過往我們不是總能穩定找到食物。身體必須能夠在進食與斷食這兩個獨立階段間切換,運作才會最理想。請記住,細胞製造ATP的兩大主要燃料來源是葡萄糖與脂肪。

- 葡萄糖在血液中循環而在肌肉與肝臟中以鏈狀形式儲存,能更快速提供能量(如同負責支出的帳戶)
- 脂肪是能量的長期存放處,在葡萄糖太少時可以使用(如同負責儲蓄的帳戶)

今天的問題是幾乎每個人都處在吃不停的狀態,從早上第一件事(吃高碳水早餐),一直到深夜(吃甜點),身體能量來自燃燒葡萄糖而非脂肪。而持續的盛宴(沒有飢荒)讓身體處在燃燒葡萄糖模式,剝奪了我們利用脂肪當燃料時能獲得的好處,並使脂肪燃燒途徑效率較低。

當人們吃完一餐後不到幾小時就喊餓(甚至餓到生氣),這很可能反映了代謝不靈活,也就是無法從燃燒葡萄糖轉移到燃燒

脂肪。代謝不靈活是因為身體太依靠碳水化合物以及葡萄糖為能量，少有機會轉換成脂肪燃燒。當我們讓身體在轉換上更有效率，就能緩解一些低血糖時會經歷的惱人症狀，例如噁心、易怒與疲憊。此外，這個調適力會增加我們燃燒脂肪的能力，特別是在吃完油脂豐富的一餐後。相反的，當身體習慣持續攝取葡萄糖，在燃燒脂肪上就會變得不熟練，因而喪失代謝靈活性，而代謝不靈活與代謝症狀、第二型糖尿病及慢性發炎都有關。

多數正常體重的人可以一個月一口食物都不吃，只靠利用自身天然健康的脂肪儲備，也幾乎不會對健康產生什麼負面後果。有位極度肥胖的男子巴比耶里（Agostino Barbieri）斷食382天一口食物都沒吃，反而變得更健康。這個例子當然過於極端，因為巴比耶里嚴重過胖，但由此可清楚顯示，我們對兩餐間隔時間的認知並不正確。

斷食讓你的身體練習（長期下來還能改善）在（進食時）「燃燒可用的碳水化合物和葡萄糖」與（斷食時）「燃燒脂肪」為能量這兩者間轉換。胰島素通常會促進脂肪儲存並限制脂肪分解，所以斷食時可以讓胰島素濃度降低，以油脂代謝來得到能量。但斷食也是身體的壓力源，所以要刻意且謹慎的進行，經期中的女性更是如此。馮傑森（Jason Fung）醫師的《斷食全書》（*The Complete Guide to Fasting*)、佩爾茲（Mindy Pelz）博士的《月經週期斷食療法》（*Fast Like a Girl*）與加特弗萊德醫師的《女人、食物與荷爾蒙》（*Women, Food, and Hormones*）都是學習斷食規則的好書。

不管使用哪種斷食方式，你都應該試著縮短你的進食窗口，以避免在深夜碰食物，並且盡量在天黑前吃完最後一餐。僅是這樣稍稍調整，就能改變人生。

重新設定你的節奏

很不幸的是，西方文化的常態與理想的節律生物學背道而馳。學校、醫療系統以及工作場所都忽略了睡眠與用餐時間對細胞功能有深遠且不可輕忽的影響。所以你必須靠自己掌握，並且以逆轉晝夜文化戰士的身分來進行好能量生成之旅。這麼做會面臨許多艱難的抉擇，而且看似有所犧牲，但是在彼岸等待你的，是更好的心理與生理健康。

假如你的家庭或生活狀況等因素，讓你無法得到足夠的睡眠，但你也想全力消除所有症狀，就要設法改正這些因素。如果寵物跳上床讓你晚上睡不好，你應該考慮好好訓練寵物或為寵物找新家。假如你的伴侶打呼太大聲讓你睡不著，他就應該解決打呼的問題，而你可能要考慮使用耳塞或睡在不同房間，直到問題解決。

你們很多人可能在想，**我也想多睡一點，就是睡不著**。你並不孤單：大約有三分之一的成人有失眠經驗。導致壞能量的很多因素，跟造成失眠的因素完全一樣，而且當你建立好能量習慣時，你也同時增加好眠的機會，例如已知吃太多超加工食品會導致代謝問題，而且會使失眠機會增加 4 倍；人造光會導致壞能量

與失眠；慢性壓力會導致壞能量與失眠；晚上太晚吃會導致壞能量與失眠。這一切都息息相關。

好能量來自好睡眠，但如同我們所知，很多其他因素也會導致好（或壞）能量。如果你真的很難改善睡眠，就從**其他**好能量支柱（食物、運動、壓力管理、避開毒物等）開始著手，然後你會發現自己好睡很多，從而製造出積極且不斷增強的良性循環。

保護晝夜節律的實用建議

1. 了解自己的睡眠模式

- 配戴睡眠追蹤器為你的睡眠長度、品質與一致性做基準評估。我喜歡的睡眠追蹤器是 Fitbit（更多例子請見第三部）
- 長度：評估你每週的平均睡眠持續時間，以及每晚睡眠持續時間是否少於 7 小時。你有沒有多睡或少睡之類較異常的日子？
- 品質：大部分睡眠追蹤器會告訴你，你花多久時間才入睡，以及你每夜清醒的時間有多長。此外，追蹤器會協助你了解，你的快速動眼睡眠和深度睡眠是否足夠，以及什麼因素（例如酒精、太晚吃、晚間暴露在光下等）可能會對你的睡眠有負面影響
- 一致性：找出你睡眠窗口的中點，來評估你是否有 1

小時以上的社交時差,並且當週逐日比較
- 一旦你了解自己的基準,就可以找出策略,達到更固定的上床與起床時間,以及增加睡眠長度至每晚 7 小時,且沒有任何一天異常的目標

2. 為你的睡眠目標負責任
- 一旦設定好上床時間、起床時間,以及每晚睡眠長度,就與朋友、伴侶或教練分享,並保證傳送你的每日睡眠數據給他們,以確保你有責任感。我喜歡對我的問責夥伴說到做到。如果我沒有堅守睡眠目標,我就要打掃我最好朋友的房子!新型態的數位服務,如 Crescent Health 會把你與一位睡眠教練配對,讓你保持責任感

3. 暫時寫下食物日記,了解你在何時吃了什麼
- 食物日記是確實了解你何時吃了什麼的超棒方法。我與營養專家一起回顧我的食物日記時,才首次發現我幾乎每晚都會在深夜 11 點吃點小零食。記錄食物有助於我設下可行的進食截止時間
- 我配戴連續血糖監測儀時用會 Levels 的 app 來追蹤食物,而沒配戴時就用 MacroFactor。兩個 app 都能無誤

且確知我在何時吃了什麼

4. **定出每日進食「最後一口」的截止時間**
- 為何時吃最後一口設定出合理目標。從可達成的時間開始（例如你通常會在晚上 9 點半吃點東西，第一個目標就可以設在晚上 9 點）。當你連續 2 週都達標，就把目標提前半小時左右，每 2 週重設一次目標，直到達成最終目標

5. **天黑後，設法把明亮的人造光調到最暗**
- 把天黑後你常待的主要空間都換上紅色燈泡，例如臥室、浴室、廚房以及客廳。使用紅燈而非標準燈泡將減少大腦對藍光的吸收。如果買不到紅色燈泡，就在天黑後把燈都盡量調到最暗
- 天黑後就戴起防藍光眼鏡。我用的品牌是 Ra Optics
- 天黑後把你的螢幕調到夜間模式，可降低螢幕釋出的藍光強度
- 以睡前 1 小時內不看螢幕為目標，就算是背光的閱讀器也不行。如果因為工作或娛樂需要閱讀，就把資料列印出來或使用不發光螢幕（例如 reMarkable 平板）或讀紙本書

6. 創造無光且無聲響的臥室
- 把所有的光與噪音源移出臥室。即使是來自窗戶、鬧鐘或電視的少量光線，也會強烈擾亂睡眠。建議花錢買遮光窗簾
- 花錢買合適的耳塞，以及舒適的眼罩

7. 每天醒來的第一個小時就到戶外
- 你的身體需要知道現在是白天還是黑夜，才能順利運作。如果你的大腦知道白天到了，就會準備好讓你有個好能量日，但你必須對大腦「展示」陽光
- 無論如何都要在 1 小時內清醒然後出門。不要直視太陽，但要確保光線會從天空直接照射到你的眼球，途中不會被窗戶或太陽眼鏡阻擋。下雨或下雪、陰天或晴天都沒有關係，比起有窗戶擋住陽光，在室外你可以得到更大量的太陽能。你可能需要花錢買適當的戶外裝備，這樣你就沒有藉口避不出戶。例如，我搬到多雪的城鎮時，會買舒適的雪褲、防水長靴以及連帽長大衣，這樣就算有幾個月的嚴寒（以及偶爾有暴雪），我都能快速著裝舒適的外出步行
- 執行方法建議：我喜歡在刷牙的 2、3 分鐘於前院漫步。這樣做可以確保我在醒來 10 分鐘內就能接收到陽

光。養成喝咖啡或講第一通電話時,順便在附近街區漫步的習慣。就算在白天醒來的第 1 個小時只花 10 分鐘在戶外,也能對身體內在時鐘與陽光的同步產生明顯的正向影響

8. 白天花更多時間待在戶外
- 規劃出門的時機,目標是整天能更頻繁的待在戶外
- 學著對自己 24 小時內待在戶外的總時數為傲。如果你是待在公園或森林之類能接觸大自然的地方會更好,這兩處本身就能增進你的健康
- 試著把你常在室內做的活動移到室外,例如用餐、閱讀、打電話、在一天結束時與伴侶相處或與孩子玩。請多用點創意

想查閱本章引述的論文,請上網站 caseymeans.com/goodenergy。

第 8 章

找回被現代生活奪走的三件事
—— 運動、溫度與無毒生活

　　醫學院的前 2 年幾乎天天排滿課。在史丹福醫學院，我們每天都在黑暗的地下室教室坐著上八堂課，然後趁著課間休息 10 分鐘到相鄰的餐廳吃飯，裡頭賣的是披薩、有濃郁起司的義大利麵、薯條以及薯片。

　　即使在對代謝健康尚未覺醒的彼時，我還是發現，未來的醫師整天坐著學習心血管疾病、糖尿病與高血壓，這件事不大對勁。我在《紐約時報》看到一篇文章，描述長時間坐著對健康而言是「致命」舉動，因為會增加代謝與心血管的功能障礙。我在講堂後面，把宜家的儲物桶倒扣在桌子上，權充站立式書桌。這激起了同學的好奇。我因而發出問卷，調查他們對課堂站立式書桌的興趣，出乎意料之外，大部分同學都回應了。受訪者都說讀醫學院搞得他們坐太久，將近 90％說如果在教室裡可以選擇站著，可以提升他們的生活品質。

　　我因此充滿信心，研讀了數十篇顯示過度久坐有致命影響的學術研究，並把這些發現提交醫學院行政高層，還附上我對學生

所做的問卷。我解釋安裝站立式書桌對提升史丹福的創新形象是絕佳行銷，而且有助於醫學生的健康與幸福。我的提案遭駁回。我被告知，需要有正式證據支持這是有價值的干預措施才行。這點我同意。於是我展開為時 2 年的干預研究之旅，且獲得經費支助並經研究倫理委員會批准，主題是站立式書桌對課堂的影響。我對史丹福醫學生做了一項測試，並且進行結構式訪談與調查。我接受質性研究編碼訓練，並解釋與分析了數據。結果很清楚：學生表示在干預下，警覺度、專注度與參與度都有提升，且希望站立式書桌成為教室裡的選項。

在第一次會議之後 2 年，我站在史丹福醫學院行政高層前，展示他們之前要求的數據。再次，站立式書桌的提案遭到駁回。我被告知，新的李嘉誠大樓（由香港首富所捐贈，造價 9,000 萬美元）已經有設計準則以及安全規範。不會有站立式書桌。

今天幾乎全美所有醫學院，年輕醫師在一開始的前 2 年大部分時間仍是坐著。我們現在知道，久坐保證是增加某些疾病風險的最快方法之一，而醫學生正在學習的就是怎麼治療這些疾病。高達 73％的醫師超重或肥胖，而醫師的主要死因全是那些大多可預防的壞能量殺手，其中前三名分別是心臟病、癌症與中風。

我們對坐的執著顯示出導致壞能量的更大主因：我們想要舒適的欲望。我們喜歡坐著而且我們也喜歡舒適的溫度，這都是可理解的。不幸的是，現代生活中的這兩項快意情事，無法達成理想的細胞生理或讓我們長壽。我們讚揚舒適、安坐、可以溫控的世界為勝利象徵，某種程度上這的確是。但事實是，這樣的現代

生活共同把我們的細胞推入自滿的狀態。

別對身體太過施壓，否則它會出問題；對身體施壓太久，它也會出問題。但對身體施壓到**剛好**超過舒適點，特別是透過運動與溫度，神奇的事情就發生了：細胞會順勢而起，開始適應並開啟休眠途徑，讓我們更有修復力、更快樂且更健康，尤其是承受壓力後，讓身體有足夠時間適應與復原，並加強修復途徑的話。

許多複雜的生物系統在環境稍加施壓後，其功能會獲得改善。例如，最富有植物營養與抗氧化物的植物，生長在最嚴酷多變的氣候中，像是薩丁尼亞的陡峭山壁上。這些植物會活化自身抗氧化壓力修復途徑來求生，而當我們食用它們時，這些就轉化成能強化我們健康的好處。戶外的貓處在較艱困的環境中，與室內的貓相比顯然較少出現肥胖。而且受馴養的狗有 50％ 在 10 歲以後生出癌症，但生長在野外的狗或狼卻鮮有此類情事。75％ 的家犬遭受憂鬱之苦，但這在野生動物中相當罕見。40％ 的現代人會得到癌症，我們的近親黑猩猩卻鮮少罹患，儘管我們 99％ 的基因都相同。

更自然、更原始生活中的某些東西對我們的生物作用有益，那麼舒適的居家生活有沒有可能正在傷害我們？

現在生活剝除了過往生活的某些基本現實狀況（例如規律的運動以及外界溫度的大幅變化），大量產業因此興起，我們變成要付費好讓它們回歸。這些產業提供了健身課程、健身房、冰浴、桑拿以及光療法。我們感受到持續的壓力，因而覺得需要運動及購買這些「健康」產品，這整個情況可說是邪惡的騙局。諷

刺的是，我們花錢購買舒適的享受，然後被推銷解方來治療因舒適造成的損害。好能量解方不是只把更多生物駭客「方案」與工具融入生活，這常會增加壓力（例如一直覺得有很多待辦事項要做）。真正的解方是改變你的心態，把可控的不適與可適應的壓力源視為關鍵的生物訊息，並將之納入常態來重建日常。它也代表要對「正常」人造環境及運動相關文化常態保持懷疑，同時坦率評論。這些常態包括整天坐在桌子前、居家的核心是座位區、常搭車跑來跑去、騎機車、搭手扶梯或電梯、溫度控制稍超過21°C就開始煩躁。

　　工業化現代性（industrial modernity）阻隔了那些壓力源，對我們造成傷害，還剝奪我們活在無毒世界的機會，而無毒世界能保護細胞不會過度負荷與損傷。工業界現今約使用 8 萬種合成化學物，讓我們的空氣、水、食物與居家充斥了會與細胞作用的物質，而這些作用方式中很多早就已知對細胞有害，或有未知效果。許多這些物質屬於**誘胖劑**（obesogen）系列化學物，代表已知會直接破壞好能量過程，且累積脂肪造成肥胖。我們對於心理與生理健康的人口直線下降感到無奈且困惑，卻同時把細胞（包括胎兒與孩童的細胞）持續泡在實驗室製造出的隱形毒物「化學湯」中，直接損害神經傳遞物、微生物群系、粒線體、基因以及荷爾蒙。

　　這一章將檢視我們移居室內的生活型態，還有遠離自然世界造成的壞能量效應，以及我們能做什麼，來讓自己從今天起更有活力。

運動即生活

儘管人體的神奇能力讓我們成為唯一用雙足行走的靈長類動物，我們還是**選擇**花接近 80％的時間坐著。2008 年皮克斯的電影《瓦力》(*WALL-E*) 描繪了反烏托邦的未來，肥胖的人類坐在機器懸浮椅移動，以全息投影來找樂子，吃機器人送來的包裝食品，而且連一根手指都不必動。必須悲哀的說，這很接近當前的事實。

美國人有追求健康的渴望，有 6,400 萬人是健身房會員，而且平均每人每年花費將近 2,000 美元在追求健康與健身，但我們每年都變得更不舒服。儘管從 2000 年以來，健身房會員數已經倍增，但同時間肥胖也增加 10％。美國的健身房數目比全世界任何國家都多，卻躋身最胖國家之列。美國疾病管制與預防中心的報告說，超過 75％美國成年人未達到建議的運動量，而且有 25％的人**根本沒有**活動到。

有什麼可以解釋我們明顯渴望健康，但在建立健康習慣上卻失敗得一塌糊塗的這種脫鉤現象？我相信答案就在對「運動」的基本概念。我們把運動歸類為短期的獨立活動，與日常生活分開，而且屬於待辦清單中的事項。我們代謝功能表現最優的時候，是運動持續且規律的成為生活的一部分，而不是一兩個鐘頭內要執行的任務。才在不久之前，持續活動還是日常生存的根本：狩獵、採集以及長途徒步旅行。距今不久的 1820 年，79％美國人從事的仍是需要勞動的農業。1900 年時，各城市街頭仍

未出現 SoulCycle、Barry's Bootcamp 或健身房,然而當時的肥胖率接近 0%。

今日,美國務農人口只占 1.3%。我們自然**整天**或坐或臥。跟歐洲或亞洲很多國家不同,大部分美國都會區是為車輛而設計,而非人。而且很驚人的是,停車用地占了美國城市約三分之一的土地。如果你住在行走不易的地區,前期糖尿病的發生率會高出 32%,而第二型糖尿病的發生率也會增加 30% 到 50%。如果你有幸住到方便步行的城市,肥胖率與過重率會神奇的從 53% 降到 45%。美國疾病管制與預防中心指出,一般美國成人今日每天走 3,000 到 4,000 步,換算下來不到 3 公里。拿這個跟當代狩獵採集的人口相比,他們一天走接近 2 萬步,然後坐著的時間不到白天時光的 10%(而且值得注意的是,心臟病罹患人數是所有研究過人口中最低的)。布特納(Dan Buettner)的《藍區》(*The Blue Zones*)一書證明了,最長壽的人口所做的並不是現代概念中那種有目的且專注的短時間「運動」,他們只是將之自然融入日常生活中。再者,我們的挑戰不是設法再塞進更多健身課程,而是要設計我們的日常生活,讓運動成為常態,這很簡單,但是需要創意跟勇氣。

短時間的專注運動當然對健康有益,但是理想的代謝源自於規律且低強度的身體活動,如此才能持續刺激細胞的各種途徑,增進好能量生理機制。久坐與「更多發炎、更多氧化壓力,以及更多粒線體功能障礙」這三個壞能量標誌都有關係。而且僅是一天擠出一點時間來運動,不會消弭太多久坐帶來的問題。研究指

出,不管身體有沒有活動,坐太久都會導致不健康。坐著本身就是怪獸,不管你有沒有運動。胡貝爾曼(Andrew Huberman)博士最近指出,「即使每週做 180 分鐘的第 2 區(中度運動,最大心率的 60 至 70%)有氧運動,所有的獲益大都(或全部)會遭每天坐超過 5 小時弭平」。假如運動是改善代謝的主要方式,那它看起來會與今日的健身產業完全不同。相反的,它看起來會是重新進入我們每日生活經緯中的規律活動。

人是為運動而生的;我們的肌肉、骨骼與關節,如同精準和諧的管弦樂團般合作,讓我們能無比精確且有效率的跑、跳、爬與舉物。不幸的是,我們糟蹋了這些神奇的禮物。

▌肌肉收縮如同良藥

規律運動如此重要,原因是肌肉頻繁(即使是短時間低強度)收縮的身體,與肌肉每天只做 1 到 2 小時運動(無論強度多麼大)的身體,經歷的生理機能完全不同。肌肉收縮是良藥。在基礎層面來說,肌肉細胞的活動啟動了兩個程序:它激發了鈣進入細胞的通道,而且也會消耗 ATP。鈣增加與 ATP 減少會觸發一連串的訊號傳遞途徑,最後促使細胞處理葡萄糖或脂肪來製造**更多** ATP,以持續對肌肉提供能量。其中的中心要角是關鍵蛋白質 AMPK,它的作用有如細胞中的「能量感應器」。AMPK 感受到肌肉收縮時使用了 ATP 致使 ATP 的量減少,就會活化並刺激不可思議的 PGC-1α,來增進脂肪燃燒、葡萄糖的吸收以及生成更多粒線體(用來製造更多 ATP)。

此外，AMPK 也會刺激粒線體自噬，細胞以此方式清除老的、功能不正常的粒線體，讓出空間給健康的新粒線體。粒線體自噬若沒有效率，體內會累積一堆品質很差的粒線體，生產出過量的自由基，然後生成氧化壓力這個壞能量的關鍵標誌之一。而雖然運動會引發一些自由基生成，但也會刺激 PGC-1α 促進幾個抗氧化基因表現，因而增加身體氧化防禦系統。運動也會快速增加發炎，但研究已經證實，長期來看肌肉活動會減少慢性發炎。事實上，研究不斷顯示，肌肉是分泌抗發炎荷爾蒙的器官。肌肉會分泌肌肉激素、免疫調節蛋白到血液中，減少發炎反應。以氧化壓力與發炎這兩者為例，透過增加運動與鍛鍊（皆為可控的壓力源），能漸漸降低體內這兩種物質的濃度。

　　肌肉收縮對新陳代謝健康至關重要，因為它解決掉過量的葡萄糖，而且很神奇的是，肌肉**不**需要胰島素來開啟葡萄糖進入細胞的通道。事實上，有第二型糖尿病的人雖然胰島素阻抗很高，但運動能清除血液中的葡萄糖，使血糖濃度接近或等同於沒糖尿病的人，這都是因為此時不必用到胰島素就可以除去葡萄糖。原因何在？運動會刺激 AMPK，AMPK 會直接傳訊給葡萄糖通道（GLUT4 通道），叫它從細胞內部來到細胞膜，好讓葡萄糖進入細胞。

　　因為以運動來清除葡萄糖可以不動用到太多胰島素分泌，於是增加了身體的胰島素敏感度。事實上研究顯示，運動一次就可以增加胰島素敏感度並維持至少 16 小時。

　　GLUT4 運輸蛋白清除血液中葡萄糖的能力不可小覷。根據

Levels 的數據,成人吃了高碳水餐後輕鬆散步,常可以看到血糖峰值降低了 30%。肌肉收縮是處理過量食物能量的高招,否則能量會在細胞中堆積,導致功能障礙。運動能刺激產生更多更健康的粒線體來生成好能量,為抗氧化防禦升級並長期平息發炎。

▎只要多動一動

多動一動代表一整天能從血液中清理更多葡萄糖。每一次你從書桌起身並散步 5 分鐘或做 30 個徒手深蹲(雙腳貼地,膝蓋彎曲模仿坐姿),切記此時你是給身體打訊號,叫葡萄糖通道進到細胞膜,以持續清理葡萄糖來製造 ATP。你可以看出這情形與整天端坐只在傍晚做 1 小時運動有多大的不同。一整天,肌肉都沒有收到吸收及使用葡萄糖的訊號,就讓葡萄糖留在血液循環中,等待胰島素協助它進入細胞。

日常運動不是費力才有效,重點是頻率要高。有一項研究請 11 個參與者完成以下四種方案:

- 沒有運動
- 早餐、午餐、晚餐前慢跑 20 分鐘
- 早餐、午餐、晚餐後慢跑 20 分鐘
- 一天內每半小時短暫跑 3 分鐘

後三個運動模式加總起來都是每天慢跑 60 分鐘。但是結果很有意思:與飯前與飯後慢跑相比,每半小時短跑 3 分鐘能顯著

降低飯後血糖峰值。

你不用慢跑也能達到相同效果，因為散步效果一樣好：一項研究針對 70 個體重正常的健康成年人，檢視了三個類似情境：

- 坐 9 小時
- 每天散步一次，一次 30 分鐘，然後就坐著
- 每 30 分鐘起身散步 1 分 40 秒，進行規律的活動

活動的兩組每天都走了 30 分鐘，研究顯示每 30 分鐘散步一下的人，飯後血糖峰值與胰島素濃度都最低。有個類似比喻或可清楚說明：如果身體每天需要 2,500 毫升的水才能順暢運作，就沒有道理把所有水在 30 分鐘內一口氣灌下，然後其他時間都不喝。一天內慢慢把 2,500 毫升的水分批小口喝完顯然比較好。運動也是這樣。你可能覺得蘋果手錶以及其他可穿戴裝置不斷的「站立」提醒很討厭，但這些提醒有堅實的科學支持，而且可能是這些裝置能給予的最重要提示。

運動能持續產熱

最近有一個英文縮寫可以描述這種整天動來動去但並非真正在運動的狀況：NEAT，意思是「非運動性活動產熱」（non-exercise activity thermogenesis）。NEAT 指的是任何自主性運動以外的自發性身體活動。竟然要給這個概念取個時髦的名字還有縮寫，我其實覺得很奇怪。在工作都市化與轉變為案頭生活方式之

前，NEAT 就是我們的生活。NEAT 包括日常生活中各種需要移動身體的活動，例如打掃、買菜、園藝、在家裡走來走去，下車走到店裡、上樓、使用站立式書桌以及跟孩子玩，甚至一些小動作也算。毫無意外，現有數據支持多做 NEAT 是控制體重的必要方式。

跑步機書桌是一種試圖把更多 NEAT 融入生活的嘗試。研究人員假設，肥胖的人每天使用跑步機書桌以慢速走 2.5 小時，一年下來可以減掉 20 到 30 公斤。但這個數據還未經過一整年的實驗數據證明。然而目前已經證實，每天使用跑步機書桌 2.5 小時，10 天下來平均會減掉 1.2 公斤的脂肪組織，以及增加 1 公斤的瘦肉組織（肌肉）。

「非運動性活動產熱」中的**產熱**這部分值得深思，因為這涉及運動如何「生成熱」。為什麼這很重要？我們收縮肌肉時，需要更多 ATP 來提供能量，這代表把 ATP（三磷酸腺苷）分解成 ADP（二磷酸腺苷）並釋出一個磷酸鹽。當磷酸鹽從 ATP 脫離，化學鍵釋出的能量不是用來供應細胞活動（例如肌肉收縮），就是以熱的形式消散。我們製造與使用的 ATP 愈多，生成的熱就愈多，這也就是為什麼肌肉組織較多的人在基礎狀態下能生成較多的熱。一些研究已經證實，運動訓練能增高基礎體溫。令人憂心的是，史丹福的研究證實，自前工業化時代以來，對應於新陳代謝率變低，我們的體溫已經降了將近 2%。人類這個物種的體溫正持續下降，我認為是很令人擔憂的事情。熱是生命力的標記，是我們的粒線體功能、我們的引擎、我們的好能量、我

們的陽，以及我們的光，而它因為久坐而逐漸黯淡。只要簡單多動一動（以及增強肌肉），就可以點亮你的內部之火。

以科學來行銷運動

如同大眾對要吃什麼感到困惑，對於「正確」運動與鍛鍊形式的困惑，也讓消費者感到很無力，因此促進了 8,000 億美元的全球健身經濟，進而持續讓我們對自己的運動策略感到疑惑。我相信這會讓一般人受挫且喪失信心，並有損讓大家多動一動這個大目標。美國是全世界最大的健身消費市場，然而美國人民每年的健康都更糟一點。過去 10 年有將近 30 萬筆體能鍛鍊相關科學研究發表，然而我們卻比以前更胖，也坐得比以前都久。我們追求「證據」，而盲目的放棄了常識。美國最受歡迎的播客會討論每週精確運動時間的細微差別，還有何時是進行第 2 區訓練相對於高強度間歇運動（HIIT）的最佳時間、乳酸閾值、離心與向心收縮運動的比較，但只有 28％ 美國人達到身體活動的**基本**準則。所有的資訊都很有趣，但可不要見樹不見林：美國根本沒有發生運動**過度**流行病。

實情是，研究顯示**所有類型**的身體活動都對代謝健康有益，並會大幅減少代謝疾病。在大規模人群研究中，當總支出能量相等時，大都在散步（相對低強度）的人以及都做激烈運動（相對高強度）的人，罹患第二型糖尿病的風險都大幅減少，而且程度相當。

每天簡單走 1 萬步的人（與步數較少者相比）有以下效應：

- 失智風險降低 50％
- 早逝風險降低 50 到 70％
- 罹患第二型糖尿病風險降低 44％
- 肥胖風險降低 31％（或更多）
- 發生癌症、重度憂鬱、胃食道逆流以及睡眠呼吸中止的狀況顯著降低

在預防慢性疾病上，沒有任何藥物或手術的效果比得上每天走 1 萬步。儘管如此，醫師還是很少對病人開出運動處方。假如藥物可以大幅減少阿茲海默症達 50％會是頭版新聞，而且這個藥物將會開給每個病患。但是這種「藥」並不存在，而走路辦到了！然而不到 16％的醫師會開運動處方給病人，高達 85％的執業醫師報告，他們在開運動處方上所受的訓練為零。

儘管運動已經有很明確的科學證據支持，但醫療體系還是毫無改變。以身體活動對 COVID-19 的影響為例，一項針對近 2 萬名 COVID-19 患者的研究顯示，罹患冠狀病毒之前如果常態性不好動，和那些最好動（代表每天有平均 42.8 分鐘的中度到劇烈運動）的人相比，住院機率多了 191％，而死亡率高了 391％。運動的好處甚至惠及既有的狀況。由於粒線體是細胞免疫力與存活的協調者，早在 2020 年就發現，粒線體功能是會不會罹患新冠、死於新冠以及感受到後遺症的重要因素。研究者建議要「迫切」尋找預防性方法來「強化粒線體」，以獲得最好的治療結果，而其中最優先推薦的是運動（此外還有新鮮的食物、

呼吸練習以及一般預防醫學措施）。然而這些科學內容沒有一項成為公共健康建議項目，或進入任何正規的健康指引中。

不妨做個思考實驗，想像我們僅拿 4 兆美元的年度醫療健康費用，用來激勵多運動，包括打造更易於步行的城市，在所有辦公室廣置跑步機書桌，補助每所學校、醫院及工作場所實施每小時短暫的運動時間，或完全補助高危險族群多運動！

三個簡單的運動規則

關於食物，我們以三個能讓你受益良多的簡單規則來涵蓋：別吃添加糖、工業精製蔬菜油或種籽油，以及高加工穀物。

至於健身，我也建議三個簡單規則：

1. 每天至少走 7,000 步，把這些步數分散在一整天中。目標是日行 1 萬步。
2. 每週至少有 150 分鐘，讓你的心跳達最大心率的 60％以上。（也就是每天 30 分鐘，一週 5 天）
3. 每週提重物數次，重點是動到每個主要肌肉群。

除了這些簡單規則，還有沒有重要的個人化且細膩的飲食及運動策略？當然有。但重點是，遵循簡單的指引會讓你覺得輕鬆舒服很多，並增加敬畏心、好奇與精力，以便更深入探索。在你感受到飲食中去除精製糖、穀物以及工業油的好處後，我幾乎可以保證，你會開始研究更多的全食物食譜，並遍訪其他書籍與播

客以找出更多個人化營養策略。而且如果你毫不妥協，確實日行至少 7,000 步及每週做 150 分鐘的有氧運動，你最終會探索不同的健身方式，並找出最適合你的日常規律。從這些基礎開始，再進行你最喜歡的活動形式，並確定你達成了目標。做到這點，下一階段你就會如同美麗花朵般綻放。

但在此我想要更深入探討關於每週 150 分鐘較高心率運動的建議。第 2 區有氧運動是指活動時，提升心跳至最大心率（一般定義是 220 減去你的年齡）的 60％至 70％。大約就是你可以沒什麼困難的持續 1 小時快走或輕量慢跑。持續的第 2 區運動能透過促進粒線體健康，帶來強大的代謝效益，也不會給身體太大壓力。第 2 區運動的好處證明了，你不需要折騰個半死，就能進行有效的代謝鍛鍊，同時感覺無比輕鬆。然而這是有實驗證明的：持續的中度運動能增加粒線體數目、改善葡萄糖吸收、增加心臟效率以及降低幾乎所有慢性病的風險。

你要怎麼知道自己進行的是第 2 區運動？包括蘋果手錶在內的很多健身追蹤器，現在都會根據你的年齡與體重顯示出你現在的心率區間。或者你可以運用說話測試：在第第 2 區上限時，你想說出完整句子時得把動作慢下來才透得過氣。

當你可以每週進行完整的 150 分鐘第 2 區運動（再次聲明，這個習慣的關鍵是，**不管做什麼都要持續**），有證據指出如果加入高強度間歇運動，讓心跳可以短暫爆發跳得更快，會有強大的代謝效益。美國運動醫學會（The American College of Sports Medicine）對高強度間歇運動的定義為：可以是任何形式的運

動，只要中間穿插短暫的衝刺（從 5 秒到 8 分鐘的強力運動），讓心跳趨近最大心率的 80％至 90％，再進行等長或更長的休息或活動，讓心跳保持在最大心率的 40％到 50％。

最後，我想懇請所有努力想讓代謝健康與達到理想體重的人都納入阻力訓練（也稱為力量訓練或重量訓練）。阻力訓練簡單來說，就是故意讓你的肌肉對抗加重的外力，可以是功能性運動，例如在家或工作時提起或推動重物、舉起或推重量、利用體重當外力來對抗（例如引體向上或伏地挺身）。既然我們知道肌肉在清除血液中葡萄糖扮演了重要角色，所以肌肉量會與胰島素敏感度相關。美國國家衛生研究院的一項研究報告說：「阻力訓練對代謝症狀有良好效果，因為它會減少包括腹部脂肪在內的脂肪組織，也會增進胰島素敏感度、改善葡萄糖耐受性以及降低血壓值。」把覆在骨骼上那層厚厚的肌肉想成是代謝防禦層，也是前往更長壽、更快樂人生的通道。以我的經驗而言，在完善代謝以及減重過程中覺得停滯不前的人，納入阻力訓練後情況可以有所轉變。專注的重量訓練對於進入中年的婦女特別重要，她們因更年期雌激素的自然下降導致代謝大受損傷，重量訓練帶來的代謝提升會使這些女性大為獲益。肌肉專家以及老年專科醫師里昂更進一步說：「我們不是太肥，我們是肌肉不足。」這個觀念的意思是，如果你專心於**建立**更多肌肉而非**降低體重**，在改善身體組成及代謝健康上將更加成功。而且既然肌肉量從 30 歲起每 10 年都會自然（並快速）消失，加上肌肉量過低是早逝的風險因素之一，我們更需要儘早開始重量訓練，並終生持續。只要開始永

遠不嫌晚。

運動提升好能量生物標記

在你努力成為那 6.8％擁有健康新陳代謝的美國人時，規律運動會助你達成目標。研究顯示，運動能改善下列五種基礎新陳代謝生物標記：

1. **血糖濃度高於 100 mg/dL**：12 週的運動，不論是高強度跑步（每週 40 分鐘）或低強度跑步（每週 150 分鐘），都能使參與者的血糖從前期糖尿病的範圍（100 mg/dL 或更高）降到非糖尿病的範圍（小於 100 mg/dL）。

2. **HDL 膽固醇小於 40 mg/dL**：2019 年的一份文獻綜述顯示，對於運動能增加 HDL 膽固醇，「是運動時間而非強度有較大的影響」，同時「在藥理上提升 HDL 膽固醇濃度，並未顯現可信服的臨床益處」。

3. **三酸甘油酯高於 150 mg/dL**：許多研究已經證實，運動能有效降低三酸甘油酯的濃度。2019 年的一項研究中，參與者進行 8 週中度有氧運動，三酸甘油酯濃度明顯降低。此外，即使僅一堂高強度有氧運動，第二天的三酸甘油酯也會降低。這個正面效應可能是因為肝裡的肝脂酶酵素活性增加，促進吸收血液中的三酸甘油酯。

4. **收縮壓 130 mmHg、舒張壓 85 mmHg，或更高**：研究已經

證實，運動對高血壓的人效果類似常用藥物。

5. **女性腰圍大於 88 公分而男性腰圍大於 102 公分**：毫無意外，規律運動會增加能量支出並降低體重，有助於減肥。研究證實，人們每週的運動量與其腰圍有明顯負相關：運動愈多，腰圍愈小。還有，活動量較低（每天少於 5,100 步）與活動量較大（每天高於 8,985 步）的人相比，中央型肥胖的風險高 2.5 倍。

溫度變化有益代謝

我們知道長期承受太大壓力對身體並不好，但若是有控制的**增加**某些特定壓力源，能引發身體適應，而降低慢性氧化壓力與慢性發炎的水準。

讓細胞暴露在極端氣溫中，是促使細胞進入正向適應的重要機制。你大概聽過冰浴，即使這類特殊浴缸售價高漲到 5,000 美元，仍在生物駭客圈吸引了一批狂熱追隨者。在人類大部分歷史中我們並無法控制變冷或變熱，「室內」是一個非常新的概念，而空調及中央供暖又更新。19 世紀起，我們祖先的家裡才開始有不穩定的暖氣，而且還沒有冷氣。當時季節之間甚至一天之間歷經極熱與極冷，對多數人而言都是常態。舉例來說，撒哈拉沙漠的溫度在白天可能高達 50℃，然後在夜晚下降到 10℃ 或更低。在落磯山脈，溫度會從白天的 27℃，降到夜晚的 4℃。

現代生活的「恆溫環境」讓粒線體感到無聊。粒線體是像火爐一樣的發熱結構，但假如我們不刺激它們進行工作生成熱與

ATP，它們的功能就會下降。我們的粒線體太無聊而且遭濫用，因此人類明顯變冷。過去200年來，我們的體溫似乎已經降低了0.56℃，很可能是因為總體代謝率變得較低。最近幾年，我們看到值得信賴的研究證實，透過讓較大的溫度波動融入生活中，能刺激血管活性、增加細胞自身生成熱的能力以及增加細胞的抗氧化能力，而有益代謝健康。

熱效應與冷效應都有好處

當身體暴露在寒冷中，會有數種機制來調節內部溫度。方法之一是透過顫抖，讓肌肉快速收縮分解ATP來生成熱；另一個方法是經由非顫抖性生熱，也就是身體會產生並多加利用某種特殊形式的代謝健康脂肪（稱為棕色脂肪），來幫助我們保暖。

棕色脂肪與大多數人熟悉的白色脂肪不同。白色脂肪儲存能量，棕色脂肪則會燃燒能量生成熱，所以有時也稱為「產熱脂肪」。棕色脂肪的棕色是因為充滿了粒線體以及第一型解偶聯蛋白（uncoupling protein 1, UCP1）這種蛋白質。UPC1對棕色脂肪來說很獨特，因為它允許棕色脂肪代替ATP來生成熱。UPC1蛋白是一個通道，會讓原本要驅動ATP生成的質子從粒線體內膜逸出，轉而以熱的形式散逸，而非生成ATP。身體的棕色脂肪含量在冬天增加，因為身體需要調整到更暖的狀態。有趣的是，**糖化血色素A1c的濃度在冬天常較低**，此時溫度較冷且人體的棕色脂肪較多，雖然兩者的因果關係尚未確立。

研究已經顯示，棕色脂肪隨時可以吸收與利用葡萄糖，而有

較多棕色脂肪的人，身體質量與血糖濃度有較低的傾向。事實上，2021 年的一項研究發現，在有棕色脂肪的肥胖者身上，第二型糖尿病的盛行率幾乎不到無棕色脂肪肥胖者的一半，分別是 8％與 20％。

把自己暴露在寒冷中可以活化有助管理血糖濃度的棕色脂肪。研究顯示，年輕健康的男性在 19℃的室內睡 1 個月能增進胰島素敏感度，並倍增棕色脂肪的活性與含量。即使是短時間暴露在寒冷中，也可以改善胰島素敏感度以及血糖的吸收，對有棕色脂肪的人尤其如此。有一項研究只讓有棕色脂肪的受試者穿著冷卻背心 5 到 8 小時，發現靜態能量消耗會增加 15％，全身的葡萄糖吸收也增加約 13％，但沒有棕色脂肪的受試者則無明顯改變。即使是棕色脂肪較少的人，經過低溫馴化也能改善代謝健康。罹患第二型糖尿病的人經過 10 天的低溫馴化訓練，胰島素敏感度與在正常溫度時相比增加了 43％。這個訓練也會增加 GLUT4 的葡萄糖通道。

研究也已經發現，棕色脂肪含量高與低血糖波動相關，即使人沒有暴露在寒冷中，也能維持穩定的全身葡萄糖濃度。2016 年《細胞代謝》(*Cell Metabolism*) 期刊中有一項研究，讓參與者在舒適的 24℃室內喝入含 75 克葡萄糖的飲料。研究者發現，即使參與者沒有暴露在寒冷中，棕色脂肪的活化與靜態能量消耗都上升，因為棕色脂肪對葡萄糖的吸收與處理會生成熱。文中建議，棕色脂肪不足可以當成血糖即將失控的臨床指標。簡言之，我們想要更多的棕色脂肪，最好的方法是暴露在寒冷當中，誘使

身體進行調適。

至於熱效應，蓄意進行熱暴露的研究顯示，熱暴露對代謝健康有正面影響。研究者猜測，經常使用桑拿會產生「全面的壓力—適應」反應，而這「可能類似於……運動的反應」。熱暴露可能也會增加 HSP70 這種熱休克蛋白。HSP70 參與許多細胞過程，包括壓力反應與發炎。研究建議，可能在改善胰島素敏感度與降低發炎上有作用。

熱暴露也已證實會增加一氧化氮的製造，一氧化氮能幫助鬆弛血管以及改善血流。改善血流可以加強骨骼肌上的葡萄糖吸收，進而改善胰島素敏感度。基於這些機制，研究結果顯示，熱暴露能降低血壓、改善心臟功能標記、降低總膽固醇以及 LDL 膽固醇濃度，並降低空腹血糖濃度。

一項對芬蘭男士的觀察研究發現，常常洗桑拿浴的人，新陳代謝疾病狀況會驚人的降低：「每週使用桑拿四至七次與每週只使用一次的男士相比，減少了心因性猝死（63％）、全因死亡率（66％），以及失智（66％）還有阿茲海默症（65％）」。

暴露在冷與熱之下，也可以大幅改善心情。研究已經顯示，浸泡在冷水裡能增加多巴胺濃度達 250％；也證實暴露在寒冷之下能活化交感神經系統，釋放神經傳遞物例如正腎上腺素，它可以提升警覺與心情。重複進行桑拿則證實會降低主要壓力荷爾蒙皮質醇。熱似乎也會升級我們的抗氧化防禦，對抗導致壞能量的氧化壓力。

在你跑去買超貴的桑拿跟冰浴設備之前，我建議你先試試下

面這些不貴的方式。

1. 淋浴後，把水調冷沖 2 分鐘。我的共同作者卡利就是這樣開始定期暴露在寒冷中，沖完冷水他覺得好極了，也很期待下一次。
2. 跳入冷水中。從 10 月到 4 月左右，我在美國奧勒岡住家附近的河水與湖泊都超級冷，所以我常跟朋友跳進裡面。現在只要我去的地方有冷水，例如健行時經過蒙大拿或懷俄明的冰河、北加州的海洋到冬天未加熱的水池，我都要泡一下。
3. 在 Meetup、社交媒體或 google 上找到你居住地的冰浴或桑拿團體。
4. 上熱瑜珈課，例如高溫瑜珈、Modo 瑜珈，這些瑜珈課的教室溫度保持在 24℃。
5. 外面天氣很熱時，到戶外運動。（但請確實補充水分，食物與電解質也要吃夠，並且不要曬傷）
6. 找到當地有桑拿或熱水池的健身房或社區活動中心。

要做多少次？確切數字並不清楚，而且因人而異，但是胡貝爾曼博士在一個回顧研究中建議，每週進行 57 分鐘的熱桑拿，以及 11 分鐘的寒冷暴露是「對新陳代謝、胰島素及生長激素通道帶來重大好處的可靠門檻」。

合成化學物與環境毒物的危害

合成化學物與環境毒物包圍了我們，而且是被過於低估的壞能量關鍵驅動力。自二次大戰以來，已有超過 8 萬種新化學物進入我們的環境，而且每年大約有 1,500 種新化學物釋出，其中許多還未經檢測對成人、孩童或胎兒是否安全。現在已經發現，在我們的空氣、食物、水、居家以及土壤中，人造化學物與毒物已經到達危險濃度，並對細胞造成持續性的攻擊，直接損害粒線體、基因表現、荷爾蒙受器、基因組的折疊（**表觀遺傳學**）、細胞間的傳訊通道、神經傳遞物傳訊、胎兒發育、酵素活性、飲食行為的荷爾蒙控制、甲狀腺功能、靜止代謝率、肝功能等。這些化學物驅動了全部三個壞能量標誌：氧化壓力、發炎以及粒線體功能障礙，而且關係非常明確，其中很多化學物歸類為**誘胖劑**，代表已知會損壞新陳代謝，因而導致肥胖與胰島素阻抗。美國加州大學舊金山分校神經內分泌科榮譽教授魯斯提醫師相信，至少有 15% 的肥胖流行病直接與環境化學物有關。

誘胖劑包括家用消毒與清潔劑、芳香劑與香水、空氣「清新劑」、化妝品、乳液、洗髮精、除臭劑、沐浴乳、家用油漆、收據上的油墨、塑膠、乙烯基地板、食物防腐劑以及色素；許多醫療用藥、衣物、家具、兒童玩具、電子產品、阻燃劑、工業溶劑、汽車廢氣，以及食物上的農藥。對於化學品誘胖特性的最新了解告訴我們，吃 Cheerios 之類的超加工食品代表你吃進了四重潛在壞能量：一是超精製食物本身，另一是添加劑與防腐劑、再

一是農藥，最後是塑膠包裝。然後你再喝慣用農法牛奶，以及一杯未過濾的水將食物沖下肚，把問題更進一步惡化。

很多合成化學物的使用是為了工業利益而非我們細胞的健康。把化學物加到產品裡，延長了保存時間，也能用更便宜的方式包裝，或讓產品有香味但不需要使用天然精油，這些也對人類造成明顯的傷害。美國食品暨藥物管制局授予的 GRAS（公認安全）認證，旨在允許那些被認為能安全用於食品與其他消費產品的物質可做商業用途，然而這個監管嚴重不足。公司只要自行審查科學文獻後，就能**自我認證** GRAS 資格，並不需要得到美國食品暨藥物管制局的批准──這不就是利益衝突！很多化學物曾經得到 GRAS 認證，但現在明顯與癌症、神經問題、代謝干擾或不孕等健康問題相關，這些化學物包括人工甜味劑、對羥苯甲酸丙酯（一種添加於乳液、洗髮精或食物中的抗菌防腐劑）、丁基羥基茴香醚（Butylated hydroxyanisole, BHA，一種食物防腐劑）、溴化植物油。此外，GRAS 預期化學物都是孤立存在，忽略了每天同時在人體疊加上百種這類化學物所**加成出**的不利效應，而這是我們世界明顯的現實。GRAS 並不是在保護你，所以你在生命各層面都必須專注在購買及使用最自然的產品。

美國內分泌學會（The Endocrine Society）已強烈支持增加對合成化學物的預防措施，並說明「有力的機制、實驗、動物與流行病學證據」，顯示荷爾蒙干擾環境化學物對「肥胖、糖尿病、生殖、甲狀腺、癌症以及神經內分泌與神經發展功能」的影響。他們補充「10 年前，關於內分泌干擾化學物導致的疾病後果並

沒有大量人體證據，但今日證據已充足」，現在的證據已經「排除了所有疑問」。

以下列出會透過代謝機制傷害人類健康的九類環境化合物：

1. 雙酚 A：通常出現在塑膠產品，例如塑膠水瓶、食物容器例如罐頭，以及熱感應收據。雙酚 A 是已知的荷爾蒙干擾物，會累積並留在脂肪組織中。值得注意的是，研究已經發現，你從商店收到的熱感應收據，上面的雙酚 A 可能是一罐食物的 250 到 1,000 倍。雙酚 A 會增加肥胖、胰島素阻抗、第二型糖尿病、男女性生育力以及慢性發炎的風險。研究已經指出，雙酚 A 會降低抗氧化能力、增加氧化壓力，並損壞粒線體動態變化。

2. 苯二甲酸酯（phthalate）：通常出現在化妝品、香水、指甲油、乳液、除臭劑、頭髮定型噴霧、髮膠、洗髮精、玩具、塑膠與人造皮革。苯二甲酸酯類是荷爾蒙干擾物，與胰島素阻抗、高血壓、早發性停經、流產、分娩併發症、生殖發育及精子品質、性早熟、氣喘、發展遲緩、社交障礙「有明顯相關」。苯二甲酸酯類會誘發粒線體毒性並增加氧化壓力，且與劑量相關，代表接觸愈多，影響愈嚴重。

3. 對羥苯甲酸酯（paraben）：通常在保濕劑、洗髮精、化妝品、除臭劑、刮鬍膏、食物、飲料與藥物中做為防腐劑，會透過皮膚及口服方式吸收，也已經證實出現在人的數種體液以及組織中，例如血液、母乳、精子、胎盤組織以及乳房組織。對羥苯甲酸酯會與性荷爾蒙（雌激素、黃體素與睪固酮）及壓力荷爾蒙的

受器結合，因此改變荷爾蒙活性並損壞其新陳代謝。荷爾蒙影響了我們各方面的生物作用，例如神經發展、免疫功能、甲狀腺功能、新陳代謝、胎兒發展與生殖。對羥苯甲酸酯直接與荷爾蒙受器結合，會對調節我們生活與情感的荷爾蒙的微妙平衡造成功能上的改變。對羥苯甲酸酯與精子的 DNA 損傷、精子死亡與不孕都有關係。不幸的是，目前廢水的處理技術還沒辦法有效去除對羥苯甲酸酯。

4. 三氯沙（triclosan）：通常以抗菌劑形式出現在牙膏與洗手乳等個人保養產品中，會透過皮膚與口腔組織吸收。在多數動物研究中，可見到三氯沙與荷爾蒙干擾物、免疫系統損傷、甲狀腺問題與抗生素抗藥性有關。在人體體液也發現了三氯沙的蹤跡，而有同儕審查的研究指出，「人類暴露在三氯沙的程度已經很顯著，而且有可能不安全」。三氯沙會讓「粒線體全面受干擾」，它是粒線體的解聯劑，導致粒線體形狀改變為失常的「甜甜圈」狀，抑制了電子傳遞鏈、使粒線體分裂、防止粒線體在細胞內有效移動，以及減少粒線體內的鈣離子濃度（這是粒線體功能之所需）。整體而言，三氯沙對粒線體的各式影響會對 ATP 的製造產生負面作用，並增加氧化壓力。

5. 戴奧辛：這是一群「毒性極高」的化合物，是工業製程（例如漂白紙漿與製造農藥）、燃燒垃圾、煤、油與木材的副產物。這些持久不散的「有機汙染」不會立即分解，而會存留在環境中，同時累積在動物脂肪中。世界衛生組織指出，超過 90％的人是經由魚、乳製品與肉類等高脂動物食材接觸到戴奧辛。經

由動物與人體實驗,已知戴奧辛會造成發展與生殖問題、骨骼畸形、腎臟缺陷、精子數減少、增加流產率、免疫系統異常、肺癌、淋巴瘤、胃癌與惡性肉瘤。戴奧辛可能會產生「粒線體壓力訊號」活化 NF-κB 通道,並誘發慢性發炎及擾亂微生物群系的活性,因而影響人類健康。

6. 多氯聯苯:幸好,多氯聯苯已經遭到禁用。然而這些緩慢分解的化學物仍然是「無所不在的環境汙染物」,在空氣、水、土壤與野生魚類中都可以發現,而接觸到 1977 年前製造的含多氯聯苯產品或設備也會受汙染。多氯聯苯就像戴奧辛,廣泛使用在液壓液、潤滑液、阻燃劑、塑化劑、油漆、黏著劑與其他工業產品。如同許多合成化學物,它們「在食物鏈中往上移動時,會有生物累積與生物放大作用」,這代表如果你吃進的食物是底棲魚,這種魚可能常吃滿載多氯聯苯的沉積物或其他含有多氯聯苯的魚,此時這種魚中所含有的多氯聯苯濃度可能比牠生活的水域高 100 萬倍。在細胞培養研究中,多氯聯苯對神經元的毒性來自它對粒線體電子傳遞鏈的損害、對細胞內葡萄糖初步分解(這個過程稱為糖解)的損害,以及最終減少了 ATP 的製造。

7. 全氟與多氟烷基物質:通常存在於不沾鍋具、紙的防油塗層、食物卡紙包材(例如可微波的爆米花袋、速食包裝紙、外賣餐盒)、消防泡沫與地毯、纖維的塗層上,這些化學物質通常被認為是「永久化學物」,因為它們不會馬上分解或從人體排出。環境中多氟烷基化合物的主要來源之一是飲用水。研究已經證實,此種化合物有可能增加動物罹患肺癌、乳癌、胰臟癌以及睪

丸癌的風險，以及人類罹患睪丸癌、腎臟癌、甲狀腺癌、前列腺癌、膀胱癌、乳癌與卵巢癌的風險（雖然有些數據有衝突）。當多氟烷基化合物在人體組織累積，會危害粒線體，因而召集免疫細胞並導致慢性發炎。多氟烷基化合物也會透過製造更多自由基及損壞抗氧化物的活性，生成慢性壓力。

8. 有機磷農藥：全球每年使用約 25 億公斤的農藥，而農藥與氧化壓力、癌症、呼吸問題、神經中毒效應、代謝問題以及負面兒童發育皆有密切相關。農藥布滿我們的食物並進入我們的水系統，從美國農業部的估計可知，全美有 5,000 萬人的飲用水遭到農藥與農業化學物的汙染。這不僅傷害了消費者，而且對農民與孩童特別不公平。急性農藥中毒估計每年影響 44％的農民，而全球每年有 3.85 億起急性農藥中毒事件，造成約 2 萬人死亡。兒童更是受到獨特的農藥危害，因為農藥不僅在關鍵發育期影響了他們小小的身軀，他們還會透過空氣、食物、水、寵物接觸到，經由在地毯、軟墊、草地、公園綠地上玩觸碰到，並吃到慣行農法製作的食品與加工食品。毒物控制中心報告的農藥中毒事件中，有 45％與兒童相關。研究已經指出，暴露在有機磷中會引發氧化壓力並損害粒線體的呼吸作用，因而影響粒線體功能。不要在你的草坪上使用「年年春」之類的除草劑，並避免食用慣行農法培育的食物。如同許多化學物，農藥會先經由肝代謝，再經由糞便或尿液排出。保護肝、腸與腎臟功能對有效除去許多合成化學物至關重要，而好能量習慣能對此提供幫助。

9. 重金屬：遭汙染的土壤、水與食物中常有汞、鎘、砷與鉛

等重金屬，它們是自然存在的物質，但經過製造與工業製成後，會高度濃縮而可能呈現毒性。過量的金屬會造成許多健康問題，包括神經損傷、發展遲緩、癌症以及其他健康問題。研究已經顯示，重金屬既會增加氧化壓力，也會導致粒線體功能障礙。

現代世界中很多最危險的化學物，都是從塑膠產品與食物防腐劑而來。我們要限制社會對塑膠的使用：自從塑膠在近 200 年前獲得專利後，目前我們已經生產出 90 億噸，其中大部分現在都成了垃圾，棄置到海洋、河流與溪流中，導致有毒的壞能量化學物滲入水域、土壤、食物，甚至空氣中。超加工食品與包裝食品的興起，以及用來延長這些食品保存期的大量有毒「防腐劑」，是百年來才有的影響。這些新近發生的問題可以在集體努力及意願下迅速減少，且必須如此。

危險化學物的另一個來源是遭汙染的水，而且我相信，「對大部分美國人而言，飲用未經過濾的水並不安全」這個說法絕非誇大其辭。美國環境工作組織的數據庫，根據郵遞區號分區分析了水中汙染物，顯示很多城市的砷含量超過該組織的健康指引千倍以上。研究估計，超過 200 萬美國人的自來水有多氟烷基化合物汙染。美國的水受化學物毒化，因而削弱身體提供能量給自身的能力，這個事實聽起來可能很讓人沮喪。但對我而言，這是用淺白的語言讓我了解，很多影響我們健康的機構已經無法有效運作了，這反而成為一股力量，可以激勵自己進行自我保護，並尋求更好的解決方法。

關於水，健康領袖普羅希特（Dhru Purohit）曾經恰如其分的推廣了這句真理：「如果你沒有過濾器，**你就會變成過濾器。**」這可以應用在我們環境的各層面上：我們若不謹慎取得無農藥食物、過濾我們的空氣、過濾我們的水、購買無毒玩具及家具、停止觸碰收據及熱感應紙、盡量減少使用塑膠，並淘汰含合成香味與誘胖劑的傳統家庭用品及個人衛生用品，那麼我們的身體與可憐的器官就會變成過濾器，以除去這些物品含有的數千種合成化學物。如果沒有這種警覺，我們就會損害身體，並逼迫細胞為了因應這些有害毒物，進行繁重的任務，導致細胞無法盡本分製造出好能量，來使我們充滿活力。用簡單的交換器與過濾器來盡量減少環境中的毒性負擔，是維持代謝健康簡單、不貴且高效益的方法。

找回被現代生活奪走的三件事

運動原則：

- 每週至少進行 150 分鐘的中等強度運動
  - 用 220 減去你的年齡，計算出你的最大心率，然後算出最大心率的 64%，這個值就是中強度運動時的最低心率
- 每天行走 1 萬步
  - 用健身追蹤器來測量

- 每天至少有 8 小時是稍微動來動去的
  - 用健身追蹤器來測量
- 進行阻力訓練，目標是每週三次
  - 每週都要納入會讓手臂、腳與核心肌群累到無力的運動，用自身體重或重量器材來進行皆可

溫度原則：
- 每週至少累積 1 小時的熱暴露
  - 可以透過紅外線桑拿這種乾式桑拿，或進行熱瑜珈之類於加熱環境下的運動課程
- 每週至少累積 1 小時的冷暴露
  - 可以透過冷療法、沖冷水澡或浸泡在冰浴缸或冰冷的水體（如冬天的湖泊、河流或池塘）裡

毒物原則：
- 家中過濾空氣與水
  - 過濾水最好的選擇是使用活性碳與逆滲透過濾器，而過濾空氣要用高效濾網（HEPA）
- 吃未加工的有機或再生栽培的食物
- 盡可能避免塑膠，採用玻璃或其他材質
  - 盤點家裡、衣櫥與廚房裡的塑膠產品，減至最少量

- 把居家清潔與個人清潔產品換成你看得懂的成分
  - 第一步最好是把家裡任何有香味的產品換成沒有香味的,或把整個系列都除去,包含車裡或家裡的空氣清新劑、清潔劑、衣物柔軟精、洗碗皂、洗碗精、洗衣片、洗髮精、護髮乳、香水、乳液。這些產品裡的香味明顯有毒。無香味的有機橄欖油皂(例如布朗博士牌)可以取代洗手皂、洗澡皂、沐浴乳以及洗碗皂;醋與水可以取代萬能清潔噴霧;而有機荷荷巴油或椰子油可以取代乳液
  - 查詢美國環境工作組織的資料庫,看各種消費產品的毒性等級
- 經由實踐好能量習慣,支持身體的自然解毒途徑,其中包括了肝、腸、腎與循環系統

想查閱本章引述的論文,請上網站 caseymeans.com/goodenergy。

第 9 章

心無所懼
—— 最高等級的好能量

　　人類已經演化出能體驗恐懼、焦慮、悲傷與批判等強烈情感，而且理由很充分：這些情感會生成不愉快的感覺，有助於我們在面對真正的生存威脅時產生反應以確保安全。如果對環境中的威脅沒有反應能力，我們很快就會喪命。在整個人類歷史中，我們經歷的多數威脅都發生在周遭，例如自然災害、蛇爬進家宅、軍隊入侵。而僅在一個世紀之內，我們現在有了技術，能全天候 24 小時接收到世界上**任何人**在**任何地方**面臨的威脅，且即時直播到手上的螢幕。一夜之間，其他 80 億人的創傷與恐懼都變成我們要處理的事。

　　這有可能是身為現代人的我們所面對最不正常的事情了，比起超加工食品、過度久坐、持續的人造光或處在熱中性裡還不正常。人類的大腦與身體並非設計來感受持續的恐嚇訊息，然而我們現在卻避不開（廣告看板、報紙、社交媒體、電視！），而且也似乎無法對此漠視，因為我們早已內建要對威脅保持注意的機制。科技的連結力把我們帶進全面爆發的數位恐怖主義時代，而

第 9 章 心無所懼　301

我們奇怪的無法自拔。如同 CNN 技術總監被抓到說關於新聞是「只要有流血，就上頭條」那樣，故事若變態，就會受到注意。此外，所有人一生中都會經歷個人挑戰與創傷，但在當今文化對心理健康照護的汙名化下，致使我們沒有足夠的資源來處理相關事宜。

1. 將近 40％的美國女性表示，在生命中曾被診斷出憂鬱症，而有整整三分之一的美國人陳述生命中曾經歷過焦慮症。
2. 四分之三的年輕美國人每天都覺得不安全。
3. 美國疾病管制與預防中心在 2023 年 2 月發表的一份調查揭露，2021 年有 57％的高中女生表示過去一年曾經歷「持續的悲傷或有無助的感覺」，明顯比 2011 年的 36％增加。
4. 76％的美國人表示，過去 1 個月來的壓力影響了健康，而壓力主要來自健康問題。
5. 很多其他主要調查證實憂鬱明顯增加，特別是 2011 年時期的青少年（2011 年恰好是 IG 爆紅之時）。

要淡化這些統計很容易，但我們不妨花點時間來理解：在這個壽命與生活水準似乎都處於前所未有之高的時代，在人類歷史上最富裕國家，有數億人（還包括孩童）正苦於悲傷、恐懼與深深的壓力。世間永遠有苦難，但現在當我們躺在床上、坐在餐桌

上時,我們從手上螢幕即時看到的苦難比以往多更多。

現代人的因應之道是四處尋求救贖與出路,只要可以得到能驅動多巴胺的「愉悅」與分心之事都可以,例如加工的糖、酒精、汽水、精製碳水、電子菸、雪茄、大麻、色情書刊、約會 app、電子郵件、簡訊、濫交、線上賭博、電動玩具、IG、抖音、Snapchat,以及無窮盡的新奇體驗。就如《誰偷走了你的專注力?》(*Stolen Focus*)一書作者海利(Johann Hari)所言:「我們創造出一種文化,其中有相當多數的人無法面對他們的日常,而需要服藥才能度日。」這對現代的精神現實(以及不健康的因應機制)影響是,我們細胞產生好能量的能力減弱了,因而造成惡性循環,剝奪了我們原本可能體驗到的所有經驗。

身體若經歷慢性恐懼,體內的細胞會是無法全力發揮的細胞。當細胞感受到揮之不去的危險,會把資源轉移給抵禦與警告途徑,而不是發揮正常功能,持續保持健康。因此,不管你吃得食物多純淨、運動得多充分、太陽曬得多夠,或睡得多好又多飽,假如由心理壓力轉化出的生化作用(透過荷爾蒙、神經傳遞物、發炎細胞激素與神經訊號)致使細胞飽受種種壓力,所有其他的健康選擇都會失效。

而我們最根本的工作,是去盤點生活與工作中那些反覆出現的恐懼觸發因素,想辦法進行療癒或減少接觸。我們可以透過各種情境來治療,如設定邊界、內省、靜思冥想、呼吸法、心理治療、植物療法、多置身大自然中,以及其他本章列舉的方法。

為你的所見所聞設定邊界與逃避現實不同,千萬別搞混了。

設定邊界是了解並保護你的生物作用以防崩潰，能讓你帶著最大的能量出現，給予世界最正面的影響。

每個人的威脅訊號都不同。它可能來自跟老闆相處困難重重所造成的長期工作壓力；它可能來自跟爸媽關係緊張所殘留的童年創傷；它可能來自在環境或家庭缺少安全感；它可能來自4,000公里外的一則謀殺新聞報導；它可能來自病毒橫掃全球的危機感；它可能來自千里外的戰爭新聞；它可能來自權力或自由受政治手段威脅；它可能來自擔心自己不夠好、不夠漂亮或不夠聰明。盤點你自己的威脅訊號，你才有辦法保護細胞不再持續受到心理傷害，並為它們創造出平靜的環境。

讓我們生病與依賴的恐懼機制

在醫學院，我被教導不管付出任何代價、副作用或社會代價，只要能阻止死亡，**任何事**都是合理的，就算只是僥倖延長植物人般無比痛苦的日子。病人從醫院與藥廠得到的訊息不是「我們要讓你保持健康，幫助你過上所能得到的最好生活」，而是「我們要讓你活著」。

所以你做年度健康檢查、篩檢、吃藥、手術。而如果你不從，**就可能會死**。對死亡的恐懼是讓病人聽話做**任何事**的武器：更多的藥、更多的處置、更多的手術，更多的專科醫師。潛台詞是，如果你說不、延後治療或採取更自然的途徑，你可能很快就會死。現代西方社會中，這些動力更是特別強，因為與許多固

有及東方文化不同，我們的文化對死亡有避而不談或避免好奇的傾向，導致死亡對很多人來說成了存在的恐懼。許多歷經時代考驗的經典，包括魯米（Rumi，波斯詩人）、紀伯倫（Khalil Gibran，黎巴嫩詩人）、哈菲茲（Hafiz，波斯詩人）、奧古斯都（Marcus Aurelius，羅馬皇帝）、尤迦南達（Yogananda，瑜伽上師）、塞內卡（Seneca，羅馬哲學家）、老子、一行禪師等，都懇求我們審視死亡，並相信死亡是自然且無須恐懼的。不知何故，這些訊息根本沒有進入主流健康醫療生態體系，主流的看法是，死亡完全不可接受。

對我而言，死亡是我從童年直至成年的最大恐懼，是我必須正面處理的問題，以剝去我與好能量間的層層阻礙。我花了大部分生命在憂慮我或我的家人可能的死法，更甚於人生其他事。在無數的夜晚，死亡是我思緒翻騰的原因。死亡是我讀醫的原因。

我與我媽在 2020 年初開始的一連串經歷，永遠改變了我對憂慮（特別是關於死亡的憂慮）的看法。我因為擔憂媽媽升高的血糖與膽固醇濃度，於是帶她到亞利桑納州賽多那（Sedona）的「凱西醫師健康營」，以經證實有效的行動來改善她的代謝健康：延長斷食時間、冰浴、運動、在朝陽中健行。而那是在發現她有胰臟癌的前一年。

當我媽與我一起注視著高聳的紅岩山脈時，我正處在高生酮狀態下，雖然 3 天沒有進食，卻輕鬆愉快。當時我媽與我剛在夜裡爬上稜線頂端，我們從當地畫廊聽聞滿月鼓圈療癒法，所以兩人到此在月色下一起盡情跳舞。

看著高聳的岩石，我一直在想，群山與我都是由幾乎同樣的東西組成。構成我身體的原子，從 46 億年前被創造出來後就一直存在於地球。而就在短短一瞬間，我的粒線體製造 ATP，驅動這些原子組成我的組織、器官，最後形成**我**。

在賽多那，我媽和我談到何為「我」，以及為什麼人終有一死是一種幻覺。事實上，我們身體很大部分都會定期死亡，每人每天會死掉約**半公斤**左右的細胞。我們的細胞占了家中灰塵的 88％。醫學院時，我從顯微鏡看著玻片上的身體組織切片，很驚訝的看到了各式生與死發生在彷彿「成年」的活體裡。但在微觀下，細胞以各種不同的速度死亡、分裂、再生、老化。在細胞層面，我們一生中經歷了上兆次的死亡與重生。我們身體丟棄的物質返回泥土，最後又創造出新東西。今日供應地球 80％能量的化石燃料，就是百萬年前地球動物與植物的殘骸。我們的的確確是用組成我們祖先的原子，來為我們的汽車與居家供應能量。

只是囿於視覺系統的極限，我們無法看見每秒鐘發生在身體內的無數反應，以及組成我們世界持續的創造與再創造。

我與我媽推測，我自身棄置的碎片會經由一顆美味的青花菜吸收，然後餵養給小孩。或者我會提供一些碳原子，隨後這些碳原子經強力壓縮形成完美的鑽石。或者我會捐出一些原子微塵隨風飄盪，幫忙堆積出尚未成形的山稜。可能是以上所有這些，再加上其他我尚未想到的形式。

我們對其他人的影響，對所愛之人、錯待之人、教導之人、閱讀我們文字之人，真正完全改變了他們的生物作用與生命。就

當我媽與我在月光下跳舞與擁抱時，我想著與她一起經歷的愛的體驗，如何透過神經傳遞物與荷爾蒙的釋放，加強了突觸連結並互相轉移微生物群系，確實的改變了我體內的神經通路與生物作用。我與她經歷過的一切（以及所有我選擇與之互動的人），將會真實的編碼寫入我之中。

2021 年 1 月 7 日，我在準備晚餐時接到我媽打來的 Facetime，她淚流滿面告訴我她快死了，就要撒手人寰，因此沒辦法看到我將來的兒女了。她轉述當天稍早剛得知，她隱約的胃痛實際上是大規模轉移的第四期胰臟癌，而且肚子裡布滿壘球大小的腫瘤。

接下來 13 天，是我媽還有意識的最後時光，她收到數百封信，內容全是關於她如何影響了別人的生命。我永遠不會忘記她坐在鳥瞰太平洋的戶外陽台讀信時，臉上展現的感激與感傷情緒。每一份短箋都來自曾受我母親影響，而在身體生化層面發生改變的人。如同我們在賽多那討論的，我可以感覺她基本上是不朽的，因為她在生命中影響的每個人，以及她在宇宙所產生的能量漣漪效應，與我們每個人都有連結，而我們也透過自身的存在加以貢獻。她握著我的手告訴我，她可以感覺到生命力快速流逝時是毫無畏懼的。

她過世後數日，我們將她下葬在海岸線旁的一處自然葬墓園。把她美麗的身軀放在無盡廣闊海洋邊的一小塊土地下，感受很深刻。這個女人，我的弟弟與我曾在她的體內生活，是我們的起源，且構築了我的身體與意識，她環遊世界，並且曾影響數千人，就此分解並化入塵土，滋養其上的樹木、花朵以及菌菇，進

入了無窮盡的循環。為她的肉體存在於地球的年數而煩惱，似乎沒有必要。這麼多年我對死亡及家人死亡的焦慮，完全是浪費精力。死亡是不可控的，而這沒有關係。我有這種感受是因為，我媽在我懷中嚥下最後一口氣時，她是安然的。在她最後清醒的時刻，她輕聲告訴我，我們在此是為了保護宇宙的能量。生與死所有的一切，都是完美的。

把我母親放入土中，我深深感受到我母親與我，以及其他所有事所有人，都是互相關聯且密不可分的，死亡絲毫不能改變這一切。儘管人為力量創造出難以承受的分離、匱乏與恐懼的感知，以便在人與自然中發揮影響力、創造依賴並獲取金錢（如同醫學的 42 個專科模糊了身體的真相那樣），我們仍然可以反擊，並且體現不同事實：這世界是完全相連與無限的。我覺得魯米的文字衝擊了我：「**不要悲傷，所有失去的都會以另外一種形式回來**」以及「**明明此生是由前世而來，為什麼把今生與來世分開考慮？**」經由鞏固這項信念，我發覺好能量的下一個層面已為我開啟，那就是「無所畏懼」。

從孩童時期開始就一直存在我心中的憂慮與慢性低度恐懼開始受到處理與釋放，我感覺自己的健康基線改變了，並覺得有必要繼續這段透過認識本性以掌控人生的旅程，而且我的本性是一個動態且永恆的過程，這是醫學院從未教導的概念。我的心情輕鬆，細胞也變得自由，因而能盡力發揮出最佳功能。

想法如何控制代謝

為什麼對好能量而言，克服慢性恐懼很重要？因為在很多方面，想法控制了代謝。說到好能量與大腦的關係，那就是惡性循環：缺乏健康的習慣會減弱大腦抵禦慢性壓力的能力，而慢性壓力與恐懼會直接造成更多的代謝功能障礙，惡化我們的情緒與復原力。想想人類有75％至90％的疾病都與壓力相關生物作用的活化有關，而且有許多證據指出，心理壓力源與代謝功能障礙有相同的作用途徑。你的細胞會從生物化學訊號「聽到」你的所思所想，而細胞從慢性壓力得到的訊息就是停止產生好能量。事實上，強烈的急性壓力與慢性壓力會觸發所有壞能量標誌：

1. 慢性發炎：在小鼠身上，僅6小時的急性壓力就會導致免疫系統「迅速動員」，而且讓發炎細胞激素的濃度增加。細胞激素是特定的免疫化學物，參與對發炎及傷口的早期攻擊，以及與免疫細胞遷移（免疫細胞前進到需要戰鬥處的方法）相關通道的基因表現。而充滿壓力的想法，會誘發神經性發炎（腦部的發炎）。神經性發炎導致腦部的代謝功能障礙，讓我們容易有憂鬱與神經退化性疾病等代謝疾病。它也會開啟神經系統「主管壓力」的交感神經或「戰或逃」系統，而影響全身。交感神經的過度活化驅動胰島素阻抗、高血糖，以及召集全身的免疫細胞與細胞激素，更加劇了全身各處的壞能量。更長時段的心理壓力，例如童年時遭虐待，發炎細胞激素 CRP、TNF-α 和 IL-6 濃度會增

高。有一位研究者指出，包括發炎在內的慢性壓力，是各種代謝疾病如癌症、脂肪肝、心臟病與第二型糖尿病的「共同土壤」。切記，發炎直接導致壞能量，方法是阻斷葡萄糖通道的表現、阻斷胰島素訊號在細胞裡的傳輸，並促進脂肪細胞釋出游離脂肪酸，隨後肝與肌肉會吸收游離脂肪酸，生成胰島素阻抗。

2. 氧化壓力：2004 年，一項研究檢測了 15 位醫學生在大考前後血液中的氧化壓力生物標記。結果顯示，學生在考前的抗氧化物濃度較低，而且 DNA 與脂質受氧化物損害的程度較高，證實了學生的細胞在有壓力期間會感受到氧化壓力。也有證據顯示，與工作相關的壓力會導致氧化壓力。例如日本的一項研究證明，氧化壓力標記 8- 羥基去氧鳥苷（8-hydroxydeoxyguanosine, 8-OH-dG）與女性工作者的工作量、心理壓力，以及無法減輕壓力的無力感相關。同樣的，西班牙的一項研究發現，與工作相關的高度壓力和另一種氧化壓力生物標記丙二醛（malondialdehyde）有關。大鼠身上的慢性壓力會引發脂肪氧化，並減少抗氧化物的活性。這與較高的 LDL 膽固醇和三酸甘油酯、較低的 HDL 膽固醇有關，於是到最後，大鼠的動脈裡會長出斑塊。有趣的是，動物研究已經證實，攝取抗氧化物能預防壓力引起的粒線體功能障礙，「顯示壓力敏感因子與壓力緩衝因子的存在，會影響誘發粒線體壓力的作用」。同樣的，當大鼠被設計成過度表現粒線體抗氧化酵素時，牠們處理壓力源的能力似乎增加了。

3. 粒線體功能障礙：大部分的心理社會壓力與粒線體功能研

究都是在動物身上進行，結果顯示出一個清楚的趨勢，「經由某種形式心理社會壓力源誘發的慢性壓力，會減少粒線體產生能量的能力，並改變粒線體的型態」。其表現就是粒線體蛋白質功能減少、氧的使用率降低（氧是粒線體製造能量之所需），以及粒線體的含量也降低。

4. 高血糖濃度：急性心理壓力源引發的壓力荷爾蒙升高會導致**致糖尿素效應**（diabetogenic effects），意思是它們會立即快速提高血糖，並且也導致脂肪細胞分解脂肪釋入血流中，而引發胰島素阻抗。處於壓力中，身體會召集「快速」且耐用的能量來源，因此壓力荷爾蒙會促使儲存在肝臟中的葡萄糖分解（肝醣分解），並提高肝臟的葡萄糖產量（糖質新生，gluconeogenesis）。壓力荷爾蒙誘發脂肪細胞中的三酸甘油酯（儲存的脂肪）快速分解，其中一個分解物是甘油，甘油被運送到肝臟後可以透過糖質新生作用製造出葡萄糖。研究者相信，重複的急性壓力反應可能會「引起反覆暴露在瞬間高血糖與高血脂及胰島素阻抗之下，長期下來會演變出第二型糖尿病。」Levels 的會員常常反應，很驚訝一天的工作壓力對血糖的影響，以及血糖升高竟可以顯示出壓力狀況。

5. 新陳代謝生物標記惡化：慢性壓力與肥胖、較低的 HDL 膽固醇、升高的內臟脂肪、較粗的腰圍，以及較高的血壓、LDL 膽固醇、心臟病發病率、胰島素與三酸甘油酯有關。還有，皮質醇濃度也被證實是胰島素阻抗關鍵生物標記 HOMA-IR（請見第 4 章）升高的預測因子。

▌創傷壓垮好能量

不只是日復一日、漸漸累積的低度壓力源會造成健康問題，創傷事件也會對代謝健康造成長期影響。相當多的研究顯示，稱為童年逆境經驗（adverse childhood experience）的童年壓力事件，對於體內的壓力荷爾蒙調節可能有長期影響。這些事件包括情緒或生理上的忽視或虐待、家庭功能失調、汙辱或貶抑、霸凌、犯罪、所愛之人死亡、嚴重疾病、致命的意外以及自然災害。研究指出，高達80％的人經歷過一種或一種以上的上述事件，因此增加了某些狀況發生的風險，包括肥胖、糖尿病、心臟病以及新陳代謝症狀。在某個研究中，遭虐待的兒童（虐待的定義為受母親排斥、嚴厲管教、身體受虐或受到性虐待，或多次更換照顧者），發炎標記濃度（CRP）較高的機會增加了80％，而社會孤立會讓人的代謝生物標記升高的風險增加134％。早期人生逆境一直與體內壓力調節途徑失調有關，且會持續到成年，因此可用來預測代謝疾病之類與壓力相關的慢性病。還有，童年遭虐待可能與改變腦中獎賞途徑有關，而且成年時似乎會有飲食過量與食物上癮的傾向。

在我的診所中，我會詢問病人是否「有壓力」或曾有創傷，然而他們通常會直接回答沒有。但經過2小時門診的深入細究，會發現他們通常有嚴重的童年逆境經驗，而且並未獲得完全處理。有許多次，他們會表示覺得困在工作裡；獨挑照顧責任沒有得到足夠協助，覺得不堪負荷；感覺與父母、配偶、大家庭或孩子間的家庭關係很緊張；感受到社會或財務焦慮；孤獨；親密伴

侶有暴力史，以及其他很多創傷與生命中的逆境。他們不一定把這些狀況歸類為「壓力」，但這些狀況仍是非常真實的存在。

▎訓練大腦進行療癒

不管生命裡發生了什麼事，也不管周遭世界正在發生什麼事，我們都要找出**感覺安全**的方法，才能盡量保持健康。「保持安全」有點像是幻覺，因為我、你，以及我們愛的每個人都將不免一死。然而**感覺安全**是我們可以經由刻意練習而在內心與體內培養的。這是畢生的工作，而且每個人都有不同的路要走。第一步是意識到慢性威脅誘因與生命創傷對健康的影響，然後我們要改善「硬體」（身體的結構與功能）與軟體（心理與架構）。要改善硬體，牽涉到與好能量習慣有關的食物與生活策略，才能在體內創造最有益心理健康的真實身體狀況。要改善軟體，需要找出方式來管理與療癒壓力源、創傷和思考模式，因為這些限制了我們，造成糟糕的新陳代謝狀況並妨礙生命的蓬勃發展。

吃得健康、睡得好加上運動，在面對存在恐懼或憂鬱時似乎是微不足道的小事，但我向你保證，如果你每週至少提升心率150分鐘，並且遵守第5章提到的食物原則，你會發現自己有所改善，而且你的大腦會更有能力克服生活壓力。如果你睡眠充足，你的世界自然看起來更令人驚嘆。專注在**輸入（習慣）**，結果就會開始呈現。特別是在充滿壓力或恐懼的狀態下，要激勵自己做看看這些事應該會非常困難，而好的第一步是，從本書中找出**任何**你覺得有啟發的健康方法，然後嘗試看看，因為積小勝可

以得到大勝。

我們現在如同困籠之獸，被逐步進逼的威脅所包圍，這些威脅透過科技、化學物等進入了我們的家與每日生活中。儘管大腦只占全身重量的 2％，卻用了不成比率的 20％ 全身能量，因此細胞層次的功能失常對大腦打擊特別大。專注好能量習慣，雖然緩慢但可以肯定的是，好能量將接管我們的生活。

自我療癒的 15 個方法

治癒創傷、開始無條件的愛自己、感覺毫不受限、與死亡和解，這些都是艱鉅的任務。以下 15 件事是經研究支持、有助於達成目標的方法：

▎1. 與心理治療師、教練或顧問建立好關係

我們有負責身體健康的醫師，負責汽車的技師，負責健身的教練，負責稅務的會計師，負責合約的律師，負責投資的理財顧問，然而我們卻仍認為，為心靈這個生命最重要的面向尋求專業協助是小眾或可恥的行為。我懇求你無視關於「心理健康」的任何文化訊息或汙名，而把治療、教練或顧問行為看成是能讓生活最大化的一種最高槓桿投資。如果你想逃避「心理健康」的概念，就把它想成是「頭腦教練」或「頭腦最佳化工具」。每週花 1 小時與專業人士進行內省與感情剖析，所帶來的差別是得到心理上的自由，或自囚於反覆的不良思維模式。找到很棒的治療師

要花時間,如果第一個治療師不合拍,也千萬不要灰心。

BetterHelp.com 之類的線上服務可以簡化與治療師配對的過程。或者詢問同社區中你覺得心情愉悅又快樂的朋友,是否有合作過且喜歡的治療師。

2. 追蹤你的心率變異度,並想辦法改善

利用穿戴式裝置例如 Whoop 手環、蘋果手錶、Fitbit 手環、Oura 戒指,以心術(HeartMath)或 Lief 等 app 來監看心率變異度,並確認導致心率變異度降低的誘因為何。使用 Lief,你可以即時看到你的心率變異度,並注意到哪些經驗會造成心率變異度下降(表示壓力較大),以及什麼干預措施(例如深呼吸)此時有幫助。

3. 練習呼吸

呼吸是刺激迷走神經與活化副交感神經的有效方法,副交感神經在神經系統中主管休息與消化。活化副交感神經有助於你快速平靜下來。你也可以試試簡單的呼吸技巧,例如**箱式呼吸法**(box breathing),這一種放鬆技巧,透過吸氣、閉氣、吐氣,然後再次閉氣的模式,每階段都計數 4 秒,進行緩慢且深長的呼吸。你可以在 YouTube 上找到許多教學影片,而且也有例如 Open 與 Othership 之類的 app。

4. 練習正念冥想

已經證實持續進行正念冥想 8 週，每天進行短短 20 分鐘，就能有效降低數種代謝生物標記，包括尿酸、三酸甘油酯、ApoB（測量所有致病膽固醇粒子在體內的量，請見第 4 章）與血糖，同時可以改善心情、焦慮與憂鬱。這些改變很可能是冥想降低了壓力荷爾蒙，以及影響正向代謝效應所產生的結果。和一般大眾相比，練習正念冥想的人會減少 NF-κB 與高敏感度 C 反應蛋白兩者的基因表現。冥想專家可以降低促發炎基因的表現，並在一次長時間的冥想下，改變表觀遺傳學的途徑。透過活化心靈，我們可以確實改變我們的基因表現、血糖濃度以及免疫系統活性。

正念冥想可以看起來非常嚇人非常難，但它並不需要這樣。冥想簡單到只是安靜的坐著，不管腦袋裡迸出什麼想法都不要去理會。每當有念頭冒出，覺知它，在腦中記下來，讓它飄走，然後再重新開始。這樣做，你就鍛鍊了回到「當下」的肌肉。10 分鐘的冥想，你的頭腦可能會冒出一百條想法。在冥想中冒出這麼多想法好像很失敗，但是覺知到它們才是重點。還有另一種方法是，你**不必**覺知腦中冒出的想法，讓自己在毫不知情下搭上「想法列車」。但只要覺知到想法，你就可以**離開**「想法列車」，回到此刻。這樣做，你更能確認你本身與奔流過腦海的焦慮想法是分開的。大部分人花了一輩子時間從這個想法跳到那個想法，從沒有跳下那班「想法列車」，還以為這就是「真實」，還以為「你」就是這樣。事情並非如此。你只要下車，然後重新

回到此刻，而這就像從夢中醒來，然後踏入幸福的心靈空間。

你腦裡的聲音，那些恐懼、焦慮、憤怒、悲傷，都**不是**你。很多人在冥想時感覺受挫，因為他們對此「不在行」，而且「會**分心**」。然而冥想的重點就是**分心**。冥想讓我們知道，不管怎麼努力嘗試，大腦就是會製造出想法，而我們可以選擇讓這些想法離開，或改變它們。然後我們可以把這個體會帶入日常生活，讓我們可以脫離失控的內在聲音負荷，更清晰的感知到自己無限的心靈本性，同時也更專注於當下，全心投入陪孩子玩、散步，或與所愛之人談天。

另一個隨時練習正念的方法是，閉上眼睛然後細查身體的每一種感覺：你的呼吸、你坐在椅子上的屁股、任何冷或熱之處、你踩在地上的腳趾、進到你鼻腔與肺部的空氣。細查身體可以強迫你進入此刻，帶你遠離焦慮或挫折的精神狀態。

我最喜愛的冥想 app 是 Calm 和 Waking Up，此外 YouTube 上還有許多教導冥想的影片。即使只進行 10 分鐘冥想，也可以徹底改變一整天。

Muse 之類的裝置可以幫助你進行冥想練習，並且在你的大腦進入更放鬆的狀態時，利用生物回饋讓你知道。

▌5. 嘗試動態正念練習，例如瑜伽、太極或氣功

研究已經證明，瑜伽跟太極這類跟身體與精神都有關的身心干預，可以改善憂鬱、焦慮與壓力。它們也可以增加副交感神經的活性、降低皮質醇、減少發炎以及改變基因的折疊與表現（表

觀遺傳學），這些都對代謝問題有正向的影響。

6. 多親近大自然

現在有些醫師會開出「大自然藥片」處方，內容是多花點時間接觸大自然，因為有證據顯示，這樣做會明顯降低壓力荷爾蒙，而且增進副交感神經與心情。即使是到都市的公園，也會對健康與壓力標記有顯著影響。

近距離觀察自然，我們就有機會在深度和諧、交互關聯，以及貫穿自然世界的循環中冥想。我們看到很多極端與循環圍繞著我們，創造出生命、健康與美麗，例如睡眠與清醒、黑夜與白天、冷與熱、副交感神經與交感神經系統、高潮與低潮、鹼與酸的極端；還有如春夏到秋冬、新月到上弦月到滿月到下弦月，以及月經來潮到濾泡期到排卵到黃體期等循環。這些節奏在大自然中環繞著我們，是我們達到無懼最好的老師，因為它們展示了這世界即使在不同狀態中擺盪，仍是**徹底和諧**的。但我們活在現代世界裡，與自然完全隔絕，於是開始漠視、戰鬥或壓抑極端與循環，並在幻相之中認為它們不夠好，以為可以勝過它們。透過工業化農業，我們要求土壤給予我們無盡的夏日；透過廣泛使用口服荷爾蒙對付痤瘡、多囊性卵巢症候群到避孕等一切，我們把女性身體那些震撼人心（以及孕育生命）的節奏化為不值一提的小事，也忽視了這個循環做為女性整體健康生物反饋工具的強大作用；透過永不熄滅的人造光，我們創造出不需要夜晚的幻相；透過恆溫裝置，我們推動了熱中性的生活方式，從此不會過熱也不

過冷。然而結果並不如意。我們已經忘記，充分善用大自然的方法，是以尊敬、愛護與溫柔協助的方式，而不是以支配、壓迫與濫用的手法。

在忙碌、煩亂的工業化生活中，我們已經與大自然分割，因此變得懼怕並想控制自然的節奏與現實，當無法達到偏好的極端或階段時，就生出匱乏感並因此緊張焦慮。在兩極中，「陰」的循環階段會顯得無生產力與荒廢，所以我們壓迫並急於結束它們，以為自己聰明到可以創造出一個永遠處在「陽」的世界。我們真的太愚昧了。關注大自然並抱持敬畏是最好的老師，讓我們能自在面對死亡與因匱乏而生的焦慮。當仰望自然並真的花時間置身大自然，以謙卑與敬畏之心向大自然學習，你就會了解真的無須畏懼。絕對不要讓自己與你的起源分離，也就是土壤、太陽、水、樹木、星辰與月亮。要常出門走走，多感受平靜。

7. 閱讀能鼓舞及發人深省的心態、創傷與人類境況相關書籍與文字

我在屋裡到處放了這些作者的書，來時時提醒自己看向「大局」。當然相關的有聲書與播客也都非常好。

我非常推薦下列關於心態、心理健康以及重塑我們與壓力、創傷關係的書，包括《心態致勝》（Mindset）、《發現真愛》（A Return to Love）、《覺醒的你》（Untethered Soul）、《全人療癒》（How to Do the Work）、《腦能量》（Brain Energy）、《美國人的心智是如何被黑的》（Hacking of the American Mind）、《洗腦》

（*Brain Wash*）、《改變你的心智》（*How to Change Your Mind*）、《覺醒》（*Waking Up*）、《打破人生幻鏡的四個約定》（*The Four Agreements*）、《你已超出你的想像》（*You Are More Than You Think You Are*）、《界線設定之書》（*The Book of Boundaries*）、《得到你想要的愛》（*Getting the Love You Want*）、《人生4千個禮拜》（*4,000 Weeks*）以及《依附》（*Attached*）。其中許多書的有聲書也很棒，而且我發現在準備開啟一天時，聽十分鐘與心態、精神毅力有關的書、播客或文字，可以讓我處在正向的信念中。

關於討論人的境況、死亡、永生以及自然永續的作家與詩人，我推薦的有奧利弗（Mary Oliver）、丘卓（Pema Chödrön）、尤迦南達、波倫（Michael Pollan）、埃思戴絲（Clarissa Pinkola Estés）、賽內卡（Seneca）、奧理略（Marcus Aurelius）、基默爾（Robin Wall Kimmerer）、魯米、老子、紀伯倫、哈菲茲（Hafiz）、惠特曼（Walt Whitman）、默溫（W. S. Merwin）、一行禪師、艾克曼（Diane Ackerman）、瓦茲（Alan Watts）、湯瑪斯（Lewis Thomas）、達斯（Ram Das）、里爾克（Rainer Maria Rilke）、喬布拉（Deepak Chopra）以及王維。

8. 試試香氛療法

臨床研究證實，天然香氣是放鬆的強力誘因。同儕審查的論文〈薰衣草與神經系統〉（Lavender and the Nervous System）中提到，薰衣草精油經充分研究，對減輕壓力與助眠特別有效。滴幾滴精油在手上然後揉開，把手覆在臉上，然後深呼吸幾次。

9. 書寫

　　如果心情低落，覺得無法「脫困」，那就按下計時器計時 5 分鐘，寫下你的問題。書寫也是通往創造力，並與「更大局勢」相連的神奇方法。很多研究顯示，對於焦慮或發炎疾病患者，書寫是具有減少苦惱與加強臨床效益的方法之一。記錄「正向情感」12 週，內容包括專注寫下正向情緒例如感恩或省思他人的幫助，已經證實對有健康問題與焦慮的病人能減輕精神困擾，同時增進韌性與社會融合。

　　若想開始進行規律寫作，我建議閱讀下列書籍，包括卡麥隆（Julia Cameron）的《創作，是心靈療癒的旅程》（*The Artist's Way*）、普雷斯菲爾德（Steven Pressfield）的《一生之敵》（*The War of Art*）、吉兒伯特（Elizabeth Gilbert）的《人生需要來場小革命》（*Big Magic*），以及魯賓（Rick Rubin）的《創造力的修行》（*The Creative Act*）。

10. 刻意專注於敬畏與感恩

　　每日專注於敬畏、豐盛與感恩。我最好的日子以一張空白紙開始，然後在紙上列下所有感恩之事，這有助於產生深刻的豐盛感，讓內心平靜，並幫助我基於安全感行事，而非恐懼。

　　散步時刻意專心尋找周遭令人敬畏的事物：快速橫過天際的雲朵、鄰居院子裡的果樹、從水泥縫裡冒出的草、月光籠罩了你、雪從空中落下、鳥兒窩在你的籬笆上。觀看如群山、落日、河流、海洋與森林這類比自己大很多，而且我們完全無法掌握的

事物，來讓自己保持謙卑。

直到近代之前，人們很少因受到持續侵擾而分心，這些侵擾觸動我們的多巴胺反應，讓我們欲罷不能。我們曾有空間對自然的宏偉與生命的循環感到敬畏，我們感受到動物、豐收、日與月、生與死都是宇宙強大的動力。然而我們已經喪失了與自己的身體，以及與自然的連結，而且需要刻意努力重新訓練大腦，才能看見並讚賞所有的雄偉壯麗。奇蹟藏身各處且就在眼前，只是在注意力的零和遊戲中，受「分心產業綜合體」所掩蓋。把注意力重新專注在敬畏上，是反叛且獨立的舉動。

魯賓在《創造力的修行》中分享了一個觀點：「要把畫面放大而沉迷其中，或把畫面縮小來全面觀察，全都操之在我」。我花了很多精力專注在槍枝暴力上，因為在周遭所有螢幕看到的都是這些事件，而且有時我讓它掌控了我太多的心靈空間與行為，阻礙我「看到」周遭令人驚嘆之美。我們絕不應該忽視社會問題或避不參與改進。但是允許自己為注意力創造空間以沉浸在敬畏當中，可以達到身心健康，因而能夠全力且無限制的展現自我，有助於帶著更多能量與決心來正向影響這個世界，並克服毀滅性的社會趨勢。

11. 練習積極的愛自己

提防負面的自我對話，想辦法變成自己最大的支持者，而且是自己生命中最偉大的愛人。有時我們生命中最嚴重的威脅（以及我們細胞「聽到的」），是我們為自以為的缺點斥責自己的聲

音。常常，我們可能只是模仿那些有害的聲音，那些聲音來自過去所受到的斥責或是內化的文化。積極改變這些陳述。你有力量用仁慈與支持的方式來跟自己說話，要像這樣告訴自己：「我非常愛你。你有韌性而且在生命中經歷了太多。你能花時間讀讀這本關於健康的書，我很為你感到驕傲。」對你自己（和你的細胞）說話時，要像對懷中新生兒說話那樣，生命不需要做任何事來求得無條件的愛與關懷。如果這對你來說很難，試試慈心冥想或尋求專業心理治療會有幫助。

12. 減少瞎忙

擁抱「錯過的快樂」（Joy of Missing Out, JOMO）。不介意有幾段鬆散的時間，自己一個人，沒有外界持續的干擾。當你對某個特別的活動或晚會不感興趣時，要以說不為樂。一個很好的標準是，當你不是「全身都大聲說好」（whole body YES），就可以跳過這件事。「全身都大聲說好」這個詞，是《清醒的 15 項承諾》（*15 Commitments of Conscious Leadership*）作者、領導力教練查普曼（Diana Chapman）所創。如果錯過讓你不舒服，要提醒自己生命中還有許多機會，「錯過」真的只是由匱乏衍生出的幻相。所有你對沒有熱情之事說的**不**，是為了對可以用來做更有意義之事的時間說**好**。

13. 培養社群連結

根據 2023 年發表在《心理學前沿》（*Frontiers in Psychology*）

期刊上的文章，寂寞是美國三分之一成年人常有的感覺，而且可能會直接造成糟糕的新陳代謝健康。由於社會連結在生存演化上很重要，寂寞被認定為已「演化成警報訊號，與飢餓或口渴類似，需尋求社會接觸來增加生存機會」。現在還不完全清楚寂寞與新陳代謝健康不佳間的關係，但可能是因為交感神經與副交感神經的平衡失調以及升高的壓力訊號所致，而這些狀況會降低粒線體功能。正向的社會連結會釋放催產素，可能因此抵銷這些狀況，催產素是荷爾蒙也是神經傳遞物，能抵抗壓力並抑制壓力荷爾蒙的釋放。

14. 致力進行數位排毒

　　研究指出，過量使用智慧型手機與負面的「精神、認知、情緒、醫療與大腦改變」有關。已經證實只要每天減少使用智慧型手機 1 小時，就能降低憂鬱與焦慮症狀，並增加生活滿意度。找一些活動來**強迫**你遠離手機、數位裝置、社交媒體與新聞。這類活動可能包含手划槳板、衝浪、游泳、泛舟、登山健行或攀岩。出門時如買菜、參加演唱會或長途健行不要帶手機。請朋友幫你把社交媒體的密碼改掉，等到特定時刻才告訴你新密碼，或者採取《誰偷走了你的專注力？》作者海利的建議，買一個可設定時間且難以破解的保險箱，把你的科技用品鎖進去，直到你設定的時間結束為止。

15. 考慮輔以神奇蘑菇治療

如果你有興趣，我建議你探索在刻意引導下的神奇蘑菇治療。已經有強力科學證據指出，對某些人而言，神奇蘑菇治療可能是一生中最有意義的經驗，對我而言的確如此。

如果**迷幻藥**一詞讓你裹足不前，我以前也跟你一樣。我在童年與年輕時都極力批判使用任何類型的藥物，但當知道它們在傳統上的廣泛運用後，就對植物療法與迷幻藥開始有興趣，於是分析了加州大學舊金山分校與約翰霍普斯金大學的突破性研究，並閱讀了哈里斯（Sam Harris）的《覺醒》以及波倫的《改變你的心智》。我們的頭腦此刻正在現代社會中受苦，而且我相信對任何可以安全增加神經可塑性並讓我們更感恩、更有敬畏心、更專注，以及有宇宙安全意識的事情，都應該嚴肅以待。最近《經濟學人》雜誌根據對個人與社會的危害，為 20 種藥物進行排名。排名在前的是合法藥物：酒精、類鴉片、阿德拉及菸草，而排名墊底（也就是最安全）的三種是搖頭丸、麥角酸二乙醯胺（LSD）以及神奇蘑菇。現今有高達 25％的美國成人服用血清素再吸收抑制劑之類的抗憂鬱劑，或苯二氮平類的抗焦慮藥物，醫療系統以這些藥物麻痺我們，並沒有解決我們生理上的根本原因（但為醫療系統製造了經常性收入）。神奇蘑菇與其他迷幻藥一直遭汙名化。今日，神經科學家幾乎普遍認為，迷幻藥研究是他們學術事業最有前景的方向。許多這類天然物，例如「神奇蘑菇」裡的裸蓋菇素（psilocybin）原本就存在於地球，可以引發奧妙的飄飄然經驗。

約翰霍普斯金大學在 2016 年的一項研究顯示,「67％的志願者把使用神奇蘑菇的經驗評價為一生中最重要,或是前五名的經驗……與產下第一個孩子或父母當中一人死亡類似。」這是我所見最具社會重要性的研究發現。

最近,加州大學舊金山分校的一項研究證實,一群有嚴重創傷後壓力疾患的人「在治療期間服用搖頭丸,與只接受一般治療的人相比,症狀的嚴重程度大幅減輕」。約翰霍普斯金大學的神經科學家多倫(Gül Dölen)說:「從未在神經精神疾病的臨床試驗上看到類似情況。」加州大學舊金山分校研究的一位參與者歐斯壯(Scott Ostrom)由於在伊拉克的經歷,深受極為嚴重的創傷後壓力疾患折磨,他說使用搖頭丸的經驗「刺激了我意識上自我療癒的能力……你會明白為什麼無條件愛自己是可以的」。

就在我即將得知我媽末期診斷之前一個星期,我於太陽下山之際坐在沙漠地上。我受到啟發吃了神奇蘑菇,我只能形容那是一種內在聲音在輕聲說道:「**是時候準備了。**」那時,意識上的我不知道要準備什麼,但是就當我沐浴在月色下,我感受到與日月星辰與坐下沙粒的每個原子以及與我媽,在宇宙連通難分難解的鏈結中融為一體的體現,而人類概念裡的「死亡」根本無法與之匹配。在那一刻,我確信一體無法分割。我發現自己屬於無限且連續的宇宙俄羅斯娃娃系列,從生命開始到我出現之前,已有數百萬的母親與嬰兒。我感受到自己如何透過我的母親這個生命的通道,以宇宙的構築磚塊印出我不斷變化的形體,以及這個形體如何變成雷電引針,導入我的靈性或點亮我的意識,啟動這個靈

性／意識與身體的二元性，以此定義我們人類的經驗，而且這個經驗若不加以省思，可能會造成心理上的痛苦。

在我的經驗裡，神奇蘑菇可以是通向另一個不同的真實世界之門，那個真實世界解放了我對自我、感情與個人歷史的枷鎖。因為我能感受到那種無限性與平靜，雖然為時短暫，但我現在知道可能達到什麼境地，以及可以努力透過每日的習慣來到達那個境界。我知道心靈比我們想的還要更強大，而且只要我們**允許**，它可以召喚出巨大、積極且有創意的景象，而且思維的潛力能改變我們日常生活原本的可能性。

萬物相生相連

我媽過世後不久，我到紐約旅行。有一天深夜，我走到西11街那間一樓公寓，我媽在那裡度過了年輕時的10年人格形塑期。我知道在這個公寓裡，她讀了佛教經文、創業、彈琴到深夜，然後準備出門到54俱樂部跳舞。我坐在門階上，淚緩緩流過臉龐，彷彿可以看到她單身時代出門的樣子：180公分高、漂亮極了，那時我已經在她的肚子裡，從72年前她還是我外婆體內的胚胎時，我就以卵子的形式存在她身體裡了。我往外望著街道，看向1981年她與我父親第一次約會時她親吻我父親的確實所在。而這個男人將是解鎖她體內賦予生命潛能的另一部分拼圖，並且完成了我的形體與意識。

從我的眼角，我注意到地上躺了一本破爛的舊書，書名是

《老女人》(*The Odd Woman*，指稱如我這樣大齡單身女性的復古名詞)，作者是蓋爾‧戈德溫(Gail Godwin)，而我媽的名字也是蓋爾。我不由自主走過去把書撿起，翻開，書頁上說，

> 有一天，全宇宙都會接受：而且基本上毫無困難，除了我們自創的自我會告訴我們有困難。
> 所有的不和諧、衝突、對話、愛情事件與失敗及死亡，都是表面的事件。它們沒有一件是重要的，真的。
> 唯一重要的事是我們如何享受此刻，以及我們對此刻的態度。人應該要臣服於此刻並享受它，即使它糟糕得可怕。
> 你是說假如有人在某個特定時刻遭謀殺，也要享受那個時刻？為什麼不？為什麼不享受它？這是他的最後時光，是他有限人生最後的個人表面事件。當然，為什麼不享受？那時還有更好的事要做嗎？

或許這是我媽在對我說話。即使在極端的例子，在死亡逼近時，我們也應該對生命充滿敬畏與讚嘆，並看清自我的幻相以及萬物連結的真相。這確實就是她所為：在面對癌症末期診斷時，在生命最後的 13 天，當沙漏中沙子快速流下時，她仍散發喜悅、感恩與好奇。

我們對太多事無能為力。在面對無可避免的死亡、環境中的慢性壓力誘因，以及文化缺乏對復原力或因應方式認知下所受到的童年創傷，我們很難有堅定不移的安全感。當然，我們要為自

己與家人的安全做合理的預防措施，但活在慢性壓力下既不理想也不合理。

　　通向人類最大幸福之路並不是鋪滿更多藥物與處置，以治療一長串逐漸增加的個別症狀。改善我們的健康，需要了解我們與宇宙中所有事物都互有關聯且密不可分，包括土壤、植物、動物、人們、空氣、水與陽光。我們若要生氣煥發，必須回歸敬畏我們與自然世界所有事物互相依存的關係。我們也必須認知到，身體的每一個部分都互相連結，而不是如醫學界要我們相信的，人體是區分成 42 個互不相干的獨立片段。我們對生命科學的認識愈深入，我就更相信要發揮身而為人的最高潛能，需要再次投入許多遭現代生活驅離的自然基本要素。這並不是要我們拒絕現代生活或重新創造過去的時代，而是可以使用尖端工具、技術與診斷方法，來使我們更有能力、更深入了解我們與周遭世界的關係，並有助於我們把日常選擇與投資對準已經深深刻入細胞的代謝需求。此刻，我們已經理解也有了工具，可以活出人類歷史上最長壽、最快樂、最健康的人生，其中的根本就是幫助我們的細胞製造出好能量。

想查閱本章引述的論文，請上網站 caseymeans.com/goodenergy。

第三部

在生活中
融入好能量

第 10 章

4 週好能量計畫

假如簡單的習慣（如吃全食物、充足的睡眠、規律運動及管理壓力）可以脫胎換骨，為什麼照著做的人那麼少？假如這些簡單的舉動可以讓人健康又快樂，為什麼我們不全都照做？

我想問題存在於我們的集體潛意識，而且它還助長了醫療系統的潛在信念，例如「病患很懶」、「生活型態介入療法注定失敗」還有「人都想要簡單的方法」，或者以為更複雜或更「新穎」的解方才是答案。這些對病人的批評巧妙忽略了事實，那就是有數兆美元的激勵措施，正把我們推向吃超加工食品、久坐、少睡，以及活在慢性恐懼中。

真相是：練習**簡單的**好能量習慣是一種反抗之舉。這一章將列舉 25 個最重要的習慣，以 4 週的計畫幫你融入生活中。經由執行這些習慣你會精神煥發，並且把許多與細胞能量製造不足相關症狀的風險降到最低，這些症狀橫跨憂鬱、肥胖、膽固醇、高血壓、不孕等。

這個 4 週計畫的目標不在於一次就把全部習慣進行到位，而

是逐漸改變心態並踏上永續的好奇之路。追求好能量時，可能會讓你覺得有必要重新調整全部人生，以保護自己遠離所有現代文化中的有毒元素，同時花超乎想像多的時間進行健康習慣。最後，我們會希望盡量減少累壞身體且拖累好能量過程的選擇（例如精製糖、精製穀物、種籽油、環境毒素），並盡可能選擇能建立復原力，並符合身體維持理想運作之所需，例如，睡得好、omega-3 脂肪酸、規律運動。

當復原力與有助益的選擇持續超越身體的壓力，你會開始感覺很好且精力煥發。每天我都致力於盡可能補上最多好能量習慣，來調整我的引擎，以建構生物作用能量、復原力以及有利細胞功能與健康。同時，我也試著保護自己不遭受過量的**調適負荷**（allostatic load，指慢性壓力源與人生大事對身體所造成的累積負荷）。依據心情、環境與動力組合出的好能量習慣，可能看起來每日都稍有不同，但沒關係，因為我們不是機器人，我們是活生生的人。成功的基礎是知道哪些習慣有助於維持新陳代謝健康，然後盡量多以這些習慣建構出每日生活，並且努力持續。有些習慣會變成第二天性，做起來毫不費力，然而其他習慣可能每天做起來都很困難。

在 4 週計畫中的第一週，我們會做一個測驗當作基準，看看你擅長哪些好能量習慣，哪些有更多進步空間。我們會定義你的「為什麼」、開始寫下食物日記、建立衡量體系以及有責任承擔的問責系統。第二週，我們會專注在食物上，力行前三個核心好能量習慣，也就是清除精製穀物、精製糖，以及工業種籽油這

「三種不好的」壞能量食物,並在接下來三週全力實踐,此外你也會接觸到其他的飲食習慣,來為後續 2 週做準備。在第三週與第四週,除了持續第二週的三種好能量習慣外,你要再選出三種基礎好能量習慣並全力以赴。

再次強調,這個月的目標不在完美或一下子就全力投入每個習慣,而是熟悉好能量習慣,並培養自信來融入更多好能量到生活中。而且理想上,當你進行 4 週好能量行為時,也會在「能力階段」曲線往上爬升(關於能力階層請看下方說明)。

能力階段

能力階段是 1960 年代流行的學習模式,用來描述某個技能或習慣變得輕鬆熟練的過程。在進行代謝健康旅程時,這個模式對了解很你要往哪走很有用。它分成下面四個階段:

1. 第一階段:無意識的不勝任(最糟)
2. 第二階段:有意識的不勝任
3. 第三階段:有意識的勝任
4. 第四階段:無意識的勝任(最佳)

無意識的不勝任,代表你還沒有這種習慣,而且甚至不知道為什麼它很重要。

有意識的不勝任，代表你知道要做什麼來變健康，但沒有規律的進行。

有意識的勝任，代表你建立了這個習慣並有規律的持續進行，但要刻意才能做到，而且做起來還是覺得有阻力與困難。

無意識的勝任，代表你建立了這個習慣，能有規律的進行且幾乎不需要特別思考。它成了第二天性，而且完全成為你生活的一部分。

我們希望每個好能量習慣最後都能達到第四階段，每個習慣最後都融入生活，不用刻意去做。不幸的是，多數人的大部分習慣都停留在第一或第二階段，因為我們的文化（學校、工作、家庭生活）、食物誘因與醫療體系誘因，都設計成讓我們沒有能力保持健康，並正常化有害行為、環境與習慣。在第一階段時，我們早已養成了長期的不健康習慣，但認為這些習慣很好，因為我們不知道：我們並**沒有意識**到我們不勝任。以睡覺時開著電視當背景為例，這是不知道藍光可能嚴重影響褪黑激素分泌，另一個例子是吃含人工色素的食品，因為你沒有意識到很多人工色素可能有神經毒性，並會促進氧化壓力。就如本書從頭到尾都在討論的，很多企業努力讓我們在健康行為上變得無能，並且沒有意識到這點，方法是把不健康的習慣與選

擇正常化、讓它們更便宜,並稱那些想變健康的人士為精英分子,以及使用其他很多讓我們生病的手段。

閱讀本書後,你的所有好能量習慣至少會處於第二階段:**有意識的不勝任**。你知道需要做什麼來使身體有好能量並健康煥發,但你還不大能每天實踐所有習慣。等第四週的好能量生活結束後,你會希望所選的三個習慣,以及三個核心好能量習慣(不再食用精製穀物、糖與種籽油)都朝第三階段(有意識的勝任)前進。久而久之,在持續的覺知與練習下,你會朝向第四階段前進,屆時健康生活就是你的生活。

我建議你仔細察看完整的 25 個好能量習慣清單,並評估你在每個習慣的等級。有些人在一些習慣上可能處在第四階段,其他習慣可能在第二階段。在專心吃飯與熱療法上,我處於第二階段(我知道照做對細胞有益,但我三天打魚兩天曬網)。在睡眠一致性與睡眠長度上,我擺盪在第二階段與第三階段(這些習慣我通常進行得很徹底,但卻相當吃力,每天都要刻意想到還要計畫才行)。而直到最近,我在日行萬步與阻力訓練上才從第三階段晉升到第四階段(完成對我困難不大,且我有方法把它們納入日常生活中,例如邊散步邊開會、使用跑步機書桌、把已付費的阻力訓練課放入行程表)。我最堅定的習慣是獲取足夠的纖維、

不吃精製穀物、糖、種籽油,而且定期接觸大自然。它們現在已經是生活中無意識的習慣,**沒有**做反而痛苦。在第三與第四週試著選出三個你正處在第二階段(有意識的不勝任)的好能量習慣,看看2週內你能不能努力達到第三階段(有意識的勝任)。

第一週──建立基線標準並打造問責系統

　　好能量旅程的第一步,是確定你的**為什麼**。假如你無法清楚知道自己在珍貴的一生中渴望成為哪種人,你會發現要做出持續且有益的健康選擇會是一件難事。但如果你很清楚要建立出怎樣的個人特點,提起動力就會容易許多。

　　變得更瘦並不是個人特點或價值觀,而且我保證這個目標並不足以讓你達到真正較健康的境界。更長壽也不是個人特點或價值。這些原則在過去曾鼓舞過我,但從我的經驗看來,它們並不如價值觀持久,價值觀才能觸及更深層的人生目標。

　　在決定生命中何者為重以及你的生存目的時,價值觀反映出你個人獨特的判斷。你的選擇與行為,就是你向這個世界(更重要的是對你自己)展現你的價值觀為何的方式。行為與選擇決定了你的身體是否能正常運作並充滿活力。選擇與價值觀間有了落差,是讓生活變得不易的根本原因。

　　以我為例,我選擇建立好能量習慣,是因為我想建立的個人特質,是這個人:

- 重視生命、身體與意識等珍貴禮物
- 想有精力與生理能力，來對家庭、密友與世界有積極影響
- 為自己而活並時刻想到自己，不希望身體受產業勢力控制，因為它們賺錢的方式是讓我們與全球人口一直生病與依賴
- 選擇尊重生物多樣性及土壤、地球、空氣與動物的完整性

你這樣做的理由是什麼？讓細胞產生好能量，會為你的生活帶來什麼身分認同？你想要以什麼價值觀生存？

現在花 15 分鐘列下**為什麼**你希望細胞運作得更順暢而且能量充沛。

接下來，盤點你需要啟動什麼槓桿，讓細胞有最佳機會來妥適的產生能量。在你的生活中有哪些因素會特別有害或有益於你的細胞？對你而言與對我而言，問題看起來會相當不同，我可能需要更注意睡眠並增加整天的運動頻率，而你可能需要去除家裡的環境毒素，並遠離超加工食品。下列問題有助於你確認自己處在好能量光譜的位置，並專注於生活中最需要好能量習慣以達完善的領域。

標準：你屬於 6.8% 的健康之人嗎？

注意，這些數據應該都可以從你的年度健康檢查中取得：

1. _____ 空腹血糖 < 100 mg/dL

2. _____ 三酸甘油酯 < 150 mg/dL
3. _____ HDL 膽固醇 > 40 mg/dL（男性）或 50 mg/dL（女性）
4. _____ 男性腰圍 ≦ 102 公分（40 吋），女性腰圍 ≦ 88 公分（35 吋）
5. _____ 血壓的收縮壓 < 120 mmHg，舒張壓 < 80 mmHg

總分：_____／5

假如你在這部分沒有全部得分，你就屬於那 93.2％需要完善細胞能量生產的美國人。

任選題：我也建議你請醫師進行下列檢查，並把結果與第 4 章的最佳範圍進行比較：

- 空腹胰島素並計算胰島素阻抗指數（HOMA-IR）
- 高敏感度 C 反應蛋白（hsCRP）
- 糖化血色素 A1c
- 尿酸
- 肝臟酵素：天門冬胺酸轉胺酶（AST）、丙胺酸轉胺酶（ALT）與丙麩胺酸運輸酶（GGT）
- 維生素 D

如果醫師不願意幫你安排這些檢查，或者你比較想以簡單的

方式進行，建議可以報名「功能健康」的綜合實驗室檢測套餐，費用約為 500 美金。

如果你的醫師說這些檢查你都不需要，你可以用下面這段文字加以請求：

> 我想請您幫我安排下面這些檢查，讓我能更了解我整體的代謝健康狀況。我致力於知道自己的關鍵代謝生物標記的狀況並進行長期追蹤，如此我可以努力讓它們保持在健康範圍內。我知道很多標記指出的輕微功能異常，可能要再過很久才會到達臨床診斷門檻，但我認為如果這些改變已經發生，晚知道不如早知道。對於幫助我更了解自身的健康狀況，我很感謝您的協助，而且很期盼有機會跟您一起完善我的檢查結果。謝謝。

好能量基準測驗

這個測驗有助於你鎖定焦點，以朝向好能量前進。目標是意識到哪裡有機會可以有效支持粒線體與細胞健康。

食物

1. ＿＿＿＿ 我目前使用食物日記或食物追蹤軟體，持續觀察我攝入了哪些食物與飲料。
2. ＿＿＿＿ 如果有一張食物清單，我可以正確指認出未加工／輕度加工食品與超加工食品間的區別。

3. _____ 我買所有包裝產品都會仔細閱讀食物標籤。
4. _____ 我很有信心每天都吃少於 10 克的**添加精製糖**。（不包括水果含的糖或其他未加工全食物裡原有的糖）。
5. _____ 我很確定上個月沒有吃任何高果糖糖漿。
6. _____ 我每週上餐館、吃速食或叫外賣少於三次。
7. _____ 我很確定我每天至少吃 30 克纖維。
8. _____ 我很確定我每週至少吃 30 種不同的植物性食物（涵蓋水果、蔬菜、香料、香草、堅果、種籽以及豆類）。
9. _____ 我三餐大部分都自己準備。
10. _____ 我每天至少吃一種未添加糖的益生菌食物（例如未加糖的優格、韓式泡菜、德式酸菜、納豆、天貝或味噌）。
11. _____ 我每天至少吃一份十字花科蔬菜（例如青花菜、抱子甘藍、花椰菜、青江菜、羽衣甘藍、芝麻菜、高麗菜、櫻桃蘿蔔、蕪菁、大頭菜）。
12. _____ 我每天至少吃三杯深綠色蔬菜（例如菠菜、什錦蔬菜或羽衣甘藍）。
13. _____ 如果外出吃飯，我會詢問店家使用哪種油，並且避免吃到精製種籽油烹調的食物。
14. _____ 我不吃以白麵粉製作的食物（例如小麥玉米餅、白麵包、漢堡或熱狗麵包、酥皮點心、甜甜圈、餅乾以及多數的蘇打餅）。

15. _____ 我不喝任何種類的汽水（加糖或低糖都一樣）。
16. _____ 我不愛吃甜食，也不會想要吃過多的糖。
17. _____ 有人給我含超加工穀類的食物，如麵包、蘇打餅乾、餅乾、蛋糕、酥皮點心以及甜甜圈時，我很容易就能拒絕，也不會渴望吃這些食物。
18. _____ 有人給我含添加糖的甜點，例如蛋糕、餅乾跟冰淇淋時，我很容易就能拒絕。
19. _____ 避開或拒絕液態糖例如汽水、甜茶、檸檬汁、果汁、星冰樂、加糖咖啡飲料、思樂冰與巧克力牛奶，對我來說很容易。這些飲料我如果有喝，次數也不多。
20. _____ 我喝咖啡或茶的時候，不加任何天然或人工甜味劑。
21. _____ 我不吃人工甜味劑，例如阿斯巴甜、怡口糖、蔗糖素。
22. _____ 我一天中可以超過 4 小時不吃東西並且感覺很好，不會超級餓或很想吃東西。
23. _____ 我會避開慣行／非有機食物，並且大部分都買有機食物或直接在農夫市場購買。

如果你是雜食者：
1. _____ 我避免吃養殖魚，大部分吃野生魚。
2. _____ 我避免吃慣行法飼養的肉，大部分吃有機、放養、草飼的肉。

3. _____ 我避免吃慣行法的蛋,大部分吃有機放養蛋。
4. _____ 我買的有機牛奶與起司,源自草飼放養的牛。

總分:_____／23

或對雜食者而言_____／27

假如你得分少於 18(或雜食者得分少於 21),代表你要開啟好能量,在飲食上還有很大的進步空間。在選擇哪些方面需要優先改善時,這是你應該專注的領域。

睡眠

1. _____ 我一貫使用睡眠追蹤裝置。
2. _____ 我每晚睡 7 到 8 小時。
3. _____ 我每晚有固定的上床時間,而且通常在 1 小時內就會睡著。
4. _____ 我每天早晨醒來的時間很固定,而且 1 小時內就會起床。
5. _____ 我每晚幾乎都很容易入睡。
6. _____ 我能整晚保持睡著,也很容易再入睡。
7. _____ 我沒有失眠的狀況。
8. _____ 我在白天活力充沛且精力十足,中午鮮少覺得無力或需要打盹。
9. _____ 我不會打呼。
10. _____ 我從未被診斷出睡眠呼吸中止症。

11. _____ 去年我沒有吃過任何處方安眠藥。
12. _____ 去年我沒有吃過任何抗組織胺為主的安眠藥（例如助眠劑 Unisom、止痛劑 Excedrin PM、止痛劑 Tylenol PM、過敏藥 Benadryl）。
13. _____ 我的手機與其他裝置不會發出聲音、燈光或震動來干擾我的睡眠。

總分：_____／13

如果你得分少於 10，代表你要開啟好能量，在睡眠行為上還有很大的進步空間。在選擇哪些方面需要優先改善時，這是你應該專注的領域。

用餐時間與習慣

1. _____ 我可以毫無困難空腹 14 小時。
2. _____ 我每天都定時用餐（例如大多在晚上 5 點到 7 點之間吃晚餐）。
3. _____ 我會用心安排進食時間，也不會整天瞎吃零食或亂吃。
4. _____ 我在用餐前會稍停一下，用心感受食物。
5. _____ 我在用餐前會對食物表達感恩。
6. _____ 我有條不紊慢慢吃，充分咀嚼後才下嚥。
7. _____ 我在用餐時會特意坐下。
8. _____ 我在用餐時不使用手機。

9. _____ 我在用餐時不看電視或使用電腦。
10. _____ 我大部分時間與人一同用餐,例如朋友、家人或同事。
11. _____ 我有意識到睡前不要吃東西,而且試著在睡3小時就停止進食。

總分:_____／11

如果你得分少於 8,代表你要開啟好能量,在用餐時間與行為上還有很大的進步空間。

光

1. _____ 我每天醒來1小時內,至少花15分鐘待在戶外。
2. _____ 我白天至少到戶外三次,每次至少5分鐘。
3. _____ 我每週至少在戶外觀賞落日三次。
4. _____ 我每天累計在戶外的時間至少3小時(散步、園藝、戶外用餐、與孩子在戶外玩等全部時間加總)。
5. _____ 晚上我家一貫使用紅光或在日落後戴上防藍光眼鏡。
6. _____ 我的燈一貫使用調光器,晚上會把燈光調暗。
7. _____ 我晚上看螢幕時,一定戴上防藍光眼鏡。
8. _____ 我的手機、平板跟電腦,在天黑後都調至「夜間模式」或「深色模式」。

9. _____ 我的臥室是全暗的，而且我使用遮光簾。
10. _____ 我的臥室沒有電視、電腦、液晶鬧鐘或其他發光顯示螢幕。

總分：_____／10

如果你得分少於 8，代表你要開啟好能量，在與光相關的行為上還有很大的進步空間。

運動

1. _____ 我每天都使用穿戴式計步器。
2. _____ 我確定每天計步器上的數據至少有 7,000 步。
3. _____ 我一貫使用穿戴式裝置來追蹤靜止心率。
4. _____ 根據穿戴式裝置的數據，我知道過去一個月來我的靜止心率一直保持在平均每分鐘 60 下。
5. _____ 我知道我每週有 150 分鐘中度有氧運動（相當於快走或較費力的步行）。
6. _____ 我每週舉重至少兩次，每次至少 30 分鐘。
7. _____ 我每坐 1 小時，就會起身刻意動一動身體至少 2 分鐘。
8. _____ 我每週設法運動或打球至少一次（例如匹克球、桌球、排球、足球、圓網球、籃球、飛盤或躲避球）。

總分：_____／8

如果你得分少於 6，代表你要開啟好能量，在運動相關的行為上還有很大的進步空間。

溫度
1. ＿＿＿＿ 我刻意讓身體暴露在高溫下，每週至少一次（例如桑拿或熱瑜伽）。
2. ＿＿＿＿ 我刻意讓身體暴露在低溫下，每週至少三次，每次至少 1 分鐘（例如冰浴、冷療法或沖冷水澡）。
3. ＿＿＿＿ 為了有益健康，我想辦法讓自己處於很熱或很冷的環境中。

總分：＿＿＿＿／3

如果你得分少於 2，代表你要開啟好能量，在溫度相關的行為上還有很大的進步空間。

壓力、關係與情緒健康
1. ＿＿＿＿ 我使用能顯示心率變異度的穿戴式追蹤器。
2. ＿＿＿＿ 根據我的穿戴式裝置數據，我知道例如酒精或工作壓力之類的因素對心率變異度有負面影響。
3. ＿＿＿＿ 我每天練習正念習慣，例如刻意深呼吸、寫日記、冥想或祈禱。
4. ＿＿＿＿ 我與專業人士（例如治療師或教練）合作或透過計畫，來處理不夠理想的行為或思想模式，並成功改

善這些問題。

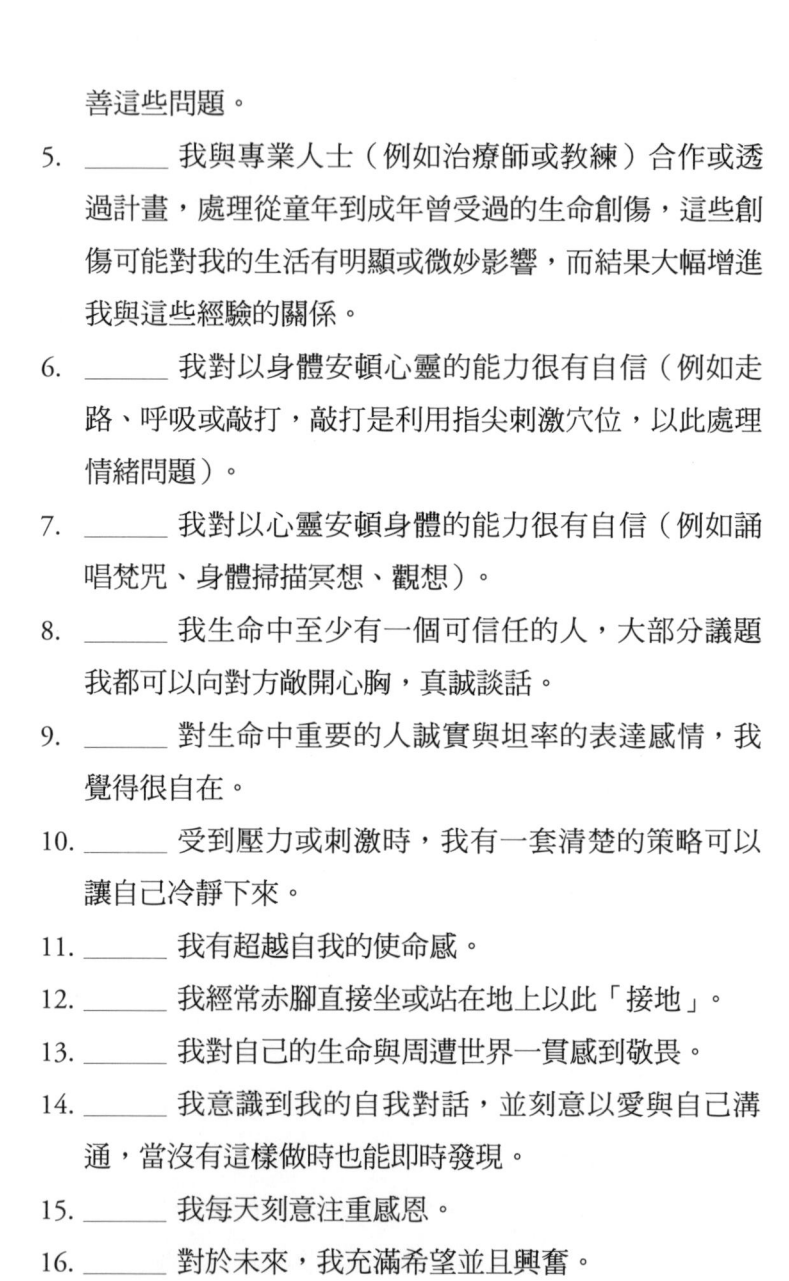

5. _____ 我與專業人士（例如治療師或教練）合作或透過計畫，處理從童年到成年曾受過的生命創傷，這些創傷可能對我的生活有明顯或微妙影響，而結果大幅增進我與這些經驗的關係。

6. _____ 我對以身體安頓心靈的能力很有自信（例如走路、呼吸或敲打，敲打是利用指尖刺激穴位，以此處理情緒問題）。

7. _____ 我對以心靈安頓身體的能力很有自信（例如誦唱梵咒、身體掃描冥想、觀想）。

8. _____ 我生命中至少有一個可信任的人，大部分議題我都可以向對方敞開心胸，真誠談話。

9. _____ 對生命中重要的人誠實與坦率的表達感情，我覺得很自在。

10. _____ 受到壓力或刺激時，我有一套清楚的策略可以讓自己冷靜下來。

11. _____ 我有超越自我的使命感。

12. _____ 我經常赤腳直接坐或站在地上以此「接地」。

13. _____ 我對自己的生命與周遭世界一貫感到敬畏。

14. _____ 我意識到我的自我對話，並刻意以愛與自己溝通，當沒有這樣做時也能即時發現。

15. _____ 我每天刻意注重感恩。

16. _____ 對於未來，我充滿希望並且興奮。

17. _____ 我認為自己多數時間都真誠的展現自己，並且不會壓抑自己的個性或自我。
18. _____ 我有實踐創意的途徑，例如藝術、音樂、寫作、工藝、烹飪、布置、策劃活動或旅遊。
19. _____ 我認為任何事都有可能達成，並相信我可以建立我想要的生活。
20. _____ 我覺得不受局限。
21. _____ 我感覺與宇宙的所有事物都有關聯。

總分：_____ ／ 21

如果你得分少於 16，代表你要開啟好能量，在與壓力、關係與情緒健康相關的行為上還有很大的進步空間。

攝入的毒物

1. _____ 我使用逆滲透或高效能活性碳濾水器（例如 Berkey 牌）來過濾自來水，並鮮少喝未過濾的水。
2. _____ 我依據「美國環境工作組織」資料庫檢查住家水質，並了解特定汙染物是否超過建議值。
3. _____ 我每天的飲水量不會少於「每公斤體重乘以 30 毫升水」的原則。
4. _____ 我出門時，會帶非塑膠（例如玻璃或金屬）水壺，裡面裝過濾水。
5. _____ 我避免喝一次性塑膠瓶裝的水。

6. _____ 我避免吃有天然香料或人工香料的食品。
7. _____ 我不吃含任何人工色素的食品。
8. _____ 我很少把食物保存在塑膠容器中,或買放在塑膠容器中的食物,而是優先選用金屬或玻璃容器。
9. _____ 我每天不會喝超過一份酒精性飲料。(注意:在美國一份酒精是 14 克,這個量比你所想的要少,相當於 148 毫升葡萄酒、355 毫升啤酒,或 44 毫升的一口烈酒)。
10. _____ 我每週不會喝超過七份酒精性飲料。
11. _____ 我不抽菸或其他菸草產品。
12. _____ 我不嚼菸草或其他形式的可嚼式尼古丁。
13. _____ 我不抽雪茄。
14. _____ 我不抽電子菸。
15. _____ 我避免吃成藥,例如止痛藥乙醯胺酚、非類固醇類消炎藥布洛芬(ibuprofen)、抗組織胺二苯安明(diphenhydramine),以及/或制酸劑;這些藥物每年我累計吃不到五次。
16. _____ 過去 2 年間我沒有吃過口服抗生素。
17. _____ 我不吃口服荷爾蒙避孕藥。
18. _____ 我不吃含汞量高的魚(鮪魚、龍蝦、鱸魚、旗魚、比目魚或馬林魚)。

總分:_____ / 18

如果你得分少於 14，代表你要開啟好能量，在攝入毒物的相關行為上還有很大的進步空間。

環境毒物

1. _____ 我沐浴時所用的水是經過全屋濾水系統或蓮蓬頭濾心過濾的。
2. _____ 我以高效濾網過濾住家空氣。
3. _____ 我不在家裡使用香氛蠟燭。
4. _____ 我不在車上、浴室，或家裡任何地方使用空氣清新劑、擴香、香味加熱器或室內芳香噴霧。
5. _____ 我買任何居家清潔用品與個人護理用品，都會閱讀標籤以確保是乾淨、無毒、無人工香味成分。
6. _____ 我的洗髮精與潤髮乳都沒有香味（亦即成分不含「香料」、「天然香料」、「香精」），或只有精油的香味。
7. _____ 我的洗衣精沒有香味、著色劑，也沒有染料。
8. _____ 我的洗碗精沒有香味、沒有著色劑。
9. _____ 我不使用有香味的洗衣紙或衣物柔軟精。
10. _____ 我的清潔用品（例如全能清潔噴霧或濃縮液）都沒有香味、沒有著色劑，也沒有染料。
11. _____ 我不使用香水或古龍水。
12. _____ 我的除臭劑沒有香味（或只有精油的香味）。
13. _____ 我的除臭劑是不含鋁的。

14. _____ 我的乳液沒有香味（或只有精油的香味）而且沒有著色劑，也沒有染料。
15. _____ 我的肥皂或沐浴乳沒有香味（或只有精油的香味）。
16. _____ 我的牙膏不含氟，也沒有著色劑及染料。
17. _____ 我使用「美國環境工作組織」之類網站的資料，來查詢我的居家清潔與個人護理用品毒性等級。
18. _____ 我大部分的衣物、內衣、床單與其他家用紡織品，都是棉或竹之類有機天然材料製成的，而不是聚酯或經過合成染料或化學物處理過的纖維。

總分：_____ ／ 18

如果你得分少於 15，代表你要開啟好能量，在降低環境毒物的暴露上還有很大的進步空間。

＊ ＊ ＊

現在我們已經盤點過生活中數個有助於達好能量的領域，可以開始準備行動了。

▍開始記錄食物日記

如同第 4 章學到的，寫食物日記已經證實能增進減重成效及遵守健康飲食。不管你是用智慧型手機的 app、數位筆記或文件，或是使用紙本日誌來記錄，關鍵是記錄下進入身體的食物，

如此才能確定你的身體由什麼食物組成,或者你是否吃對了製造好能量的食物。

你要寫下吃進的每一口,即使只是一小口麵包、一根薯條或一小片巧克力。在為身體健康努力的同時,你會想釐清你與食物之間的關係,並且知道是否有努力的空間。

記下每一口的進食時間、大致的食用量,以及所吃下的任何包裝食品品牌。

我建議從下面三種方法中擇一使用:

- 使用專屬紙本筆記,動手寫下食物日記並隨身攜帶
- 在智慧型手機或 Google 文件上開設一個可以隨時更新的數位筆記
- 使用例如 MacroFactor、MyFitnessPal 與 Levels 之類的 app

MacroFactor 之類的食物記錄 app 使用起來相當容易,因為它們可以利用條碼掃描器來納入食品成分、每份含量以及營養資訊。大部分產品(很多新鮮產品也是)都有條碼,你可以輕鬆一掃完成記錄。如果你使用全食物烹煮比較複雜的餐食,你會發現使用 Google 文件之類的數位筆記,並直接用語音輸入這餐吃了什麼會簡單一點。

行動:

- 開始記下第一天攝入的所有食物與飲料,持續一個月

- 每個週六花 30 分鐘審視你的食物紀錄,並評估身體的反應。確認在好能量飲食上有沒有遇到什麼困難,並評估影響好能量生成的障礙是什麼

▎訂購穿戴式裝置,追蹤活動、心率與睡眠

我高度推薦購買一個不貴的穿戴式活動追蹤器,用來量度睡眠、步數、心率以及心率變異度。戴上穿戴式追蹤器,你就可以看到每日所作所為在自我感知與實際結果上的差別。第 4 章提過,數據顯示一般而言,人們估計出的每週運動量會比實際情況高出 6 至 7 倍。然後想想第 8 章說的,只要每日行走 1 萬步,可能降低 50％的失智風險、44％的第二型糖尿病風險,以及顯著降低癌症與憂鬱風險。

穿戴式裝置讓我們能**確認**在睡眠與活動等關鍵支柱上自己是否達標。沒有經過確認,你就可能**自以為**活在好能量生活型態中,但實際上卻沒有。

行動:

訂購 Fitbit Inspire 2(可以從 Amazon 網站、Google 的 Fitbit 商店、百思買購物網、塔吉特百貨與沃爾瑪百貨購買)、蘋果手錶、Oura Ring 智慧戒指或 Garmin 手錶。

我試過很多追蹤器,其中 Fitbit Inspire 2 最深得我心,因為它操作簡單、價格廉宜、待機時間長(通常超過 2 週),而且有螢幕可以即時顯示步數與心跳。在很多商店的零售價為美金 55

到 60 元。而它的 app 可以長期且即時記錄許多指標的趨勢，包括步數、心率、中度與劇烈運動的時間、睡眠數據、活動時數與心率變異度等。蘋果手錶也有類似功能，但價格貴上許多而且需要每天充電。我沒有用過智慧戒指或 Garmin 手錶，但它們的功能與 Fitbit 類似。Whoop 手環在追蹤健身、復原、睡眠與心率變異度上表現卓越，但沒有計步功能。

任選題：監測血糖

　　如同前幾章討論的，追蹤血糖對於努力追求好能量非常有幫助。你有兩個選擇：使用標準血糖機，並於每天早上和飯後 45 分鐘、2 小時都刺手指採血來檢測，然後動手在食物日記裡記下結果。較簡單也較不痛苦而且還能給你更多數據的方法，是使用連續血糖監測儀。連續血糖監測儀讓你更精細的了解你的行為與血糖之間的因果關係。然而隨便一間藥局或 Amazon 之類的經銷商都買得到血糖機，連續血糖監測儀在美國卻需要醫師處方才拿得到（但在多數國家並不需要）。在美國除非有第一型或第二型糖尿病，否則就要自費購買連續血糖監測儀，而且醫師幫你寫處方時還會拖拖拉拉的。連續血糖監測儀的感應器要價大約每月 75 至 150 美元之譜。更簡便的辦法是透過 Levels 公司購買，同時也會提供醫師諮詢、把處方箋送至你家，還附上能解釋血糖數據的軟體。

行動：
- 購買血糖機（我建議 Keto-Mojo GK+ 牌，可以在 Amazon 網站上購買，這個品牌的血糖機除了可以測血糖還可以測血酮值）。或者取得處方箋以購買一個連續血糖監測儀（透過你的醫師或 Levels 公司）。

打造問責系統

有很多科學研究都同意，問責與社區支持可以明顯增強為健康所做的努力。一份整合分析察看了所有研究中減重干預行為的持續性，結果顯示三個與減重成功有關的主要因素，有兩個是監督出席與社會支持，且成效很顯著。只要有他人參與，就代表你更有可能持續這項習慣。

把問責融入生活的方法之一，是與同樣進行健康之旅的朋友或同事組隊，或從中尋找有意願見證並支持你踏上這趟旅程的人，請他保證會定期跟你確認進度。

與問責夥伴確定關係後的這一個月：

- 我從每週平均走 4 萬 9,601 步，進步到 8 萬 966 步
- 我從每晚睡 6 小時 42 分，進步到 7 小時 35 分
- 我的靜止心率從每分鐘 63 下變成 52 下

第二個有幫助的方法是為健康體驗預先付費，這樣一來如果失約就真的會有實際損失。假如我出差到另一個城市，我通常會

在當地工作室排幾堂健身課。因為必須預付費用，這就幾乎保證我一定會去上課。我也會每幾個月就預付整套的治療或教練課程，所以我一定會把這些活動排入日程表。而且我旅行時，我一定會在第一天就買好菜，然後自取或外送（這樣一定比每餐都在餐廳吃便宜）。

　　第三個問責的關鍵，是規劃活動時盡量與好能量習慣有關，例如社交、工作、家庭活動還有聚餐時。當我出發到某個城市且知道會與好幾個人見面時，我會安排與朋友在晨間喝咖啡散步，或策劃一起健行。家庭日時，我會自願為大家煮幾餐，為每個人準備符合好能量的大餐。當住在朋友家時，我會慷慨準備一箱健康食物（我愛冷凍料理公司 Daily Harvest 的產品）或寄食物過去，以確實準備好保持健康所需的食物。當有訪客時，我會盡量在每個活動中都放進好能量選項，例如帶他們去附近散步或來個小健行，散步穿過公園或植物園、帶朋友體驗海中或當地水域的冰浴、一起練習呼吸、站著聽演唱會、用電視播放線上健身課然後一起做、騎越野登山車、手划槳板、雪地健行，或一起進行聲頻浴冥想。如果受邀參加派對，盡量帶一些健康食物與飲料前去，以確保你有未加工的好能量食物可吃。

行動：

- 選擇你信任的人當問責夥伴，而且他要願意透過每日簡訊、電子郵件或定期關心進度來支持你。拜託他們承諾至少擔任這個角色 4 週

- 每週規劃一場 30 分鐘的問責會議,來檢視食物日記並追蹤各項習慣
- 為健康活動預先付費
- 組織與好能量習慣相關的社交活動或工作活動

第二週——專注在食物上

雖然所有代謝習慣都很重要,但獲得正確食物是金字塔的基礎。在第二週,你要養成頭三個好能量習慣,也就是去除添加糖、精製穀物與種籽油這「三種不好的」成分,並且稽核食物上的標籤。在 4 週好能量計畫中,每個人從第二週開始到最後都要去除這三個成分。此外,你還會學到第四至第八個習慣,這些習慣的重點都是要在飲食中再**加入**什麼,而你最後 2 週可從中選擇一些來實踐,充當額外的好能量習慣。

1~3 項好能量習慣

營養

| 1 | 去除精製添加糖 | • 去除含精製糖或液體糖的所有食物、飲料與調味品。
• 添加糖的名稱包括白糖、黑糖、糖粉、蔗糖(cane sugar)、濃縮甘蔗汁、原料糖(raw sugar)、刀切原蔗糖(turbinado sugar)、金砂糖(demerara sugar)、椰糖、楓糖漿、蜂蜜、糖蜜、龍舌蘭糖漿、玉米糖漿、高果糖玉米糖漿、葡萄糖、右旋糖、果糖、麥芽糖、半乳糖、麥芽糊精、乳糖、焦糖、大麥芽、米糖漿、椰棗糖、甜菜糖、轉化糖,以及轉化糖漿。 |

		- 閱讀所有標籤尋找是否有「添加糖」，並且不買任何含添加糖的產品。
- 除去家裡任何含添加糖的產品，並把它們丟棄。
- 以食物日記追蹤這一切過程。
2	去除精製穀物	- 去除所有含超加工精製麵粉或穀物的食品。
- 這包含所有的一般麵包（白麵包、小麥麵包或全麥麵包）、義大利麵、貝果、玉米餅、蘇打餅、麥片、蝴蝶餅、甜甜圈、餅乾、蛋糕、酥皮點心、披薩餅皮、華夫餅、鬆餅、可頌、英式馬芬、漢堡麵包、熱狗麵包以及馬芬。
- 包裝食品上的成分可能包含：小麥粉、中筋麵粉、自發麵粉、高筋麵粉、低筋麵粉、點心粉（pastry flour）、全麥麵粉、粗粒小麥粉（semolina flour）、馬鈴薯澱粉（farina）、杜蘭小麥粉、斯佩爾特小麥粉、大麥粉、裸麥粉、米粉、燕麥粉或蕎麥粉。
- 閱讀所有標籤。
- 以食物日記追蹤這一切過程。
3	去除工業種籽油	- 去除所有含精製工業製造種籽油的食品、飲料與調味品。
- 這些包括大豆油、玉米油、棉花籽油、葵花油、紅花籽油、花生油、葡萄籽油以及任何標示「氫化」的油。
- 精製種籽油出現在很多食物上，包括任何現成的沙拉醬、美乃滋、鷹嘴豆妮、沾醬、洋芋片、花生醬、玉米片、蘇打餅、燕麥棒、餅乾、酥皮點心、馬芬、甜甜圈、炸雞、雞塊、雞柳條、墨西哥玉米片、起司口味玉米膨化物、綜合點心包、蔬菜脆片、罐頭湯、速食麵、蛋糕、布朗尼、鬆餅、華夫餅、奶油替代物、袋裝馬芬、餅乾、可頌、小甜餅，以及烤堅果。
- 以食物日記追蹤這一切過程。

行動：

- 經由除去家裡含添加糖、精製穀物或工業種籽油的**每一種**食品，來養成前三個好能量習慣，並在接下來 3 週一一刪除所有相關食品。
- 開始學習第四到第八個額外的好能量習慣，以及如何把下列好能量飲食納入生活中（不過你在第三到第四週才需要開始進行）。購買第三與第四週所需要的所有食物、食譜或工具。

4~8 項好能量習慣

| 4 | 每天吃超過 50 克的纖維 | • 追蹤每日的纖維攝取量，目標是每天從食物中攝取 50 克或更多纖維。假如一開始攝取 50 克纖維會造成腹脹或胃不舒服，你可能要放慢腳步，每天先從酪梨、覆盆子與奇亞籽等食物攝取 30 克纖維開始，然後逐步納入各種豆類（有些人吃豆子會放屁）以及更多纖維。
• 使用如 MacroFactor 的條碼 app 來簡化這個步驟，因為可以自動帶入纖維含量。
• 豆類、堅果與種籽還有某些特定水果，是增加最多纖維量的最佳來源。
• 含高纖的特定食物包括：
▸ 白腰豆（每半杯約 10 克）
▸ 黑豆（每半杯約 7.5 克）
▸ 奇亞籽（每 2 湯匙 8 克）
▸ 羅勒籽（每 2 湯匙 15 克，我用的是 Zen Basil 牌）
▸ 亞麻籽（每 28 克份量 1.4 克）
▸ 扁豆（煮熟後每杯約 15 克）
▸ 覆盆子與黑莓（每杯約 8 克）
▸ 抱子甘藍（煮熟後每杯約 6 克） |

		▸ 青花菜（煮熟後每杯 5 克） ▸ 酪梨（每個約 13 克） • 以食物日記追蹤這一切過程。
5	每天吃三份或三份以上的益生菌食物	• 確保你每天有三份或三份以上無添加糖的富含益生菌食物。 • 益生菌食物來源包括優格、克菲爾奶、德式酸菜、韓式泡菜、味噌、天貝、納豆、卡瓦斯、蘋果醋。 • 確保優格或克菲爾奶中未加糖，且標籤標示為「活性菌種」。 • 雖然康普茶富含益生菌，但也要仔細閱讀其標籤。現在大部分的市售品牌都使用過量的糖或果汁來增甜，使得慣行法製作的康普茶比較像汽水，而不是健康飲料。我在市面上找到含糖量最少的康普茶品牌是 Lion Heart，每份只含 2 克糖。卡瓦斯（例如 Biotic Ferments 牌）是發酵飲料，使用蔬菜（例如胡蘿蔔或甜菜根）來當發酵用的碳水化合物，是康普茶很好的替代品。 • 以食物日記追蹤這一切過程。
6	增加 omega-3 脂肪酸的攝取量，每天至少 2 克	• 確保每天最少攝取 2 克（2,000 毫克）的 omega-3 脂肪酸。 • omega-3 脂肪酸的最佳動物性食物來源是： ▸ 野生鮭魚（每 85 克份量含 1.5 至 2 克） ▸ 沙丁魚（每 57 克份量含 1.3 克） ▸ 大西洋鯖魚（每 85 克份量含 1.1 克） ▸ 虹鱒（每 85 克份量含 0.8 克） ▸ 鯷魚（每 57 克份量含 1.1 克） ▸ 有機放養蛋（每個蛋含 0.33 克） • omega-3 脂肪酸的最佳植物性食物來源是： ▸ 奇亞籽（每 2.5 湯匙含 5.9 克） ▸ 羅勒籽（每 2 湯匙含 2.8 克） ▸ 亞麻籽（每湯匙含 2.3 克） ▸ 大麻籽（每湯匙含 1.2 克） ▸ 核桃（每 28 克含 2.6 克）

		‣ 海藻油（每份最多含 1.3 克）。海藻油通常以補充劑的形式攝入，而且是唯一含有 DHA 與 EPA 的植物性來源。 • 提示；我會在食物櫃裡常備數罐 Wild Planet 牌的野生魚罐頭，加入沙拉或放在亞麻籽蘇打餅上，就是快速又營養的點心。 • 我也會在手邊準備一些種籽與堅果，每次吃飯時都灑一點，就能輕鬆添加美味同時促進 omega-3 脂肪酸的攝取。 • 如果選擇吃 omega-3 補充劑，可以購買品質優良的品牌，例如 WeNata、Nordic Naturals、Thorne 或 Pure Encapsulations。 • 以食物日記追蹤這一切過程。
7	吃多樣的植物性食物，增加抗氧化物、微量營養素與多酚的攝取量	• 每週納入 30 種不同的有機植物性食物到飲食裡，且是有機或再生的水果、蔬菜、堅果、種籽、豆類、香草與香料。 • 每週 30 種不同種類的植物性食物中，每天要吃至少兩份十字花科蔬菜，包括青花菜、花椰菜、抱子甘藍、羽衣甘藍、青江菜、芝麻菜、西洋菜、寬葉羽衣甘藍（collard green）、芥菜、蕪菁葉、櫻桃蘿蔔、辣根、瑞典蕪菁（rutabaga）、大頭菜、高麗菜。 ‣ 把十字花科蔬菜切碎，然後放在鍋裡煮 30 至 45 分鐘來活化關鍵好能量成分蘿蔔硫素，並讓它更熱穩定。 • 以食物日記追蹤這一切過程。
8	每餐至少吃 30 克蛋白質	• 目標是每餐吃 30 克蛋白質，每天至少吃 90 克蛋白質。 • 蛋白質的良好來源包括： ‣ 肉類：牛肉、雞肉、火雞肉、豬肉以及如駝鹿與野牛之類的野味。 ‣ 魚與海鮮 ‣ 奶製品：牛奶、起司與希臘優格 ‣ 蛋 ‣ 豆類：扁豆、豌豆

- 黃豆製品：毛豆、豆腐與天貝
- 堅果與種籽：大麻籽、奇亞籽、南瓜籽、杏仁果、葵花籽、亞麻籽、腰果、開心果
- 如果使用蛋白粉，選用有機與／或草飼或再生的（如果是動物性蛋白）、成分最單純的、沒有添加糖、沒有色素、沒有「天然香料」或人工香料、沒有膠質、並且沒有你不熟悉的成分。我喜歡的品牌為 Truvani、Equip Prime Protein（原味）、Garden of Life 草飼膠原蛋白，以及 Be Well。
- 以食物日記追蹤這一切過程。
- 注意：如果你有腎臟問題，在改變蛋白質攝取量之前請先諮詢醫師。

* * *

依你目前的生活型態、時間限制與烹飪技術，要如何才能盡可能簡單、便宜與方便的遵循這些飲食原則？

下面會提供多種固守好能量原則的包裝食品與即食食品選項，以及準備簡單或較複雜自製餐點的策略。

選擇好能量包裝食品

在家以全食物材料烹煮最可能成功達成好能量飲食，因為你可以控制食材品質，確保食物是有機的，而且最小化添加物以及工業種籽油、最大化有益健康的成分（例如在食物上放一塊發酵食品或奇亞籽）。但實在不大可能每餐都從頭開始烹煮，我也列出一些在忙碌時可以選擇的包裝食品或即食食品。

這些我喜歡且符合好能量標準的包裝食品或即食食品，在美國主要超市或線上都買得到：

- Daily Harvest 的冷凍湯品、豐盛碗（Harvest Bowls）系列（我在豐盛碗上添加一些奇亞籽、一罐沙丁魚罐頭、黑豆及德式酸菜，就是完美的好能量午餐了！）
- 方便運輸的完整有機水果，例如蘋果、柳橙與梨子
- 預切的有機蔬菜，例如胡蘿蔔棒
- Natierra 有機冷凍果乾
- 生的有機堅果（確實檢查標籤以確保沒有任何添加油）
- 有機椰絲，例如 Let's Do Organic 牌
- HOPE 鷹嘴豆泥（這是我找到唯一有機且無精製種籽油的鷹嘴豆泥品牌）
- Wholly Guacamole 有機經典酪梨醬迷你杯
- Gaea 有機橄欖零食包
- Brami 義式羽扇豆零食（羽扇豆的獨特之處在於高纖、不含碳水化合物，並富含蛋白質）
- Flackers 亞麻籽蘇打餅
- Ella's Flats 各種種籽蘇打餅
- Brad's 蔬菜片與羽衣甘藍片
- gimMe 有機烤海苔點心，海鹽與酪梨油口味
- Artisana Organics 未加工杏仁堅果醬零食包
- Stonyfield Organic100% 草飼有機優格杯

- Cocojune 未加糖椰奶優格杯
- Straus 有機全脂原味優格
- Epic 肉條（選擇沒有添加糖的產品，例如是拉差辣椒醬口味的雞肉乾或其他胡椒鹽風味的肉乾）
- Paleovalley 或 Chomps 100% 草飼牛肉條
- Vital Farms 全熟水煮蛋
- Organic Valley 起司絲
- Wild Planet 特級初搾橄欖油浸野生沙丁魚
- Wild Planet 小包裝野生粉紅鮭、長鰭鮪魚、鰹魚罐頭
- Kettle & Fire 大骨湯
- nuPasta 有機蒟蒻麵
- Malk 杏仁堅果奶
- Three Trees 有機杏仁堅果奶
- Alexandre Family Farms 100% 草飼有機 A2 牛奶
- Choi's 有機海苔，50 片裝（是玉米餅的優良替代品）
- NuttZo 有機堅果醬
- Sweet Nothings 有機攪拌冰沙杯
- Arizona Pepper's 辣醬
- Yellowbird 辣醬
- Muir Glen 有機沙拉
- Wildbrine 未加工有機德式酸菜
- Serenity Kids 袋裝食品

在家準備簡單的好能量餐點

烹調健康餐飲不需要太複雜。好能量廚房擁有豐富的新鮮產品、各種蛋白質，而且永遠有數種不同的益生菌食物、omega-3 脂肪酸與纖維可用。準備餐點就是簡單把這些原料互相搭配並加以調和，就可以創造出無限多種選擇。學習一些簡單的技巧，例如在烘焙紙上放些蔬菜並搭配蛋白質後以 218℃烘烤，或在平底鍋裡清炒蛋白質與蔬菜、學會一些香料配方，再放上你喜歡的配料，這樣你就可以料理出許許多多各式各樣無食譜的簡單餐飲。

下面列出一些主要食物，它們不僅含各種好能量成分且為低升糖。其中很多食物同時符合數種類別，可以計入不同的好能量習慣中。例如鹿絞肉含有大量微量營養素，但我在設計餐點時把它歸類為健康蛋白質。同樣的，德式酸菜含有許多植物營養素，但我把它歸類為發酵食品。

好能量餐食 5 大主成分表

微量營養素與抗氧化物	纖維	蛋白質	omega-3 脂肪酸	發酵食品
• 烤或炒的蔬菜（都可以在 218℃下煮到焦香） • 蘆筍，莖的底部去除 5 公分，剩餘的切成 2.5 公分小段	• 奇亞籽 • 羅勒籽 • 亞麻籽 • 扁豆 • 豌豆 • 豆類 • 蒟蒻製品	• 雞胸肉 • 火雞肉片 • 豬肉（大里肌、小里肌等） • 牛肉（牛腩排、沙朗等）	• 鮭魚 • 鯷魚 • 沙丁魚 • 鯖魚 • 奇亞籽 • 羅勒籽 • 亞麻籽	• 德式酸菜 • 韓式泡菜 • 無糖優格 • 克菲爾奶 • 天貝 • 味噌 • 納豆

微量營養素與抗氧化物	纖維	蛋白質	omega-3脂肪酸	發酵食品
• 甜椒，切成 2.5 公分見方或長 • 青花菜，切小朵 • 抱子甘藍，切掉蒂頭，再切成四等份 • 高麗菜（紅色、綠色或大白菜），切細絲 • 胡蘿蔔，一整根或切成 1 至 2.5 公分見方小塊 • 花椰菜，切小朵 • 芹菜根，切成 1 至 2.5 公分見方小塊 • 聖女番茄，整顆 • 茄子，切成 2.5 公分見方小塊 • 茴香，切細絲 • 四季豆，一整根 • 大頭菜，切成 2.5 公分見方小塊 • 大蔥，切成 0.5 公分左右小段 • 蘑菇，切片 • 秋葵，一整根或切成 1 公分左右小段 • 洋蔥，切成四等分，或切成 1 公分長的半月形片 • 防風草根，切成 1 至 2.5 公分見方小塊 • 櫻桃蘿蔔，切成四等分 • 羅馬青花菜，約略切成 2.5 公分左右半月形片	• 覆盆子 • 黑莓 • 中東芝麻醬 • 巴西堅果 • 杏仁果 • 核桃 • 胡桃 • 榛果 • 開心果 • 酪梨	• 豆腐 • 天貝 • 豬絞肉 • 羊絞肉 • 火雞絞肉 • 牛絞肉 • 鹿絞肉 • 野牛絞肉 • 蝦 • 扇貝 • 鮭魚 • 沙丁魚 • 鯖魚 • 無糖優格 • 放養蛋 • 豆類 • 扁豆	• 大麻籽 • 放養蛋	• 蘋果醋

微量營養素與抗氧化物	纖維	蛋白質	omega-3脂肪酸	發酵食品
• 紅蔥頭，切成四等分，或切成 0.5 公分左右半月形片 • 櫛瓜，切成四等分的長條，或 1 公分見方小塊				
沙拉裡的蔬菜 • 罐頭朝鮮薊心，切小丁 • 酪梨，切塊 • 豆芽 • 甜椒（紅色、綠色、黃色或橘色），切成 1 公分左右長條或 0.5 公分見方 • 青花菜，切小朵 • 高麗菜（紅色、綠色或大白菜），切細絲 • 胡蘿蔔，切小丁 • 花椰菜，切小朵 • 芹菜，切小丁 • 黃瓜，切小丁 • 茴香，切細絲 • 四季豆，一整根或切成 2.5 公分小段 • 豆薯，切成 1 公分小塊或長條 • 蘑菇，切小塊 • 洋蔥（紅色、黃色或白色），切細絲或切成 0.5 公分見方 • 櫻桃蘿蔔，切成四等份				

微量營養素與抗氧化物	纖維	蛋白質	omega-3脂肪酸	發酵食品
• 甜豆，完整或切成約 2.5 公分小段 • 番茄切丁，但如果是聖女番茄就切半				
綠色蔬菜 • 芝麻菜 • 寬葉羽衣甘藍 • 羽衣甘藍 • 萵苣（羅曼、奶油、結球） • 綜合蔬菜 • 菠菜 • 瑞士甜菜				
水果 • 蘋果 • 莓果（藍莓、覆盆子、草莓、黑莓） • 櫻桃 • 奇異果 • 檸檬 • 萊姆 • 柑橘				
• 木瓜 • 桃子 • 梨子 • 石榴籽				
堅果與種籽 • 杏仁果 • 羅勒籽 • 巴西堅果 • 奇亞籽 • 榛果				

微量營養素與抗氧化物	纖維	蛋白質	omega-3 脂肪酸	發酵食品
・大麻籽 ・胡桃 ・開心果 ・南瓜籽 ・核桃				
所有香料與香草				

根據上表，你會發現只要從五種元素中各取幾樣食物出來，就可以輕鬆出餐了。

1. **早餐優格芭菲杯**：無糖希臘優格加上奇亞籽、覆盆子與黑莓。
   - 微量營養素／植物營養素：覆盆子與黑莓
   - 纖維：奇亞籽
   - 蛋白質：希臘優格；可以再加一勺草飼膠原蛋白
   - omega-3 脂肪酸：奇亞籽
   - 發酵食品：希臘優格

2. **炒蛋**：三顆放養蛋、85 克的草飼牛絞肉、德式酸菜、清炒菠菜、酪梨、辣醬。
   - 微量營養素／植物營養素：菠菜、辣醬
   - 纖維：酪梨
   - 蛋白質：蛋與牛肉
   - omega-3 脂肪酸：蛋
   - 發酵食品：德式酸菜

3. **烤鮭魚與蔬菜**：烤鮭魚配上烤抱子甘藍，以匈牙利紅椒粉、鹽、胡椒與大蒜粉調味調味，再加上甜菜根德式酸菜。
    - 微量營養素／植物營養素：抱子甘藍、大蒜粉
    - 纖維：抱子甘藍
    - 蛋白質：鮭魚
    - omega-3 脂肪酸：鮭魚
    - 發酵食品：德式酸菜

4. **南方口味炒豆腐**：豆腐加上黑豆、紅甜椒、洋蔥、孜然與咖哩粉，配料是德式酸菜、酪梨、辣醬與大麻籽。
    - 微量營養素／植物營養素：紅甜椒、洋蔥、大蒜粉
    - 纖維：黑豆、酪梨
    - 蛋白質：豆腐、黑豆
    - omega-3 脂肪酸：大麻籽
    - 發酵食品：德式酸菜

5. **炒雞肉**：雞胸肉、青花菜、胡蘿蔔與紅甜椒，以平底鍋炒過再加味噌與日式醬油調味，配料是甜菜根德式酸菜，再灑上一點中東芝麻醬與碎亞麻籽。
    - 微量營養素／植物營養素：紅甜椒
    - 纖維：中東芝麻醬、亞麻籽
    - 蛋白質：雞胸肉
    - omega-3 脂肪酸：亞麻籽
    - 發酵食品：味噌、德式酸菜

烹調更複雜的好能量餐

可以根據第四部食譜來準備餐食，或參考下列食譜書（大部分的食譜都符合好能量，但務必再次確認是否不含精製穀物）：

- 《食物、食物、食物》（*Food Food Food*），馬里布牧場飯店（The Ranch Malibu）著
- 《30 天全食物食譜》（*Whole30 Cookbook*），厄本（Melissa Hartwig Urban）著
- 《每天烹飪全食物》（*Whole Food Cooking Every Day*），卓別林（Amy Chaplin）著
- 《都很好》（*It's All Good*），葛妮絲派特洛（Gwyneth Paltrow）著
- 《我很感恩》（*I Am Grateful*），恩格爾哈特（Terces Engelhart）著
- 《每種食物都削成條》（*Inspiralize Everything*），馬富奇（Ali Mafucci）著

第三與第四週——
增加三個專屬個人的好能量習慣

一邊持續去除精製穀物、精製添加糖與工業種籽油（第一至第三項好能量習慣），同時也到了第三與第四週增加額外好能量習慣的時候了。選三個（從第四到第二十五個習慣中選取）你之前並沒有規律實踐的習慣，但承諾接下來 2 週會落實。在你

進入第三與第四週時，由作家克利爾（James Clear）與福格（BJ Fogg）書中擷取的習慣養成最佳訓練法可能會有所幫助。

從小習慣開始

《設計你的小習慣》（*Tiny Habits*）是關於行為改變法的書，作者為史丹福大學教授福格。書中的關鍵概念是，在日常作息中增加一些可以簡單達成，且不大費力的小習慣。這個想法是以小習慣著手，你就能在不感覺辛苦或受挫的狀況下，在生活中營造持久的改變。

要採行書中提供的方法，你首先要確認你想改變或養成的行為，然後把這個行為分解成數個微小且特定的行動，其中每個行動都只要幾秒就能完成。例如，如果你想開始規律使用牙線清潔牙齒，你的小習慣可能是早上刷完牙後用牙線清一顆牙。成功完成這個小習慣後，就以積極的態度（例如說「我很棒！」）來慶祝這個成就。慢慢的，這些小習慣會形成動力，為你的行為與生活帶來更大的改變。

當你想在生活中養成大的積極習慣，例如改善睡眠一致性時，先想一想要怎麼把它分解成可以持續進行的微小改變，以此建立自信與動力。例如，可能你最近每晚的上床時間都不同，所以要馬上設定並堅守固定的上床時間可能太難，相反的，這時你要想辦法把它分成幾個小步驟，來建立自信以及能力。你可以：

1. 從建立一個你覺得大多數晚上都能辦到的寬鬆上床時間

開始。一旦你在 1、2 個星期裡的每一天都能達標，就把睡眠時間再提早 30 分鐘，繼續維持 2 週。
2. 每晚都戴上睡眠追蹤器，來客觀了解你的睡眠基準。
3. 在手機上設定提醒，在每晚特定時間通知你準備上床。
4. 透過如 Crescent Health 的線上服務，找到睡眠問責教練。
5. 開始在每晚天黑後戴防藍光眼鏡，而且早上第一件事就是迎接陽光，如此你晚上會比較疲累，並擁有能發揮作用的晝夜節律。
6. 午後不再喝咖啡。

堆疊習慣

克利爾的暢銷書《原子習慣》（*Atomic Habits*）提供了建立好習慣與去除壞習慣的實用策略。書中的一個關鍵重點就是堆疊習慣的概念，也就是把新習慣與原本的習慣相連結，像是如果你想每天開始做伏地挺身，你可以把新習慣與早上刷牙的原有習慣連結起來，例如刷完牙後做三個伏地挺身。另一個堆疊習慣的例子是，每次開大門時就想一件感恩的事。這會讓你比較容易記得要進行新習慣，也比較可能持之以恆。

習慣迴圈需要獎賞！

根據克利爾所言，誘因很重要，因為誘因會暗示大腦開始進行習慣迴圈。習慣迴圈由三部分組成：誘因、行為（就是習慣本

身）以及獎賞。當你持續進行這個迴圈，大腦就會學著把誘因、行為與獎賞連結起來，長期下來這個習慣就更容易維持。

建立新習慣的一個關鍵，是創造清楚且一致的誘因。例如，早晨的鬧鐘聲可能是讓你起床並展開晨間例行事務的誘因。

同時要注意的是，誘因可以是內在的（例如飢餓感）或外在的（例如手機提醒），而且可以是正面的（例如喝水提醒）或負面的（例如在壓力下誘發了不健康的對應機制）。了解並控制誘因，你就可以控制你的習慣，並在生活中創造出積極的改變。

不要低估小獎賞的力量。我每週都會傳送睡眠數據給問責夥伴，如果我有遵守對我來說很重要的睡眠習慣，她會熱情的回應，然後我就會感覺非常非常棒。這大力鞏固了這個習慣。

9~25 項好能量習慣（至少選三個並力行）

運動

| 9 | 每週至少進行中度到激烈運動 150 分鐘 | • 以 220 減去你的年齡，來算出你的最大心率，然後乘以 64%，就是中強度運動時的最低心率。對我而言，就是 220 - 35=185，再乘以 0.64=118，也就是每分鐘心跳 118 次。對我來說，這代表我每週最少要有 150 分鐘心跳都高於 118 才行。
• 戴上穿戴式追蹤器來進行各種不同的活動，有助於知道「中度」運動時是什麼感覺。對我來說，在平地快走不會讓心跳達每分鐘 118 下，但在坡地快走或平地慢跑就可以。
• 以穿戴式追蹤器來確定你處在特定心率範圍的時間，並每天在好能量追蹤表上記錄這個時間長度。 |

10	每週進行三次阻力訓練	• 每週決心進行阻力運動三次或以上,每次至少 30 分鐘。 • 每週都要納入會讓手臂、腳與核心肌群累到無力的運動。你可以用自身體重或重量器材來進行。要開始阻力訓練計畫,你有許多選擇,包括線上課程、實體課、專屬健身教練與專門重訓的健身房。我在網站上的補充資料裡推薦了幾個選項,請參見 caseymeans.com/goodenergy。 • 要確認在第三週開始之前,就已經計畫好這些課程並寫入日程表,可以是報名當地健身房、找出你喜歡的免費 YouTube 課程、報名線上阻力訓練課程,或以其他管道進行。 • 在好能量追蹤表上記錄你的阻力訓練。
11	每日步行 1 萬步	• 這個月要下決心每天走 1 萬步,並透過穿戴式追蹤器加以確認。 • 建議:把步行在一整天中分成幾小段來進行會非常容易。如果你在早晨喝咖啡時順便在街頭走兩圈,可能就增加了 1,000 步。刷牙時繞著屋子或公寓走 2、3 分鐘,就有 300 到 500 步。邊走邊講電話,也可以增加 2,000 到 4,000 步。輕鬆慢跑 30 分鐘,可以增加 4,000 步或更多。在超市裡走動,可以增加 1,000 步。 • 在好能量追蹤表上記錄你的總步行數。
12	整天隨時動來動去	• 決心在每天工作的 8 小時內,每小時的最後 90 秒都起身動一動。如果你是坐辦公桌的,這件事會出乎意料的困難,因為一直坐著不動還比較簡單。蘋果手錶與 Fitbit 這類穿戴式裝置的最大優點之一是,它們會特別告訴你,你起身活動的時間有多長。你可以從這項資訊中知道自己一天中的哪個時段最常久坐。對我而言,我的穿戴式裝置顯示,從下午 2 點到 5 點是我坐最久的時段,這樣我就可以針對這幾個小時進行處理。 • 你可以在手機上設定計時器,每小時提醒你起身,或在穿戴式裝置上設定,提示你需要站起來了。 • 在好能量追蹤表上記錄你的活動時數。

睡眠

13	每晚睡足7到8小時，並以睡眠追蹤器確認	• 你會以每晚睡7到8小時為目標，並透過穿戴式睡眠追蹤器來追蹤。穿戴式裝置能顯示出你晚上醒著、翻來覆去的時間有多長，然後再把這段時間從全部睡眠時間中扣除，把它算清楚很重要。在晚上11點上床，然後早上7點起床並不表示你有8小時的睡眠。 • 這項習慣需要最高等級的邊界設定，例如比家裡其他人都更早上床或者睡得更久。如果你的寵物與伴侶讓你不好睡，就可能需要禁止寵物進到臥室，或與伴侶分房睡。 • 以穿戴式裝置追蹤睡眠時數，並記錄在好能量追蹤表上。
14	有規律的上床與醒來時間，以達到睡眠一致性	• 堅守1小時的起床與醒來時間窗口，以減少社交時差。也就是在晚上10點到11點之間上床，然後在早上7點半到8點半之間醒來，並以睡眠追蹤器確認。 • 以穿戴式裝置來確認，並記錄在好能量追蹤表上。

壓力、關係與情緒健康

15	每日冥想	• 在這個月，跟隨app的引導或與冥想團體一起進行冥想，每天至少10分鐘。 • 進行冥想時，你建立起強大的能力，了解你是自己思緒的觀察者，而思緒並不等與你。這個覺醒是解脫的第一步，讓你脫離思緒「自動駕駛」模式，很多人常陷於此模式而受苦。此外，冥想專注在呼吸上，可以讓人非常放鬆。 • caseymeans.com/goodenergy網站的補充資料有建議的app，並提供冥想的機會。 • 在好能量追蹤表上記錄每日的冥想練習。
16	檢視反應性與不良思維模式（透過自我探索與心理治療）	• 這個月，從我們的建議書單裡至少選兩本來讀，並與有執照的心理健康專家至少進行一次諮商。在caseymeans.com/goodenergy網站的補充資料裡有相關建議。 • 在好能量追蹤表上記錄進度。

用餐時間與習慣

17	固守確定的進食窗口	• 目標是每天只在 10 小時的進食窗口內吃東西，剩下 14 小時保持空腹。選擇你希望固守的窗口，例如晚上 10 點到早上 8 點，或晚上 8 點到早上 6 點。 • 建議：如果不吃宵夜對你來說很困難，試在進食窗口快結束時吃多點零食，即使才剛吃完晚飯也沒關係。例如，你在晚上 6 點吃晚飯，而進食窗口在晚上 8 點結束，你可以在晚上 7 點 50 分吃幾塊亞麻籽蘇打餅，幾口起司或沾了杏仁堅果醬的芹菜棒。 • 在好能量追蹤表上記錄你是否能固守這個進食窗口。
18	練習專注飲食	• 吃正餐（早餐、午餐與晚餐）時要坐著吃，不要盯著任何形式的螢幕。 • 食物擺在眼前時，在開動前做 10 個深呼吸並對食物滿懷感恩。 • 每吃一口食物，就放下餐具並咀嚼至少 15 下才下嚥。 • 在好能量追蹤表上記錄你是否能固守專心飲食的習慣。

光

19	白天盡可能暴露在陽光下	• 每天醒來後 1 小時內，不戴太陽眼鏡在戶外待至少 15 分鐘。 • 如果醒來時太陽還沒升起，那麼你的目標應該是落日或剛落日時待在戶外 15 分鐘，以及／或醒來時打開明亮的燈光或治療燈盒。 • 每天額外待在室外四次，每次至少 15 分鐘，累積下來每天要在室外 1 小時。可以是在戶外工作、吃早餐，以及／或午餐、散步、從事園藝或在戶外打電話。很容易一天就這樣過了，卻沒有做到每次 15 分鐘至少四次、累計 1 小時的戶外時間。 • 想辦法把室內活動移到室外，或者把所有戶外活動排在醒來的第一個小時。 • 在好能量追蹤表上記錄你是否能固守迎接晨光的習慣。

| 20 | 盡量減少夜晚的藍光 | - 在落日後戴起防藍光眼鏡，要上床時再摘掉
- 在 caseymeans.com/goodenergy 網站上的補充資料可以看到相關建議。
- 太陽下山後就把不必要的燈光都關掉，需要開的燈都調到最暗。如果可能的話，把家裡的燈光都加上調光器。
- 太陽下山後就把所有螢幕（電腦、手機、平板）都調到「深色模式」或「夜間模式」。
- 在好能量追蹤表上記錄你是否能堅持盡量減少夜晚的藍光。 |

溫度

| 21 | 每週累積至少 1 小時的熱暴露 | - 目標是每週累積 1 小時暴露在非常熱的環境下。
- 可能是透過熱桑拿、紅外線桑拿或熱瑜伽等加熱課程。
- 在第一與第二週，找到有桑拿或熱治療的設施或健身房，來安排第三與第四週的時段。
- 要熱到你不舒服且大量出汗的程度。
- 在好能量追蹤表上記錄你每天熱暴露的分鐘數。 |
| 22 | 每週累積至少 12 分鐘的冷暴露 | - 目標是每週累積 12 分鐘暴露在非常冷的環境下。
- 可以透過冷療法、沖冷水澡、浸泡在冰浴缸或冰冷的水體（如冬天的湖泊、河流或池塘）裡。
- 如果你選擇進行冷療法或冷浸泡，請先找到有這種設施的地方，然後在第三與第四週之前安排好。如果你要在天然水體裡進行冰浴，絕對不要單獨前往，要確保安全！我搬到奧勒岡時，在 Meetup 上找到一個團體，他們每週有好幾天一起進行冰浴，於是我就加入了。
- 冷暴露應該要多冷？應該是你想要逃離的極限挑戰那麼冷。終極目標是溫度在 1.5 到 7°C 之間，每次進行 3 分鐘。
- 在好能量追蹤表上記錄你每天冷暴露的分鐘數。 |

攝入的毒物

| 23 | 每天獲得足量的乾淨水 | • 建議購買逆滲透淨水器（桌上型或水槽下型）或高效能活性碳濾心淨水器，如 Berkey 牌，並且每天至少喝下每公斤體重乘以 30 毫升的水。
• 不要喝自來水或塑膠瓶裝水。
• 建議：我建議購買你喜歡且知道容量的玻璃或金屬水壺。我喜歡裝滿三個 950 毫升的大玻璃水瓶，總量達 2,850 毫升，這樣就達到根據體重計算出的一天最少飲水量。我每天晚上以逆滲透水裝滿水瓶，醒來後就把它們放在檯面上，這樣我就知道那天我喝下的精確水量。
• 在好能量追蹤表上記錄水的飲用量（以毫升計量）。|

如果你抽菸（香菸、雪茄、大麻等）或使用任何電子菸產品，請完全停止。它們會傷害你的粒線體並大幅減少你製造好能量的能力。

環境毒物

| 24 | 乾淨無毒的個人護理與居家清潔產品 | • 徹底檢查家中或用在自身的產品，盡可能大量減少每日的毒素暴露。
• 下列產品應該完全換成無色素、無染料且無香味並無毒的產品：
　▸ 個人護理產品：洗髮精、潤絲精、沐浴乳、洗澡皂、剃鬚膏、除臭劑、身體乳、護手霜、化妝品、護唇膏、指甲油、洗手皂、乾洗手、香水與古龍水。
　▸ 居家清潔產品：洗衣精、衣物柔軟精、洗衣紙、除垢噴霧、檯面清潔噴霧、消毒劑、地板清潔劑、漂白水、香氛蠟燭、室內電蚊香、汽車空氣清新劑、室內芳香噴霧。|

- 產品可能偷偷藏有香水，即使標示為「無毒」、「綠色」或「天然」，也可能仍含有香水，而這些都應該避免使用。
- 在「美國環境工作組織」網站上確認你的產品無毒，尋找有該組織認證的產品或得分為 1 或 2 的產品。
  * 只含精油香味的產品則無問題。這些產品極少，需要在特定零售商才找得到，且產品成分會標上特定精油名稱。去除成分表上列有「香料」（fragrance）、「天然香料」（natural fragrance）或「香精」（parfum）的產品。

- 建議：這樣做不會很貴！
  ▸ 以居家清潔來說，製作萬用清潔噴霧是堅守原則既簡單又便宜的辦法，方式是以一份白醋加五份過濾水，再加上你喜歡的任何精油，混和後裝入玻璃噴霧瓶中。這個溶液可以清潔檯面、浴室、廁所以及很多耐用地板，而且如果在表面灑一些烘焙蘇打，能讓清潔力倍增。
  ▸ 以多功能肥皂（洗手皂、洗碗皂、洗澡皂以及一般清潔肥皂）來說，我建議稀釋布朗博士牌的嬰兒無香潔膚露（Baby Unscented Pure-Castile Liquid Soap），放入玻璃壓瓶中，然後擺放在廚房及浴室。
  ▸ 以臉部乳液、身體乳還有卸妝油來說，你可以使用有機荷荷芭油或有機椰子油。
- 在 caseymeans.com/goodenergy 網站上的補充資料，可以看到完整的產品建議。第三週開始之前就可以先整理好家裡環境並準備相關產品，這樣第三與第四週就可以盡可能使用許多乾淨無毒的產品。
- 在好能量追蹤表上記錄你換了哪些產品。

| 25 | 每週至少置身大自然 4 小時 | 每週都要置身大自然或綠地，共累積 4 小時。在都會區的話，可以是公園、植物園或河濱公園。離開城市後，大自然指的是當地小徑或到山裡及野外小旅行。理想上，你應該盡量深入大自然，遠離汽車與道路，沉浸在天然植物的世界中。 |

> - 在第一與第二週時，就要為後2週做準備，確保你的日曆（與追蹤表）上有4小時可以置身大自然。確認你要去哪些地方進行你的大自然時間，時間地點都要清楚確定。
> - 在好能量追蹤表上記錄你每天置身大自然幾分鐘。

＊　＊　＊

　　展開第三與第四週的額外好能量習慣前，想一想你要如何把習慣融入現有生活，以及你要如何從能力階層的第二階段前進到第三階段，或從第三階段前進到第四階段。要從有意識的不勝任到有意識的勝任，或從有意識的勝任到無意識的勝任，你的生活要具備什麼要件？我勸你想出有創意的方法來達成這些要件，並想想可能有礙的現實狀況。不要受限於為什麼在生活中**不**可能的理由，格局要大，並全力想像如何讓習慣成真。例如你的目標是在飲食中盡量減少精製穀物，你可能需要做到下列幾項，來達到第三階段有意識的勝任：

- 開始追蹤無穀物的食物部落格與社交媒體帳號，來學習新食譜並牢記心中
- 找出看起來好吃且有附食譜的無穀物烹飪書
- 訂購無穀物料理組合包寄送服務或 Daily Harvest 之類無穀物冷凍食品寄送服務
- 把家裡所有的精製穀物都丟棄
- 用生鮮外送的方式，以免在超市時受到誘惑買了穀物

- 去餐廳前先看菜單，找出不含精製穀物的餐點
- 請服務生不用送來餐前麵包
- 學習以無穀物麵粉來烘焙
- 買菜時看清每樣產品的成分標示
- 學習以無穀物的輕度加工食品來替換喜歡的穀物產品，然後購買相關產品，例如扁豆義大利麵或花椰菜披薩皮
- 想出幾個不含精製穀物且你會喜歡的麵包與甜點替代品
- 計畫與朋友、家人或工作夥伴一起用餐時，手邊要有健康餐廳與咖啡廳的清單，這樣就可以提出建議
- 參加晚餐派對或家庭日時帶著無穀物健康點心或小菜出席

每週安排反思時間

每完成一週的好能量計畫，先用半個小時查看你的好能量追蹤表與食物日記，盤點你的進度。如果沒有達標，簡短寫下可能的障礙為何。試著與問責夥伴聯繫，進行徹底討論並解決問題，來提高下週的成功率。想想看若要更成功，得做什麼改變嗎？

當第四週結束後，回想在前三項食物習慣與額外的三個習慣上，你的能力是否都提升了？你可以從有意識的不勝任進步到有意識的勝任嗎？在養成這些習慣上你用了什麼技巧？你需要把這些習慣再分解成更小的習慣，以建立自信並取得進展嗎？這個行動、追蹤、反思與再投入迴圈是非常有效的練習，你可以一輩子都這樣做，直到每一種習慣都成為第二天性。

最重要的是，想想看養成其中某些習慣是什麼感覺。你注意到有何不同感受嗎？你是否為自己展開這項旅途感到驕傲？實施問責制是不是有幫助？

行動：
- 從第四到第二十五項習慣中選出三項，在第三與第四週時全心投入
- 省思並記錄如何在第三與第四週把這三項習慣融入生活
- 把這些寫在你的好能量追蹤表，為第三與第四週做準備，並且在追蹤表上規劃每個活動
- 每週結束後，在好能量追蹤表與食物日記上寫下省思，來判斷進展得如何

沒有終點的旅程

在這個月，我希望你證明了你可以在生活裡加入新習慣，而且這些新習慣會讓你感覺更好。我也希望你的心態也改變了，知道刻意給予細胞遭現代工業生活奪走的生物所需很有意義。

隨著一個月一個月過去，持續在計畫中努力堆疊額外的習慣。這個行動沒有終點，但我確信致力進行尊重細胞的每日活動，就是通往快樂生活的祕訣。

想查閱本章引述的論文，請上網站 caseymeans.com/goodenergy。

第四部

33 道
好能量食譜

第 11 章

活力早餐

義式烘蛋佐生菜沙拉

無堅果、無麩質
製作時間：40 分鐘

份量：4 人份

　　這道義式烘蛋相當簡單，可以事先備好、做為整個星期的早餐。拌入菠菜的蛋液，不只給烘蛋添上翠綠色澤，還富含充滿好能量的微量元素，像是鎂，維生素 A、E、C、K、葉酸、B_1、B_6 以及 B_{12}。一顆雞蛋含有 6 克的天然蛋白質，還有大約 330 毫克的 omega-3 脂肪酸。放牧蛋的 omega-3 含量約為一般養殖蛋的 2 倍。烘蛋可以簡單搭配我提供的生菜沙拉食譜，以便多攝取一些類囊體（有助於飽腹感）和微量營養素。

　　雖然用冷凍花椰菜米來烹煮也可以，但最適合這道烘蛋料理的是新鮮的花椰菜米。我用大型食物料理機來做新鮮的花椰菜米，只要裝上 S 型刀片，用瞬轉功能將花椰菜的花球攪打幾次，就能打到像米粒大小。切忌攪打過度，以免顆粒過細，煮熟時含水量太高、變得水水的。

義式烘蛋食材

> 大雞蛋 6 顆
>
> 小菠菜（緊壓後）2 杯
>
> 海鹽 1/4 茶匙，可依喜好酌量增加
>
> 特級初榨橄欖油 1 湯匙
>
> 中型韭蔥 1 根，取白色和淺綠色部分，切薄片、洗淨
>
> 櫛瓜 1 小條，先縱向對切，然後切成約 1 公分左右的小塊（大約 1½ 杯）
>
> 新鮮花椰菜米 1 杯（作法如上述）
>
> 現磨黑胡椒粉適量
>
> 新鮮的蒔蘿末 2 湯匙，另備少量上菜時裝飾用
>
> 小番茄（葡萄番茄）1 杯
>
> 菲塔乳酪（feta）57 克，弄碎（可加、可不加）

生菜沙拉食材

> 生菜 4 至 6 把，例如芝麻菜、菠菜或綜合生菜
>
> 檸檬 1/2 顆，榨汁，可依喜好酌量增加
>
> 高品質的特級初榨橄欖油 3 湯匙
>
> 薄片鹽和現磨黑胡椒粉適量

1. **製作烘蛋**：將烤箱預熱至 175℃。把雞蛋、菠菜和鹽放入攪拌機中，蓋上蓋子，攪打 30 秒，或打到均勻混合成翠綠色。
2. 在 10 吋鑄鐵平底鍋中以中火加熱橄欖油。放入韭蔥，煮約 3 至 4 分鐘或到開始要變軟。加入櫛瓜和花椰菜米，依喜好

加鹽和胡椒粉調味，煮約 4 至 5 分鐘，或煮到櫛瓜嫩脆金黃。撒上蒔蘿末。
3. 把蛋液倒入鍋中與蔬菜混合，將鍋子傾斜讓蛋液均勻分布在櫛瓜等蔬菜中，再將番茄和菲塔乳酪（如果有加的話）撒在上面。整鍋放入烤箱，烘烤約 13 至 15 分鐘，或烤到中心部位的蛋液凝結。
4. **製作沙拉**：等待烘蛋稍涼時，可以同時準備沙拉。在大型攪拌盆中，將生菜與檸檬汁及橄欖油充分拌勻，以鹽和胡椒粉調味。
5. 切一片溫熱的烘蛋，配上沙拉，上面再搭配些預留的蒔蘿點綴一下。

保存方法：將烘蛋存放在密封容器中，冷藏可保存 3 至 4 天。

草莓奇亞籽果昔

無麩質、無乳製品、無大豆
製作時間：5 分鐘

份量：1 人份

這款果昔是營養滿滿的飲品，部分原因在於加入了巴西堅果，使得每份富含約 270 微克的硒。硒是種不可或缺的微量礦物質，具有抗氧化作用，也有助於健康的葡萄糖代謝。最棒的是，

不需要用牛奶就能做出濃郁滑順的口感；用冰沙果汁機高速打勻時，水和堅果會乳化成堅果奶，既省時又省錢！

> 冷凍草莓 1/2 杯
> 冷凍覆盆子 1/4 杯
> 冷凍花椰菜的花球部分 1/2 杯
> 巴西堅果 4 顆
> 奇亞籽 1 湯匙
> 瑪卡粉 1 湯匙
> 甜菜根粉 2 茶匙
> 香草精 1/4 茶匙
> 小豆蔻粉 1/4 茶匙
> 檸檬 1/2 顆，榨汁

將所有食材與 1 杯水放入冰沙果汁機中，以高速攪打 30 秒，或打到質地細緻滑順即可。請立即享用。

瑪卡果昔，兩種口味

無麩質、無大豆、無堅果、無乳製品
製作時間：5 分鐘

份量：1 人份

這款果昔所含的脂肪和纖維可以抗衡冷凍香蕉導致血糖升高

的可能性。酪梨和大麻籽等讓纖維含量達到 11 克。瑪卡是一種十字花科根類蔬菜,具有強大的抗氧化特性,有助於減輕體內的氧化壓力。這裡提供了兩種我最喜愛的能量果昔作法。

熱帶風味食材

- 冷凍香蕉 1/2 根
- 冷凍酪梨 1/4 杯(相當於 1/4 顆新鮮酪梨)
- 冷凍鳳梨塊 1/4 杯
- 羽衣甘藍嫩葉(輕壓後)1/2 杯
- 大麻籽 1 湯匙
- 中東芝麻醬 1 湯匙
- 瑪卡粉 1 湯匙
- 香草精 1/4 茶匙

莓果風味食材

- 冷凍香蕉 1/2 根
- 冷凍藍莓 1/2 杯
- 冷凍酪梨 1/4 杯(相當於 1/4 顆新鮮酪梨)
- 羽衣甘藍嫩葉(輕壓後)1/2 杯
- 大麻籽 1 湯匙
- 中東芝麻醬 1 湯匙
- 瑪卡粉 1 湯匙
- 萊姆 1/2 顆,榨汁

將所有食材（熱帶風味或莓果風味擇一）與 1 杯水放入冰沙果汁機中，以高速攪打 30 秒，或打到質地細緻滑順即可。請立即享用。

堅果奶

無麩質、無乳製品、無大豆
製作時間：5 分鐘（另需 8 至 10 小時的浸泡時間）

份量：4 杯（每杯約 240 毫升）

核桃和大麻籽富含 omega-3 脂肪酸，這種營養素與降低促發炎生物標記、減少動脈斑塊堆積以及降低血壓有關。每杯堅果奶含有大約 3.5 克的 omega-3 脂肪酸。市售食品經常隱藏有糖分和其他添加劑，在家自製堅果奶不僅能避免攝入這些物質，而且也簡單有趣，長期而言還能節省開支。

> 核桃 1/2 杯
> 海鹽 1 茶匙
> 大麻籽 1/2 杯
> 香草精 1 茶匙

1. 將核桃放入中等尺寸的碗中，加水至淹沒核桃的高度，再將海鹽加入。蓋上蓋子，浸泡 8 至 10 小時。

2. 將浸泡後的核桃瀝乾,徹底沖洗乾淨。
3. 將核桃、大麻籽、香草精與 4 杯過濾水放入果汁機中。如果想要濃稠一點的口感可以少加一點水,想要淡薄一點則多加一點水。以高速攪打 2 至 3 分鐘,或打到所有食材均勻混合、呈乳白色、有微細氣泡即可。
4. 濾渣:在壺內放入過濾袋,或將過濾布鋪在瀝水盆中,把堅果奶倒入過濾袋或瀝水盆的過濾布內,再用洗淨的手擠壓、按壓,盡可能把液體壓出來。
5. 飲用前請先搖晃均勻,因為堅果奶靜置後會自然分層。

保存方法:將堅果奶放入乾淨容器中,冷藏可保存 3 至 4 天。

菠菜鷹嘴豆薄餅佐滑嫩炒蛋、辣蘑菇

無麩質、無大豆、無堅果
製作時間:45 分鐘

份量:3 人份(每份 2 張餅皮)

　　這道食譜中的香煎蘑菇富含 β-葡聚醣,這是一種能做為益生元纖維的化合物。腸道中的益生菌會分解 β-葡聚醣,產生短鏈脂肪酸,有助於降低胰島素阻抗。專業提示:餅皮可以一次多做一點冷凍起來,方便日後享用。

菠菜鷹嘴豆餅皮食材

- 鷹嘴豆粉 1/2 杯
- 樹薯粉 1/4 杯
- 小菠菜（緊壓後）1 杯
- 新鮮羅勒葉 3 至 4 片
- 海鹽 1/4 茶匙
- 特級初榨橄欖油適量

辣蘑菇食材

- 特級初榨橄欖油 1 湯匙
- 褐色蘑菇 3 杯，切片
- 海鹽與現磨黑胡椒適量
- 紅辣椒末少許

滑嫩炒蛋食材

- 草飼奶油 1 湯匙
- 大雞蛋 6 顆，打散
- 海鹽與現磨黑胡椒適量

其他食材

- 羅勒葉 6 片，裝飾用
- 辣醬（可加、可不加）

1. **製作餅皮**：將鷹嘴豆粉、樹薯粉、菠菜、羅勒、海鹽以及 1 杯水放入果汁機中，以高速攪打 30 秒，或打到質地細緻滑順、呈鮮綠色即可。
2. 以中火加熱中等尺寸的鑄鐵平底鍋，倒入 1/4 杯麵糊，旋轉鍋子使麵糊均勻鋪開（就像製作可麗餅那樣）。每面煎 1 至 2 分鐘，或煎到餅皮熟透柔韌。如果麵糊黏鍋，可滴幾滴橄欖油給鍋子上油。重複此步驟，直至煎完 6 張餅皮，備用。
3. **香煎蘑菇**：在同一鍋內以中火加熱橄欖油，放入蘑菇，以鹽、黑胡椒及紅辣椒末調味。翻炒 5 至 6 分鐘，或炒到蘑菇軟嫩、呈金黃色，取出備用。
4. **滑嫩炒蛋**：在同一鍋內以中小火融化奶油，放入打散的雞蛋，以鹽與胡椒調味。輕輕翻炒 2 至 3 分鐘，或炒到蛋液差不多凝結。
5. **組合**：每一人份使用兩張餅皮，鋪上兩片羅勒葉，配上炒蛋與辣蘑菇。可依個人喜好淋些辣醬。

保存方法：餅皮可以一次做多一點，冷凍可以保存 3 個月。重新加熱時，只需將冷凍餅皮放置於乾鍋內，用中火每面加熱 30 秒，或直到餅皮溫熱柔軟即可。

奇亞籽或羅勒籽布丁，三種風味

無麩質、無乳製品、無大豆
製作時間：10 分鐘（另需浸泡一晚）

份量：1 人份

奇亞籽與羅勒籽都富含有益代謝的纖維。浸泡後，種籽會膨脹、形成果凍狀的質地，這是因為種籽外層有黏液質，這種可溶性纖維能吸收自身重量 10 至 20 倍的水分。以下是三種美味的布丁基底與風味搭配。

熱帶椰香風味食材

基底

- 奇亞籽或羅勒籽（或兩者混合）3 湯匙
- 堅果奶（參考第 400 頁）或自己喜歡的乳飲 2/3 杯
- 螺旋藻 1/2 茶匙
- 萊姆皮屑 1/4 茶匙
- 新鮮鳳梨 1/4 杯，切細丁
- 椰絲 1 湯匙
- 海鹽少許

配料

- 新鮮鳳梨塊 1/4 杯
- 大麻籽 1 茶匙

鮮榨萊姆汁適量

覆盆子杏仁堅果風味
基底
- 奇亞籽或羅勒籽（或兩者混合）3 湯匙
- 堅果奶（參考第 400 頁）或自己喜歡的乳飲 2/3 杯
- 覆盆子 1/4 杯，切細丁
- 香草精 1/8 茶匙
- 甜菜根粉 1/4 茶匙
- 海鹽少許

配料
- 黑莓 1/4 杯
- 碎杏仁堅果 1 湯匙
- 鮮榨檸檬汁適量

黑巧克力橙香風味食材
基底
- 奇亞籽或羅勒籽（或兩者混合）3 湯匙
- 堅果奶（參考第 400 頁）或自己喜歡的乳飲 2/3 杯
- 柳橙 1/4 杯，切細丁
- 可可粉 1½ 茶匙
- 香草精 1/8 茶匙

肉桂粉 1/4 茶匙

瑪卡粉 1/2 茶匙

海鹽少許

配料

柳橙瓣 1/4 杯

榛果 1 湯匙，略微烤一下、切碎

南瓜籽 1 茶匙

　　將基底食材放入中等尺寸的碗中，攪拌均勻，然後蓋上蓋子；或者將這些食材裝入大玻璃罐中，搖勻後蓋上蓋子。靜置 2 至 3 分鐘後，再次攪拌或搖晃，然後冷藏浸泡一晚。食用時，上面再放上配料點綴一下。

香辛杏仁堅果鬆餅佐燉蘋果

無麩質、無乳製品、無大豆
製作時間：10 分鐘

份量：2 人份

　　肉桂是這道食譜中的關鍵成分，可以調節血糖，而且具有抗氧化和抗發炎的特性。燉蘋果是糖漿的絕佳替代品，不僅提供了些許甜味，還含有維生素 C、鉀，以及維生素 K。

燉蘋果食材

- 蘋果 1 顆,去皮、切丁
- 未精製椰子油 1 茶匙
- 肉桂粉 1/4 茶匙
- 海鹽 1/8 茶匙
- 鮮榨檸檬汁 1 茶匙

鬆餅食材

- 去皮細杏仁堅果粉 1 杯
- 泡打粉 1 茶匙
- 海鹽 1/8 茶匙
- 肉桂粉 1/2 茶匙
- 肉荳蔻粉 1/8 茶匙
- 薑粉 1/8 茶匙
- 多香果粉 1/8 茶匙
- 罐裝全脂椰奶 1/2 杯
- 大雞蛋 2 顆
- 香草精 1/2 茶匙
- 未精製椰子油適量,用於平底鍋上油以防煎餅黏鍋

1. **製作燉蘋果**:將蘋果丁、椰子油、肉桂粉、鹽、檸檬汁和 1/2 杯水放入小鍋中,以中火煮沸。繼續燉煮 10 分鐘,或煮到蘋果軟嫩、散發香氣,並且水分收至糖漿狀。

2. **一邊同時製作鬆餅**：在中等尺寸的盆中，將杏仁堅果粉、泡打粉、鹽、肉桂粉、肉荳蔻粉、薑粉和多香果粉混在一起。在另一碗中，將椰奶、雞蛋、香草精與 1/4 杯水攪拌均勻。將濕性食材倒入乾性食材中，攪拌均勻。
3. 以中小火加熱鑄鐵平底鍋或煎盤，鍋熱後轉小火，倒入少許椰子油以防麵糊黏鍋。舀 1/4 杯麵糊倒入鍋中，每面煎約 2 分鐘，或煎到鬆餅顏色金黃、呈蓬鬆狀。煎餅時請視情況調整火力強弱。
4. 趁熱將鬆餅搭配燉蘋果一起享用。

沙丁魚香蔥煎餅佐優格醬

無麩質、無大豆
製作時間：25 分鐘

份量：3 人份（約 6 個中等大小的煎餅）

沙丁魚是極佳的 omega-3 脂肪酸來源，而且屬於低汞魚類，是安全的海鮮選擇。青蔥則屬於葷辛植物，所含的一些化合物可能具有防癌功效。

沙丁魚香蔥煎餅食材

冷凍菠菜約 142 克（解凍後約 1 杯）
罐頭沙丁魚約 113 克，瀝乾、壓碎

蔥 4 根,綠色段及白色段都取用、切成蔥花
大雞蛋 4 顆,打散
椰子粉 2 湯匙
海鹽 1/2 茶匙
現磨黑胡椒適量
特級初榨橄欖油,煎餅用
新鮮蒔蘿末 1 湯匙,多備一些以作裝飾

優格醬食材

原味全脂優格 1 杯
新鮮蒔蘿末 2 湯匙
鮮榨檸檬汁 1 湯匙
大蒜 1 瓣,剁細
海鹽與現磨黑胡椒適量

1. **製作煎餅**:菠菜解凍後,將多餘水分擠乾。在中等尺寸的攪拌盆中,放入菠菜、沙丁魚、蔥花和雞蛋,然後加入椰子粉,以鹽和黑胡椒調味,充分拌勻。
2. 以中火加熱平底鍋,倒入少許橄欖油。分次將上述麵糊舀入鍋中,做成中等大小的煎餅。每面煎 3 至 4 分鐘,或煎到金黃熟透。
3. **製作優格醬**:在小碗中將優格、蒔蘿末、檸檬汁和大蒜攪拌均勻,以鹽和黑胡椒調味。
4. 在煎餅撒上預留的蒔蘿點綴一下,搭配優格醬一起享用。

第 12 章

輕盈午餐

茴香蘋果沙拉佐檸檬第戎醬與燻鮭魚

無麩質、無乳製品
製作時間：20 分鐘

份量：4 人份

鮭魚可以提供身體 omega-3 脂肪酸、維生素 D、維生素 B_{12}、鉀以及硒，而且汞含量相對較低。另外值得注意的是，選擇無糖煙燻鮭魚可以避免攝取過多的糖分。

紫洋蔥 1 小顆，切薄片
中等大小球莖茴香 2 顆，切成四等份、去芯、切薄片
青蘋果（Granny Smith）1 顆，切薄片
西洋芹 4 根，切薄片
綠橄欖 1/2 杯，去核、切片
新鮮蒔蘿末 1/4 杯
檸檬第戎醬（參考第 445 頁）1/2 杯或適量
茴香葉 1/2 杯（如有）

煙燻鮭魚約 170 克，切片
烤熟、切碎的胡桃 2 湯匙

1. 將紫洋蔥、球莖茴香、青蘋果、西洋芹、綠橄欖與蒔蘿末放入大攪拌碗中，加入檸檬第戎醬，拌勻後靜置 5 至 10 分鐘，讓味道充分融合。
2. 將沙拉平均分成四份，盛入盤中。上面配些茴香葉點綴一下，放上燻鮭魚以及烤熟的碎胡桃即可。

虹彩沙拉佐檸檬第戎醬與鷹嘴豆、水煮蛋

無麩質、無大豆、無堅果
製作時間：15 分鐘（另需 1 小時醃漬時間）

份量：4 人份

　　十字花科蔬菜（如羽衣甘藍、紫甘藍）以及德式酸菜等都富含異硫氰酸酯，這種分子能增強抗氧化基因 Nrf2 的活性以對抗氧化壓力。醃漬鷹嘴豆是一種絕佳的完整蛋白質來源，可以事先備好，讓餐點製作更省事。水煮蛋、南瓜籽，以及可依個人喜好選擇是否添加的菲塔乳酪，可將這道沙拉的蛋白質總量提升至 24 克。

中東風味醃漬鷹嘴豆食材

- 鷹嘴豆 1 罐（約 425 克），瀝乾、洗淨、輕拍拭乾
- 特級初榨橄欖油 2 茶匙
- 紅蔥頭 1 顆，切薄片
- 大蒜 1 瓣，剁細
- 紅酒醋 2 湯匙
- 中東綜合香料（Za'atar）1 茶匙
- 海鹽 1/4 茶匙

水嫩水煮蛋食材

- 大雞蛋 4 顆

沙拉食材

- 芝麻葉（緊壓後）4 杯
- 橙色甜椒 1 顆，除去蒂頭、去籽、切片
- 中等大小黃櫛瓜 1 條，切丁
- 紫甘藍菜絲 4 杯
- 甜菜根德式酸菜 1/2 杯
- 檸檬第戎醬（參考第 445 頁）
- 海鹽及現磨黑胡椒適量
- 南瓜籽 1/4 杯
- 菲塔乳酪 1/4 杯，弄碎（可加、可不加）

1. **製作醃漬鷹嘴豆**：將鷹嘴豆、橄欖油、紅蔥頭、大蒜、紅酒醋、中東綜合香料和海鹽放入中等尺寸的攪拌盆中拌勻。蓋上蓋子醃漬至少 1 小時，最早可以提前 5 天製作。
2. **製作水嫩水煮蛋**：在中等尺寸的鍋內加水，以中大火煮至微沸狀態，將雞蛋小心放入水中，煮 7 分鐘。煮好後將雞蛋放入冰水中，冷卻到能夠觸摸的溫度，剝殼備用。
3. **製作沙拉**：將芝麻葉、橙色甜椒、黃櫛瓜、紫甘藍及甜菜根德式酸菜放入大攪拌盆中，加入適量檸檬第戎醬，拌勻。以海鹽和黑胡椒調味。
4. 將沙拉均分於四個碗中，撒上南瓜籽、醃漬的鷹嘴豆，以及菲塔乳酪（如果使用的話），上面再放上對切的水煮蛋。

保存方法：未拌醬的沙拉及配料最多可冷藏保存 5 天。

咖哩烤時蔬佐椰香麵餅

無麩質、無大豆
製作時間：35 分鐘

份量：2 至 3 人份

　　咖哩粉中的某些香料具有所有食物中最高的抗氧化功效，其中包含了薑黃，它是種強大的抗發炎辛香料。薑黃同時具備抗氧化和抗發炎功效，能直接抑制發炎基因 NF-κB 的表現。這款麵

餅使用了椰子粉與洋車前子殼，每一人份含有 17 克的纖維，這兩種材料在多數健康食品店都能找得到，不過洋車前子有時會放在保健食品區。樹薯粉是由樹薯的根製作而成，是一種無穀物、無麩質的麵粉替代品，有時也稱木薯。

椰香麵餅食材

> 椰子粉 1/2 杯
> 樹薯粉 1/4 杯
> 洋車前子殼 2 湯匙
> 泡打粉 1/2 茶匙
> 海鹽 1/4 茶匙
> 罐裝全脂椰奶 1/4 杯

咖哩烤時蔬食材

> 中等大小花椰菜 1 顆，切成小朵
> 大番茄 1 顆，切成瓣
> 黃洋蔥 1 小顆，切片
> 中等大小胡蘿蔔 3 根，切大塊
> 咖哩粉 1 湯匙
> 特級初榨橄欖油 2 湯匙，另備些許煎烤用
> 海鹽和現磨黑胡椒適量
> 冷凍豌豆 1/2 杯

其他食材

> 香菜些許
> 原味全脂優格適量
> 萊姆 1 顆,切成瓣

1. **製作麵團**:將烤箱預熱至 200℃。在中等尺寸的盆中,將椰子粉、樹薯粉、洋車前子殼、泡打粉和海鹽拌在一起。加入椰奶和 1½ 杯溫水攪拌均勻,靜置至少 10 分鐘。
2. **製作咖哩烤時蔬**:將花椰菜、番茄、洋蔥和胡蘿蔔放入大烤盤中,加入咖哩粉、橄欖油、鹽以及黑胡椒,充分拌勻。烘烤 20 至 25 分鐘,偶爾翻動一下,直到蔬菜呈金黃色而且熟透。最後 5 分鐘加入冷凍豌豆,與盤中混合蔬菜拌勻,繼續烤至豌豆轉為鮮綠色。
3. 將麵團分成 6 等份,每一小塊都揉成球狀。把一個麵團小球放在兩張烘焙紙中間,用擀麵棍擀平至 1.2 公分左右的厚度。重複以上步驟,將其餘麵團小球擀完。
4. 以中火加熱鑄鐵平底鍋,倒入少許橄欖油,將擀好的麵團放入鍋中煎,每面煎 3 至 4 分鐘,或煎到表面金黃、麵餅膨起。將煎好的麵餅放到盤中,重複動作將其餘麵團煎完。
5. 將咖哩烤時蔬與熱麵餅擺盤,搭配香菜、優格和萊姆瓣一起享用。

花椰菜米手卷

無麩質、無乳製品、無大豆、無堅果
製作時間：30 分鐘

份量：2 人份

這道手卷裡的花椰菜米壽司飯使用富含 omega-3 的亞麻籽和香氣撲鼻的米醋製成，比傳統的白米壽司更加健康營養，還能平衡血糖。烤海苔片則富含碘，這是一種人體必不可少的微量礦物質，有助於維持甲狀腺功能和促進身體代謝。

香辣鮭魚食材

- 野生鮭魚罐頭 1 罐（約 170 克），瀝乾、用叉子弄碎
- 香草蛋黃醬（參考第 453 頁）或酪梨油美乃滋 1 湯匙
- 紅辣椒末 1 小撮（可加、可不加）
- 海鹽與現磨黑胡椒適量

花椰菜壽司飯食材

- 微溫的簡易花椰菜飯適量（參考第 433 頁）1/2 份
- 米醋 1 茶匙
- 白芝麻 1 湯匙
- 亞麻籽粉 2 茶匙

味噌芝麻醬食材

- 椰棗 1 顆,去核
- 中東芝麻醬 3 湯匙
- 日式溜醬油 1 茶匙
- 紅味噌 1 茶匙
- 米醋 2 茶匙
- 大蒜 1 瓣,剁細
- 新鮮薑末 1 茶匙

其他食材

- 烤海苔片 3 至 4 片,分切成四等份
- 已成熟但不過軟的哈斯酪梨 1 顆,對切、去核、去皮、切片
- 小黃瓜 1 條,切丁

1. **製作香辣鮭魚**:在中等尺寸的碗內,將鮭魚、蛋黃醬和紅辣椒末(若使用的話)混合均勻,以鹽和黑胡椒調味,備用。
2. **製作花椰菜壽司飯**:在另一個碗中,將微溫的花椰菜飯與米醋、芝麻以及亞麻籽粉拌勻,備用。
3. **製作味噌芝麻醬**:將椰棗在熱水中浸泡 10 至 15 分鐘,變軟後瀝乾。在小型食物料理機中,將芝麻醬、溜醬油、味噌、椰棗、米醋、蒜末以及薑末攪打成順滑醬料。如需稀釋,可加入一至兩湯匙水,調至濃稠、倒得出來的狀態。
4. **製作手卷**:在海苔片上放上一些花椰菜壽司飯、香辣鮭魚、酪梨片以及小黃瓜,捲起後搭配味噌芝麻醬一起享用。

經典雞肉芹菜沙拉卷

無麩質、無乳製品、無大豆、無堅果
製作時間：50 分鐘

份量：2 至 4 人份

自製的香草蛋黃醬（參考第 440 頁）和酪梨油美乃滋（Primal Kitchen 這個牌子在多數雜貨店都有販售），都不使用會引發炎症的種籽油為基底來製作，但同樣能提供濃郁的口感。以寬葉羽衣甘藍替代傳統的小麥捲餅或麵包，是一種更能提供「好能量」的選擇。這道料理的食材可以提前準備好，放冰箱冷藏，便於快速享用午餐。

- 去皮去骨雞胸肉約 680 克
- 海鹽適量
- 寬葉羽衣甘藍 4 至 8 大葉
- 香草蛋黃醬（參考第 440 頁）或酪梨油美乃滋 1/4 杯
- 檸檬 1/2 顆，榨汁
- 紫洋蔥細丁 1/4 杯
- 西洋芹 2 根，切丁
- 酸櫻桃乾 2 湯匙（可加、可不加）
- 紫甘藍絲 1 杯
- 小黃瓜 1 條，切成長條

1. 將雞胸肉放入中等尺寸的盆中,撒上海鹽,冷藏醃製 20 至 30 分鐘。
2. 同時,用大火將一大鍋水煮沸。用鋒利的刀子修整削平甘藍葉的粗硬葉梗,讓整片葉子平整一點。在沸水中加入適量鹽,放入甘藍葉汆燙約 1 分鐘,或至葉片變軟、顏色轉成鮮綠。將燙過的葉子立即浸入冰水中冷卻,取出後放在乾淨的毛巾上晾乾。
3. 將雞胸肉從冰箱取出,在中型鍋中加入 3 杯水,用中大火加熱到接近沸騰、適合煨煮的狀態。放入雞胸肉,蓋上鍋蓋,轉小火,煨煮 15 至 20 分鐘,直至熟透,具體時間視雞肉厚度而定。
4. 在大碗中,將蛋黃醬、檸檬汁、洋蔥、西洋芹及酸櫻桃乾(若有使用的話)攪拌均勻。
5. 將煮熟的雞胸肉從水中取出,擦乾後切成細丁,加到步驟 4 的美乃滋沙拉中,充分拌勻。
6. 取一片燙熟的甘藍葉,鋪上一些雞肉沙拉,再放上紫甘藍絲和小黃瓜條,捲起後即可享用。

第 13 章

飽足晚餐

豬肉花椰菜炒飯

無堅果、無麩質、無乳製品
製作時間：30 分鐘

份量：2 人份

以花椰菜米替代白米，能攝取到十字花科蔬菜的多種營養成分，包括維生素 C、維生素 K、葉酸、維生素 B_6 和鉀等微量營養素。

日式溜醬油 1 湯匙 +1 茶匙
米醋 1 湯匙，另備少量食用時調味用
杏仁堅果醬 1 湯匙
大蒜 3 瓣，剁細
豬絞肉約 230 克
海鹽與現磨黑胡椒適量
褐色蘑菇丁 2 杯
新鮮花椰菜米 3 杯（約 284 克）

胡蘿蔔 1 根,切丁
紫洋蔥 1/2 顆,切丁
切碎的羽衣甘藍 2 杯
大雞蛋 2 顆,打散、以適量鹽和胡椒調味
蔥 2 根,綠色段和白色段都要,切成蔥花

1. 在小碗中將溜醬油、米醋、杏仁堅果醬和蒜末拌勻,備用。
2. 以中大火加熱大煎鍋,放入豬絞肉,用木匙將成團的絞肉壓散,翻炒約 5 至 7 分鐘,或炒到呈金黃色,用鹽和胡椒調味。
3. 加入蘑菇丁,翻炒 4 至 5 分鐘,或炒到變軟、呈金黃色。接著加入花椰菜米、胡蘿蔔、洋蔥、羽衣甘藍,以及步驟 1 調好的醬料,繼續翻炒 2 至 3 分鐘,或炒到蔬菜脆嫩。
4. 在鍋內炒料中間開個小洞,將打散的雞蛋倒入,輕輕拌炒 2 至 3 分鐘,蛋液開始凝結時,與鍋內炒料拌勻。關火。
5. 撒上蔥花,可依個人口味加幾滴米醋增添風味,即可享用。

香煎野生鮭魚佐蝦夷蔥莎莎醬與花椰菜芹根泥

無麩質、無乳製品、無大豆、無堅果
製作時間：20 分鐘

份量：2 人份

野生鮭魚是富含長鏈 omega-3 脂肪酸（EPA 和 DHA）的絕佳來源。選用野生鮭魚而不是養殖鮭魚，可以讓食物來源更加多樣化，也能攝取到更好的營養成分。

香煎鮭魚食材

- 帶皮野生鮭魚排 2 片（約 170 至 230 克）
- 海鹽與現磨黑胡椒適量
- 酪梨油 1 湯匙

蝦夷蔥莎莎醬食材

- 新鮮蝦夷蔥花 3 湯匙
- 番茄細丁 1/4 杯
- 鮮榨萊姆汁 1 湯匙
- 特級初榨橄欖油 1/2 茶匙
- 海鹽與現磨黑胡椒適量

其他食材

| 濃郁花椰菜芹根泥（參考第 426 頁）1/3 份

1. **製作香煎鮭魚**：將鮭魚排輕拍擦乾，撒上海鹽與黑胡椒調味。在 10 吋鑄鐵鍋或可入烤箱的中型煎鍋中，以中大火加熱酪梨油，直到油中開始冒出小細泡但不冒煙。將鮭魚皮面朝下放入鍋中，不要翻動，煎約 3 至 4 分鐘，或煎到魚皮金黃酥脆。將鮭魚翻面，再煎 2 至 3 分鐘，或煎到鮭魚熟透，關火。
2. **製作莎莎醬**：在小攪拌盆中，將蝦夷蔥花、番茄丁、萊姆汁、橄欖油拌勻，以適量鹽與胡椒調味。
3. 將花椰菜芹根泥分成兩等份，分別鋪在每個盤子中央，鮭魚皮面朝上放置在菜泥上，將莎莎醬均分於兩盤，即可享用。

焙烤蘑菇與花椰菜芹根泥

無麩質、無乳製品
製作時間：1 小時 30 分鐘

份量：4 至 6 人份

　　牧羊人派的美味有口皆碑，我在這道料理中，將派頂原本的馬鈴薯泥替換成口感濃郁的花椰菜芹根泥（參考第 426 頁），依然讓人不覺食指大動，但含有更多纖維和微量營養素。替換成像

這樣的低碳飲食,可以有效降低血糖波動。

> 特級初榨橄欖油 2 湯匙
> 混合野生蘑菇約 230 克,切片
> 大洋蔥 1 顆,切片
> 黑蒜 1 瓣,搗碎
> 紅味噌 1 湯匙
> 現磨黑胡椒適量
> 雞骨高湯或蔬菜高湯 3 杯
> 棕色扁豆 1 杯
> 乾燥百里香 1/4 茶匙
> 海鹽適量
> 碎核桃 1/2 杯
> 小菠菜 2 杯
> 濃郁花椰菜芹根泥適量

1. 將烤箱預熱至 200℃。取一個夠大、而且可入烤箱烘烤的帶蓋炒鍋,以中大火加熱橄欖油,然後放入蘑菇翻炒 4 至 5 分鐘,或炒到變軟、呈金黃色。轉中火,加入洋蔥,不時翻炒,炒 8 至 10 分鐘,或炒到呈金黃色、散發出香味。
2. 加入黑蒜、味噌、黑胡椒及 1/2 杯高湯,用木匙輕刮鍋底的茶褐色糖化物質,將之與鍋中炒料攪拌均勻。微滾後,繼續煨煮 3 至 4 分鐘,或煮到湯汁只剩一半、茶色油亮的糖化醬汁巴附在蘑菇上。

3. 加入扁豆、百里香和其餘的 2½ 杯高湯，依個人口味以鹽和黑胡椒調味。微滾後，將鍋蓋蓋上，以小火燉煮 25 至 30 分鐘，或燉到扁豆變軟、吸附大部分湯汁。關火，加入核桃、菠菜，稍微攪拌至菠菜開始變軟。
4. 將花椰菜芹根泥均勻抹在扁豆餡料上，連鍋帶菜放入烤箱中，不蓋鍋蓋烘烤 25 至 30 分鐘，或烤到表面呈金黃色。趁熱享用。

辛香火雞蘑菇生菜卷

無麩質、無大豆、無堅果
製作時間：30 分鐘

份量：3 人份

　　典型的小麥薄餅是用精製白麵粉製成，這會導致血糖大幅波動。用生菜葉取代小麥薄餅這種作法相當簡單，可以攝取到「好能量」，減少加工食品的攝入。在這道食譜中，每一人份的火雞絞肉提供約 40 克的蛋白質，是一頓可以讓人吃得飽飽的晚餐。

特級初榨橄欖油 1 湯匙
孜然粉 1/4 茶匙
肉桂粉 1/4 茶匙
多香果粉 1/4 茶匙

紅辣椒末 1/4 茶匙

中等大小紫洋蔥 1 顆，切丁

大蒜 3 瓣，剁細

現磨薑泥 1 茶匙

褐色蘑菇 3 杯，切成約 0.6 公分大小的小丁

海鹽 3/4 茶匙，可視個人口味適量增添

現磨黑胡椒適量

中等大小的番茄 1 顆，切細丁

火雞絞肉約 454 克

全脂原味優格 1 湯匙

新鮮香菜末 1/2 杯，另備些許裝飾用

新鮮薄荷末 1/4 杯

紅酒醋 1 湯匙

奶油萵苣 1 顆（約 142 克）

菲塔乳酪 1/4 杯，弄碎、裝飾用

1. 在 10 吋鑄鐵鍋中用中火加熱橄欖油。加入孜然粉、肉桂粉、多香果粉和紅辣椒末，煸香約 15 秒，不要炒焦。加入 3/4 杯紫洋蔥（其餘留著上菜裝飾用）、蒜末和薑泥，翻炒 2 至 3 分鐘，或炒到洋蔥開始上色變軟。
2. 加入蘑菇，撒上 1/4 茶匙鹽以及黑胡椒調味，翻炒 5 至 6 分鐘，或炒到蘑菇顏色開始加深、菇肉變軟。加入番茄丁，翻炒均勻。

3. 轉成中大火,加入火雞絞肉,撒入其餘的 1/2 茶匙鹽,或依個人喜好增減調味。用木匙將成團的絞肉壓碎,煮 6 至 8 分鐘,或煮到完全熟透。關火。
4. 加入優格、香菜末、薄荷末以及紅酒醋,攪拌至優格與鍋中醬汁完全融合。用奶油萵苣葉包入餡料,然後撒上香菜末、其餘的紫洋蔥丁及菲塔乳酪點綴一下,即可享用。

豆腐馬薩拉佐香焗腰果與黃瓜薄荷優格醬

無麩質、無大豆
製作時間:1 小時

份量:2 至 3 人份

減輕氧化壓力是促進「好能量」的關鍵因素,這道料理使用了孜然和薑黃等辛香料,可以有效提升抗氧化能力。

印度黃瓜薄荷優格醬食材

- 原味全脂優格 1/2 杯
- 磨成泥的小黃瓜含汁液 1/2 杯
- 海鹽 1/4 茶匙
- 孜然粉 1/8 茶匙

新鮮薄荷末 2 湯匙
鮮榨檸檬汁 2 茶匙

薑黃豆腐食材

未精製椰子油 1 湯匙
板豆腐約 400 克，瀝乾、切塊、輕拍拭乾
現磨黑胡椒適量
薑黃粉 1/4 茶匙
鹽 1/4 茶匙，或依個人喜好酌量增減

馬薩拉醬食材

草飼奶油 1 湯匙
孜然粉 1/2 茶匙
芫荽籽粉 1/2 茶匙
海鹽 1 茶匙
現磨黑胡椒適量
黃洋蔥 1 大顆，切片
現磨薑泥 1 茶匙
大蒜 3 瓣，剁細
青辣椒 1 根，切片
罐裝番茄丁約 410 克
罐裝全脂椰奶 1/2 杯
印度綜合香料粉（garam masala）1/2 茶匙

其他食材

> 生腰果 1/4 杯
> 簡易花椰菜飯（參考第 433 頁）
> 香菜適量，裝飾用

1. **製作黃瓜薄荷優格醬**：在小攪拌盆中將優格、黃瓜泥、鹽、孜然粉、薄荷及檸檬汁拌勻，可依個人喜好調味，蓋上蓋子，冷藏備用。
2. **製作薑黃豆腐**：取一夠大的炒鍋，以中大火加熱椰子油。放入豆腐，微煎 4 至 5 分鐘，或煎到各面都呈金黃色，撒入黑胡椒、薑黃和鹽調味，起鍋備用。
3. **製作馬薩拉醬**：用同一炒鍋，以中火融化奶油，放入孜然粉、芫荽籽粉、鹽和黑胡椒調味，炒香 15 至 30 秒，但不可炒焦。放入洋蔥、薑泥、蒜末和辣椒，翻炒 8 至 10 分鐘，或炒到至洋蔥軟嫩金黃。關火，放涼。
4. 將冷卻的洋蔥料與番茄丁、椰奶及印度綜合香料粉放入高速攪拌機中，打到滑順均勻。
5. 把打好的醬汁倒回鍋中，以中火煮 4 至 5 分鐘，或煮到開始冒出氣泡、香氣四溢，可依個人喜好再做調味。加入步驟 2 的豆腐，燜煮 3 至 4 分鐘，或煮到豆腐入味、醬汁稍微變稠。
6. 另外用一個小鍋，以中小火煸香腰果 3 至 4 分鐘，不時翻動，讓顏色均勻，直到呈金黃色。
7. 搭配花椰菜飯、優格醬和腰果，以香菜點綴享用。

棕櫚心「蟹肉餅」佐虹彩沙拉

無麩質、無大豆
製作時間：1 小時

份量：4 人份（每人份 2 塊餅）

這道所謂的「蟹肉餅」其實是用棕櫚心替代傳統作法所使用的真正蟹肉，經濟實惠。每份以棕櫚心、鷹嘴豆粉及香料混合製成的餅，含有 15 克蛋白質和 10 克纖維，不含精製碳水化合物。

虹彩沙拉食材

- 大胡蘿蔔 1 根
- 中等大小的甜菜根 1 顆
- 青蘋果（Granny Smith）1 顆
- 中等大小的紫洋蔥 1/2 顆，切薄片
- 檸檬 1/2 顆，榨汁
- 海鹽適量

優格酸豆蘸醬食材

- 全脂希臘優格 1 杯
- 德式酸菜 2 湯匙
- 酸豆 1 湯匙，粗略切碎
- 第戎芥末醬 1 湯匙
- 檸檬 1/2 顆，榨汁
- 海鹽適量

棕櫚心「蟹肉餅」

> 罐裝棕櫚心 2 罐（約 800 克），瀝乾、洗淨、剁細
> 鷹嘴豆粉 1 杯
> 大雞蛋 2 顆，打散
> 西洋芹 1 根，切細丁
> 紅甜椒 1/2 顆，除去蒂頭、去籽、切丁
> 紫洋蔥 1/2 顆，切細丁
> 新鮮平葉香芹 1/4 杯，剁細
> 亞麻籽粉 2 湯匙
> 老灣調味料（Old Bay Seasoning）1 茶匙
> 蒜粉 1/2 茶匙
> 粗海鹽 1/4 茶匙
> 未精製椰子油適量，煎餅用

1. **製作沙拉**：用螺旋刨絲器將胡蘿蔔、甜菜根及蘋果刨成像火柴棒粗細的絲，或用鋒利的刀切絲。在中等尺寸的盆中，將蔬果絲與洋蔥、檸檬汁混勻，用鹽調味。冷藏備用。
2. **製作蘸醬**：在中等尺寸的盆中，將優格、德式酸菜、酸豆、第戎芥末醬和檸檬汁混勻，視個人喜好以鹽調味，冷藏備用。
3. **製作「蟹肉餅」**：在大盆中，將棕櫚心、鷹嘴豆粉、雞蛋、西洋芹、甜椒、洋蔥、香芹、亞麻籽粉、老灣調味料、蒜粉以及鹽拌勻。

4. 用中火在大平底鍋中加熱少量椰子油,將麵糊一勺一勺舀入鍋中,形成中等大小的圓餅形狀(共 8 個)。每面煎 3 至 4 分鐘,或煎到金黃酥脆。
5. 搭配虹彩沙拉與蘸醬,趁熱享用。

起司風味花椰菜飯

無麩質、無乳製品
製作時間:40 分鐘

份量:4 人

這道料理的醬汁有起司的風味,味道來自富含益生元的味噌和營養酵母。營養酵母是一種酵母菌(類似於製作麵包或啤酒的酵母),經過加熱而「失去活性」,常用來增添蔬食料理的風味和鮮味,也是多種 B 群維生素和蛋白質的優質來源。你可以將這款醬料與自己喜愛的辣醬混合成辛辣蘸醬,或者用來做為扁豆或蔬食義大利麵的起司風味醬。

蔬果配料

罐裝黑豆 1 罐(約 425 克),瀝乾、洗淨
中等大小的番茄 2 顆,切丁
紫洋蔥丁 1/2 杯
新鮮香菜末 1/2 杯,另備些許裝飾用

萊姆 1 顆,榨汁
海鹽與現磨黑胡椒適量

起司風味醬

切碎的花椰菜(花球和菜莖都要)2 杯,新鮮或冷凍均可
中等大小的胡蘿蔔 1 根,切塊
黃洋蔥 1/2 顆,切塊
罐裝全脂椰奶 1/2 杯
營養酵母 1/4 杯
第戎芥末醬 1 茶匙
蘋果醋 1 茶匙
海鹽 3/4 茶匙
紅味噌 1/2 茶匙

其他食材

簡易花椰菜飯適量(參考第 433 頁)
已成熟但不過軟的哈斯酪梨 1 顆,切半、去核、去皮、切片
杏仁果 1/4 杯,切碎或切片

1. **製作蔬果配料**:將黑豆、番茄丁、洋蔥丁、香菜末及萊姆汁在大盆中混勻,用適量的鹽和黑胡椒調味,備用。
2. **製作起司風味醬**:在夠寬的鍋中倒入約 5 公分深的水,放上蒸籠,用中大火將水燒開。然後把花椰菜、胡蘿蔔及洋蔥放入蒸籠,蓋上蓋子,蒸 10 至 12 分鐘,或蒸到非常軟嫩(可

以用叉子叉入蔬菜來試軟嫩程度）。將蒸熟的蔬菜瀝乾，與椰奶、營養酵母、芥末醬、蘋果醋、鹽及味噌一起放入食物料理機或攪拌機中，打至均勻滑順。
3. 將花椰菜飯與步驟 1 的黑豆蔬果料拌勻，平均分配到四個碗中，放上酪梨片，撒上碎杏仁果，再淋上起司風味醬，即可享用。

羅勒香蒜櫛瓜麵佐核桃香草醬

無麩質、無大豆
製作時間：35 分鐘

份量：4 人

這道料理用櫛瓜麵條來取代傳統的粗麥義大利麵，不僅提高了營養成分和纖維含量，還能避免精製碳水化合物的攝取。

櫛瓜麵條

中等大小櫛瓜 6 條（約 1.36 公斤）
海鹽適量

核桃義式醬（Gremolata）

核桃碎末 1/4 杯
日曬番茄乾碎末 1/4 杯

新鮮羅勒末 1 湯匙
檸檬皮屑 1 顆的份量
海鹽與現磨黑胡椒適量

羅勒芝麻菜香蒜醬

新鮮羅勒葉（緊壓後）1/2 杯
芝麻菜 1/2 杯
碎核桃 1/4 杯
帕瑪森起司粉或營養酵母 1/4 杯，另備一些作裝飾用
大蒜 1 瓣
特級初榨橄欖油 1/4 杯
檸檬 1 顆，榨汁
海鹽 1/2 茶匙
現磨黑胡椒 1/4 茶匙

其他食材

特級初榨橄欖油 1 湯匙
小番茄（葡萄番茄）：1½ 杯，對切
芝麻菜 2 杯

1. **製作櫛瓜麵條**：使用螺旋刨絲器將櫛瓜刨成麵條形狀。如果沒有螺旋刨絲器，可以用削皮刀將其刨成薄片。將櫛瓜麵條放入大濾盆中，用鹽巴抓醃，靜置至少 10 分鐘，讓多餘水分釋出。

2. **製作核桃義式醬**：在小盆中，將核桃碎末、番茄乾碎末、羅勒末及檸檬皮屑混合，用鹽和胡椒稍微調味，備用。
3. **製作羅勒香蒜醬**：在食物料理機中，放入羅勒、芝麻菜、核桃、帕瑪森起司粉、大蒜、橄欖油、檸檬汁、鹽及胡椒，攪打至均勻順滑，備用。
4. 在大煎鍋中用中大火加熱橄欖油，放入小番茄，煎 4 至 5 分鐘，或煎到番茄表皮皺起、破開。加入櫛瓜麵條和芝麻菜，偶爾翻炒一下，大約 2 至 3 分鐘，或直到麵條軟嫩、表面微酥，用鹽和胡椒調味。關火，將步驟 3 的香蒜醬拌入麵條，拌到麵條完全裹上醬汁。
5. 將櫛瓜麵條平均分到四個盤子中，每一份都放上核桃義式醬、撒上帕瑪森起司粉，即可享用。

第 14 章

健康點心

濃郁花椰菜芹根泥

無麩質、無乳製品、無大豆、無堅果
製作時間：30 分鐘

份量：4 到 6 人份

這道蔬菜泥是替代馬鈴薯泥的簡便作法，而且可以提供滿滿的「好能量」。花椰菜中的蘿蔔硫素化合物已被證明可以活化 Nrf2 途徑，這是一種細胞防禦機制，有助於抵抗氧化壓力和炎症，所以是「好能量」的源泉。

- 切塊的花椰菜（花球及菜莖都要）6 杯
- 切塊的西芹根 2 杯
- 中等大小胡蘿蔔 2 根，切塊
- 大蒜 2 瓣
- 營養酵母 1/4 杯
- 特級初榨橄欖油 1 湯匙
- 大麻籽 2 湯匙

鮮榨檸檬汁 2 茶匙
海鹽 1/2 茶匙
現磨黑胡椒適量

1. 在夠寬的平底鍋中倒入約 5 公分高的水,放上蒸籠,然後用中大火將水燒開。將花椰菜、西芹根、胡蘿蔔和大蒜放入蒸籠內,蓋上蓋子,蒸 10 到 12 分鐘,或蒸到蔬菜非常軟嫩。
2. 蔬菜冷卻後,將其瀝乾,放入食物料理機或高速攪拌機中,再加入營養酵母、橄欖油、大麻籽、檸檬汁、海鹽及適量黑胡椒,攪打至順滑濃稠的泥狀。

保存方式:這道口感濃郁的花椰菜芹根泥可以提前備好,存放於密封容器內,最多可冷藏保存 3 天。

煙燻胡蘿蔔哈里薩辣醬

無麩質、無乳製品、無大豆
製作時間:20 分鐘

份量:4 杯份

這款蘸醬使用了烤香的葛縷子籽和孜然籽,它們都是抗氧化物質含量非常高的食物。搭配富含蛋白質及 omega-3 的香草亞麻

籽餅乾（參考第 437 頁）一起食用，是一道營養均衡的小食拼盤。

> 胡蘿蔔約 900 克，切塊
> 葛縷子籽 1/2 茶匙
> 孜然籽 1 茶匙
> 哈里薩醬（Harissa）1/4 杯
> 煙燻辣椒粉 1 茶匙
> 大蒜 2 瓣
> 腰果 1/2 杯
> 特級初榨橄欖油 2 湯匙，另備些許上菜時淋灑用
> 紅酒醋 2 茶匙
> 海鹽與現磨黑胡椒適量

1. 在夠寬的底鍋中倒入約 5 公分高的水，放上蒸籠，然後用中大火將水燒開。將胡蘿蔔放入蒸籠內，蓋上蓋子，蒸約 10 分鐘，或蒸到胡蘿蔔軟嫩。
2. 蒸煮胡蘿蔔時，另外拿一個擦乾的小鍋，放入葛縷子籽和孜然籽，用中火乾煸 2 至 3 分鐘，不時翻炒，直到香氣四溢。然後用研磨缽、香料研磨機或乾淨的咖啡研磨機，將葛縷子籽和孜然籽粗磨一下。
3. 將胡蘿蔔、研磨好的葛縷子籽與孜然籽、哈里薩醬、辣椒粉、大蒜、腰果、橄欖油、紅酒醋、海鹽與黑胡椒加入食物

料理機或高速攪拌機中打勻。上菜時,在蘸醬上淋灑少許橄欖油,與香草亞麻籽餅乾(參考第 450 頁)和時令蔬菜搭配食用。

甜菜羽扇豆醬

無麩質、無乳製品、無大豆、無堅果
製作時間:25 分鐘(另需最多 90 分鐘的烘烤時間)

份量:4 杯份

市售的羽扇豆通常都是醃漬的,由於其高纖維、高蛋白、零淨碳水化合物(總碳水化合物扣除食物纖維)的特性,能有效控制血糖。經發酵的德式酸菜有助於促進腸道健康微生物群的生長,還能和羽扇豆中的益生元纖維形成完美搭配。甜菜根是「好能量」的源泉,含有大量的硝酸鹽,可以轉化為有助血管擴張的一氧化氮,促進健康的血液循環。這款蘸醬適合搭配香草亞麻籽餅乾(參考第 437 頁)和時令蔬菜一起享用。

生甜菜根 2 大顆(約 570 克),或熟甜菜根約 454 克
鷹嘴豆 1 罐(約 425 克),瀝乾、洗淨
羽扇豆(例如 Brami 牌)1 杯,沒有羽扇豆可用鷹嘴豆代替
中東芝麻醬 1/2 杯
大蒜 4 瓣

特級初榨橄欖油 2 湯匙，另備些許上菜時淋灑用
甜菜根德式酸菜（或傳統德式酸菜）1/2 杯，再加上酸菜的汁液
孜然粉 1/2 茶匙
海鹽與現磨黑胡椒適量

1. 將烤箱預熱至 200℃。把甜菜根放在烤盤上、用鋁箔紙蓋好，烘烤 60 至 90 分鐘，或烤到甜菜根變軟、可以輕易用刀子叉入。從烤箱中取出，放涼。如果使用熟甜菜根，請直接跳到步驟 2。
2. 放涼後，將甜菜根去皮、切成大塊，然後放入食物料理機中。加入鷹嘴豆、羽扇豆、中東芝麻醬、大蒜、橄欖油、德式酸菜以及孜然粉，攪打到均勻滑順，用海鹽與黑胡椒調味。食用時，在醬料上淋灑些許橄欖油，可以額外再撒些黑胡椒粉，搭配香草亞麻籽餅乾和時令蔬菜一起享用。

保存方法：存放於密封容器內，冷藏可保存最多 7 天。

起司花椰菜蝦夷蔥餅乾

無麩質、無大豆
製作時間：45 分鐘

份量：8 塊餅乾

這是一款不含精製碳水化合物的「好能量」餅乾！就像花椰菜一樣，青花菜也富含異硫氰酸酯，這是一種強大的化合物，可活化促進「好能量」的關鍵基因、抵抗氧化壓力。

> 花椰菜米（新鮮或冷凍均可）2 ½ 杯
> 蝦夷蔥花 3 湯匙
> 大雞蛋 3 顆，打散
> 切達起司粉或營養酵母 2/3 杯
> 杏仁堅果粉 1 ½ 杯
> 泡打粉 1 茶匙
> 蒜粉 1/4 茶匙
> 海鹽 1/2 茶匙
> 現磨黑胡椒適量

1. 將烤箱預熱至 175℃。在烤盤上鋪上烘焙紙。
2. 在大盆中將花椰菜米、蝦夷蔥花、雞蛋及起司混在一起。
3. 另取一碗，將杏仁堅果粉、泡打粉、蒜粉、海鹽及胡椒混勻。將乾性材料拌入濕性材料中，直到充分混勻。

4. 用冰淇淋挖勺或大湯匙將餅乾麵團均分成 8 等份挖到烤盤上。烘烤 30 至 35 分鐘，或烤到餅乾表面呈金黃色。

備注：若使用冷凍花椰菜米，烘焙時間需增加 5 至 10 分鐘。

保存方法：存放於密封容器內，冷藏可保存最多 5 天。

檸檬第戎醬

無麩質、無乳製品、無堅果
製作時間：5 分鐘

份量：1 杯（8 份，每份 2 湯匙）

我喜歡手搖調製這款沙拉醬，可以一整個星期都把它拿來淋在各種沙拉上，我的茴香蘋果沙拉食譜（參考第 399 頁）、虹彩沙拉食譜（參考第 400 頁），以及其他各式沙拉都合適。市售沙拉醬常常隱藏額外的糖分和其他添加物，自製沙拉醬是避免吃進這些添加物的好方法。

> 鮮榨檸檬汁 2 湯匙
> 蘋果醋 2 湯匙
> 鮮榨柳橙汁 2 湯匙
> 第戎芥末醬 1 湯匙

日式溜醬油 1 湯匙
海鹽和現磨黑胡椒適量
特級初榨橄欖油 1/2 杯

1. 在中等尺寸的盆中放入檸檬汁、蘋果醋、柳橙汁、芥末醬、溜醬油，用海鹽和黑胡椒調味。
2. 一邊不斷攪打、一邊慢慢淋入橄欖油，一直打到乳化。或者將所有材料倒入瓶罐中，鎖緊蓋子，手搖 30 秒，或搖到調料充分混勻。

保存方法：存放於密封容器內，冷藏可保存最多 7 天。

簡易花椰菜飯

無麩質、無乳製品、無大豆、無堅果
製作時間：15 分鐘

份量：2 至 4 人份

花椰菜飯是種極佳的低碳水化合物、高纖維的餐食基底，其纖維含量是白米飯的 3 倍以上。

花椰菜 1 大顆，摘除葉子
特級初榨橄欖油 2 茶匙
海鹽適量

1. 將花椰菜的花球和菜莖都切成大塊，放入食物料理機內，用瞬轉功能把花椰菜攪打到像米粒的大小。
2. 在中等尺寸的鍋中，以中火加熱橄欖油，放入花椰菜米，撒入海鹽調味，攪拌均勻。
3. 蓋上鍋蓋，轉小火，燜煮 4 至 6 分鐘，或煮到花椰菜軟嫩酥脆即可馬上享用。

黑豆布朗尼

無麩質、無乳製品、無大豆
製作時間：45 分鐘（另需冷藏一晚）

份量：12 塊

可可粉中的有益多酚可以促進胰島素發揮作用，富含纖維的黑豆則有助於平衡椰棗中的糖分。

也可在布朗尼中，加入以羅漢果作甜味劑製成的無糖巧克力豆，讓布朗尼更加美味。

椰棗 8 顆，去核、稍微切一下
可可粉 3/4 杯
罐裝黑豆約 425 克，瀝乾、洗淨
罐裝全脂椰奶 1/2 杯
亞麻籽粉 2 湯匙

| 香草精 1 茶匙
| 泡打粉 1 茶匙
| 甜菜根粉 1 湯匙
| 海鹽 1/4 茶匙
| 未精製椰子油適量
| 無糖巧克力豆（用羅漢果作甜味劑製成）1/2 杯（可加、可不加）
| 英國馬爾頓薄片鹽（Maldon Sea Salt Flakes）適量

1. 將烤箱預熱至 175°C。椰棗如果偏乾，就用熱水浸泡 10 到 15 分鐘使其軟化。
2. 在大型食物料理機內放入椰棗和可可粉，用瞬轉功能將椰棗打散。加入黑豆、椰奶、亞麻籽粉、香草精、泡打粉、甜菜根粉以及海鹽，用瞬轉功能攪打成麵糊，必要時用刮刀清理一下沾黏在食物料理機容器邊上的麵糊。
3. 把椰子油均勻塗抹在 8 吋正方烤盤上。如果要加巧克力豆，則先將麵糊與巧克力豆放在大攪拌盆中拌勻。將麵糊倒入烤盤中，用刮刀抹平。
4. 烘烤 35 分鐘。布朗尼剛出爐時相當鬆軟，但冷藏隔夜後質地會變濃郁濕潤。撒上薄片鹽冷藏一晚，次日享用。

保存方法：存放於密封容器內，冷藏可保存最多 5 天。

綜合莓果胡桃酥

無麩質、無大豆
製作時間：55 分鐘

份量：8 人份

這道甜點頂部的酥皮用的是富含纖維的虎堅果粉和抗氧化含量極高的胡桃，是傳統白麵粉作法的絕佳替代方式。

- 冷凍綜合莓果（覆盆子、藍莓、草莓等）6 杯
- 虎堅果粉 3/4 杯
- 碎胡桃 1/2 杯
- 無鹽草飼奶油約 57 克，不退冰、切塊，或椰子油 4 湯匙
- 楓糖漿 3 湯匙
- 香草精 1 茶匙
- 海鹽 1/4 茶匙
- 肉桂粉 1/4 茶匙

1. 將烤箱預熱至 175℃。把冷凍莓果鋪在 10 吋鑄鐵平底鍋中或烤盤內。
2. 在大攪拌盆中，將虎堅果粉、胡桃、奶油（或椰子油）、楓糖漿、香草精、海鹽及肉桂粉混在一起，用叉子將奶油塊或椰子油的冷凝結塊碾碎，拌勻到質地如同沙子一般。
3. 將步驟 2 的酥皮配料均勻撒在莓果上，烘烤 40 至 45 分鐘，

或烤到表面金黃、莓果冒出氣泡。
4. 稍微冷卻後即可享用。

香草亞麻籽餅乾

無乳製品、無麩質、無大豆、無堅果
製作時間：1 小時 30 分鐘

份量：約 80 片餅乾

這款香草亞麻籽餅乾不同於一般餅乾，它能穩定血糖並提供纖維、omega-3、蛋白質和微量營養素等「好能量」，讓您感覺精力充沛！亞麻籽富含 omega-3 脂肪酸，具有抗發炎作用、有助於維持細胞膜彈性。在這道食譜中，我使用的是奧勒岡香草，但可根據個人喜好換成迷迭香、百里香或鼠尾草等乾燥香草。

> 整粒的亞麻籽 2 杯，用香料研磨機或食物料理機磨成粉
> 芝麻 1/2 杯
> 營養酵母 1/4 杯
> 洋車前子殼 1/4 杯
> 蒜粉 1/2 茶匙
> 海鹽 1 茶匙
> 乾燥的奧勒岡 1 茶匙

1. 將烤箱預熱至 165℃。在大盆中，放入亞麻籽粉、芝麻、營養酵母、洋車前子殼、蒜粉、鹽以及奧勒岡，加入 1 杯水，攪拌至充分混勻。
2. 取用兩張烘焙紙，尺寸適合一個大烤盤或兩個中型烤盤。將一半麵團放在其中一張烘焙紙上，再拿另一張烘焙紙覆蓋於麵團上，用擀麵棍將麵團擀平至約 0.3 公分的厚度。另一半麵團也這麼做。用刀將餅乾麵團切成想要的大小，如果想要不規則的形狀，可以等到烤熟後再隨意掰開。
3. 烘烤 1 小時 15 分鐘，或烤到餅乾酥脆、顏色略微加深。餅乾冷卻時會慢慢變硬。

檸檬杏仁果蛋糕配草莓果醬

無麩質、無大豆
製作時間：45 分鐘

份量：12 份

大部分蛋糕都含有高度精製的白麵粉，杏仁堅果粉是富含營養的精製麵粉替代品，含有蛋白質和健康的脂肪，以及維生素 E 和鎂等重要營養素。富含抗氧化物質的草莓果醬則以草莓的天然甜味取代糖分。

檸檬杏仁果蛋糕食材

融化的無鹽草飼奶油 4 湯匙,另備些許用於塗抹蛋糕模
超細去皮杏仁堅果粉 2 杯
羅漢果甜味劑 1/2 杯(例如 Lakanto 牌)
泡打粉 1 茶匙
小蘇打粉 1/2 茶匙
鹽 1/4 茶匙
大雞蛋 4 顆
香草精 1 茶匙
檸檬皮屑與檸檬汁,2 顆檸檬的量

草莓果醬食材

草莓 3 杯,去蒂、切成四等份
鹽少許
香草精 1/2 茶匙
玫瑰粉 1/2 茶匙(可加、可不加)

1. **製作蛋糕**:將烤箱預熱至 175℃。在 9 吋的可拆式或固定式蛋糕模底部鋪上烘焙紙,側邊抹上奶油。
2. 在大盆中,將杏仁堅果粉、甜味劑、泡打粉、小蘇打粉以及鹽混勻。在中等尺寸的盆中打發雞蛋,然後打入融化奶油、香草精、檸檬皮屑以及檸檬汁。將濕性材料倒入乾性材料中,攪拌到所有材料均勻混合。

3. 將蛋糕糊倒入備好的烤模中,放入烤箱中層,烘烤 25 至 30 分鐘,烤到用牙籤或刀子插入蛋糕中心、抽出來時無麵糊沾黏即可。
4. **烘烤蛋糕時,一邊製作草莓果醬**:在中等尺寸的鍋中,放入草莓、鹽、香草精以及 1/4 杯水,用中大火煮沸,繼續熬煮約 15 至 18 分鐘,或煮到草莓變軟、汁液濃縮成黏稠糖漿,關火。如果想加玫瑰粉,則在此時加入。
5. 蛋糕冷卻約 25 分鐘後,從烤模中取出或倒扣至盤中。切片後搭配一至兩勺草莓果醬享用。

小妙招:這個蛋糕糊也可用來製作馬芬!只需將馬芬紙杯放入馬芬模中,倒入蛋糕糊,烘烤 18 至 22 分鐘,烤到用牙籤插入每個馬芬中心、抽出來時無麵糊沾黏即可。

豆薯薯條配自製番茄醬及香草蛋黃醬

無麩質、無乳製品、無大豆、無堅果
製作時間:45 分鐘

份量:2 至 4 人

豆薯是一種富含菊苣纖維的根類蔬菜,有助於提升腸道微生物群的多樣性。有了我提供的自製番茄醬和香草蛋黃醬食譜,您可以安心享用自己最愛的蘸料,不會攝入市售食品的隱藏版精製糖或不健康種籽油。

豆薯薯條食材

- 中等豆薯 1 顆（約 680 克），去皮、切成約 0.6 公分粗細長條
- 特級初榨橄欖油 1 湯匙
- 海鹽 1/2 茶匙
- 現磨黑胡椒 1/4 茶匙

香草蛋黃醬食材

- 大雞蛋的蛋黃 1 顆
- 大蒜 1 瓣，磨成泥
- 鮮榨檸檬汁 1 茶匙
- 第戎芥末醬 1 茶匙
- 新鮮的平葉香芹末 1 湯匙
- 海鹽 1/4 茶匙
- 未精製酪梨油 1/3 杯

番茄醬食材

- 椰棗 1 顆，去核
- 番茄膏 1/4 杯
- 紅酒醋 1 湯匙
- 蒜粉 1/4 茶匙
- 海鹽 1/4 茶匙

1. **製作豆薯薯條**：將烤箱預熱至 220℃。在夠寬的平底鍋中倒入約 5 公分高的水，放上蒸籠，然後用中大火將水燒開，

將豆薯放入蒸籠內蒸 8 至 10 分鐘，或蒸到豆薯脆嫩。蒸熟後，去除薯條上的多餘水分。
2. 在大烤盤上，將薯條與橄欖油、鹽及胡椒拌勻。把薯條鋪成一層，烤約 30 分鐘，烤到一半時翻面一次，烤到薯條金黃酥脆。
3. **製作香草蛋黃醬**：在中等尺寸的盆中，將蛋黃、蒜泥、檸檬汁、芥末醬、香芹末以及鹽打勻。一邊不斷攪打，一邊慢慢淋入少量酪梨油，打到油完全融入醬中、蛋黃醬變得濃稠。
4. **製作番茄醬**：將椰棗在熱水中浸泡 10 至 15 分鐘使其軟化，然後瀝乾。在小型食物料理機中，將番茄膏、1/4 杯水、紅酒醋、椰棗、蒜粉以及鹽打勻。
5. 薯條出爐後，搭配香草蛋黃醬和番茄醬趁熱享用。

鹽醋風味黃金甜菜根脆片

無麩質、無乳製品、無大豆、無堅果
製作時間：1 小時

份量：6 人份

這款脆片是洋芋片的完美替代品，甜菜根富含葉酸、錳、鉀及纖維，而用特級初榨橄欖油來烘烤、而非以植物油油炸，可以降低身體發炎的可能性以及體內的氧化壓力。

中等大小黃金甜菜根 3 至 4 顆（約 680 克），外皮洗淨或去皮
特級初榨橄欖油適量
蘋果醋 1 茶匙
蒜粉 1/4 茶匙
洋蔥粉 1/4 茶匙
海鹽與現磨黑胡椒適量

1. 將烤箱預熱至 150℃。用刨片器將甜菜根刨成薄片，或用鋒利的刀切成薄片，盡可能薄一點，大約 0.15 公分薄。
2. 將兩個烤盤都塗上一層薄薄的橄欖油，足以避免甜菜根薄片在烘烤時黏在烤盤上即可。在一個大盆中，將甜菜根薄片與蘋果醋、蒜粉、洋蔥粉、鹽及胡椒粉拌勻。在烤盤上將這些薄片鋪開，排成一層。
3. 烘烤 40 至 55 分鐘，或烤到甜菜根薄片金黃酥脆。從烤箱取出後，完全放涼後即可享用。

致謝

首先要感謝我們敬愛的母親蓋爾・米恩斯（Gayle Means）。正是在她去世後的日子裡，我們決定寫作這本書，滿懷熱忱的提倡以她為榜樣的「好能量」生活，勇於幫助他人明瞭自己的健康，學會如何避免過早、可預防的死亡。

感謝我們的父親格雷迪・米恩斯（Grady Means），您鼓舞我們如何身體力行本書提出的原則：運動、寫作、航行、衝浪、健行、歡笑、成長、園藝、學習，77 歲依然不忘懷抱感恩之心。您是我們的英雄——謝謝您。這本書的誕生也得益於萊斯莉（Leslie），她是卡利（Calley）的妻子、凱西（Casey）的摯友。感謝你全程不遺餘力的做我們的支持者、顧問以及治療師，感謝你每天都將愛及持續不斷的成長展現出來，你是我們的「好能量」典範。在這段寫作期間，萊斯莉還誕下了羅克（Roark）。羅克對於這個世界又驚又喜，他的反應感染了我們，世間的美好是每個人都嚮往的。感謝凱西那位了不起的伴侶布萊恩（Brian），在過去一年裡他一直是堅強後盾，給她的生活帶來源源不絕的「好能量」。

感謝經紀人理查・派恩（Richard Pine）對我們的信任，以及為本書提供根本性的建議，也感謝伊莉莎・羅斯坦（Eliza Rothstein）的襄助。感謝露西亞・華森（Lucia Watson）樹立了

典範，讓我們見識到一位才華橫溢且具協作精神的編輯。

在成立以代謝健康為宗旨的新創公司期間，同時撰寫這本書，沒有公司共同創辦人和團隊成員的支持，我們無法完成這一切。獻給凱西在 Levels 的團隊：山姆・寇克斯（Sam Corcos）、約書亞・克萊門提（Josh Clemente），以及每天盡心竭力傳揚代謝健康資訊的團隊成員們——邁克（Mike H.）、傑基（Jackie）、托尼（Tony）、湯姆（Tom）、邁克（Mike D.）、支援團隊、成長團隊、產品團隊、工程團隊、研發團隊、雅典娜（Athena），還有所有參與這段旅程的夥伴。因為有你們，這個世界愈來愈關心代謝健康。也獻給卡利在 TrueMed 的團隊：賈斯汀・馬雷斯（Justin Mares）和其他成員，感謝你們。

感謝所有閱讀本書書稿、提供寶貴建議和支持的朋友們，包括卡莉・丹寧（Carrie Denning）、費歐娜・麥卡錫（Fiona O'Donnell McCarthy）、史蒂芬・貝爾（Steph Bell）、艾蜜莉・阿澤（Emily Azer）、安・沃赫斯（Ann Voorhees），以及尼克・亞歷山大（Nick Alexander）。感謝索尼婭・曼寧（Sonja Manning）對本書諸多方面的友情力挺。感謝金伯・克羅（Kimber Crowe）和莎莉・尼科爾森（Sally Nicholson），你們在本書寫作初期就給予我們回饋意見，還有永遠的愛與支持。感謝杜魯・普羅希特（Dhru Purohit），你在商業、健康、寫作及生活等各方面，從不間斷地給予我們支持和啟發。

沒有醫界前瞻領導者的啟迪，我們不會想到以此方向做為終生職志，也不會有這本書的問世——尤其是馬克・海曼（Mark

Hyman）、羅伯特・魯斯提（Robert Lustig）、大衛・佩爾穆特（David Perlmutter）、莎拉・加特弗萊德（Sara Gottfried）、多姆・達哥斯蒂諾（Dom D'Agostino）、泰瑞・華茲（Terry Wahls）、本・畢可曼（Ben Bikman）、莫莉・馬魯夫（Molly Maloof），以及大衛・辛克萊爾（David Sinclair）。

我們讚佩數不勝數的健康、營養、生物及再生農業等各領域的先驅，他們開創了自己的道路，深深地啟發了我們。他們和我們一同寫出了意義深長的內容，感謝瑞克・約翰遜（Rick Johnson）、威爾・科爾（Will Cole）、泰娜・穆爾（Tyna Moore）、奧斯汀・佩爾穆特（Austin Perlmutter）、加布里埃爾・里昂（Gabrielle Lyon）、史蒂夫・甘德里（Steve Gundry）、克里斯・帕爾默（Chris Palmer）、霍華德・勒克斯（Howard Luks）、凱文・朱巴爾（Kevin Jubbal）、菲利浦・奧瓦迪亞（Philip Ovadia）、肯・貝瑞（Ken Berry）、大衛・西斯托拉（David Cistola）、布雷特・謝爾（Bret Scher），還有傑夫・克拉斯諾（Jeff Krasno）、肖恩・史蒂文森（Shawn Stevenson）、凱拉・巴恩斯（Kayla Barnes）、蔡斯・丘寧（Chase Chewning）、路易莎・尼古拉（Louisa Nicola）、凱莉・勒費克（Kelly LeVeque）、莫娜・夏爾瑪（Mona Sharma）、傑森・瓦喬布（Jason Wachob）和科琳・瓦喬布（Colleen Wachob）、吉莉安・麥可（Jillian Michaels）、戴夫・阿斯普雷（Dave Asprey）、卡莉・瓊斯（Carrie Jones）、卡拉・費茲傑拉德（Kara Fitzgerald）、金伯莉・史奈德（Kimberly Snyder）與喬恩・比爾（Jon Bier）、

本‧格林菲爾德（Ben Greenfield）、羅妮特‧梅納舍（Ronit Menashe）、維達‧德拉辛（Vida Delrahim）、克里斯汀‧霍姆斯（Kristen Holmes）、諾拉‧拉托爾（Nora LaTorre）、考特尼‧斯旺（Courtney Swan）、莎拉‧維拉弗蘭科（Sarah Villafranco）、邁克爾‧布蘭特（Michael Brandt）、瑪麗莎‧斯奈德（Mariza Snyder）、莫莉‧切斯特（Molly Chester）、威爾‧哈里斯（Will Harris）、路易斯‧豪斯（Lewis Howes）、麥克斯‧盧加維爾（Max Lugavere）、湯姆‧比留（Tom Bilyeu），以及莉茲‧穆迪（Liz Moody）。感謝在媒體、播客、食品、健康、生活福祉及企業各界的許多英雄好漢，你們正在努力創造一個更美好的世界。多年來你們協助廣為宣傳基礎健康的資訊，我們充滿感激。

感謝艾蜜莉‧格里文（Amely Greeven）在本書早期的幫助，感謝艾許莉‧朗斯代爾（Ashley Lonsdale）與我們在美味食譜方面的合作，感謝詹‧切薩克（Jen Chesak）的文稿編輯。感謝莫妮卡‧尼爾森（Monica Nelson）、妮娜‧鮑蒂斯塔（Nina Bautista）、維卡‧米勒（Vika Miller）、薩布里娜‧霍恩（Sabrina Horn）、羅比‧克拉布特里（Robbie Crabtree）和艾茲‧斯賓塞（Ezzie Spencer），在書籍寫作與出版過程中，給予了我們各種人生轉折上的個人輔導和支持。

最重要的是感謝讀者。你們與我們一樣，致力於活出健康的自己。我們無法想像，有什麼能比發揮生命無限潛能、攀上「好能量」巔峰更重要的了。

優生活 036

Good Energy代謝力打造最強好能量
Good Energy: The Surprising Connection Between Metabolism and Limitless Health

作　　者／凱西・明斯Casey Means、卡利・明斯Calley Means
譯　　者／林文珠、高若熙
封面設計／Javick
責任編輯／李宜芬（特約）
內頁排版／邱介惠
行銷企畫／曾士珊

天下雜誌群創辦人／殷允芃
康健雜誌董事長／吳迎春
康健雜誌執行長／蕭富元
康健雜誌出版編輯總監／王慧雲
出 版 者／天下生活出版股份有限公司
地　　址／台北市104南京東路二段139號11樓
讀者服務／（02）2662-0332　傳真／（02）2662-5048
劃撥帳號／19239621天下生活出版股份有限公司
法律顧問／台英國際商務法律事務所・羅明通律師
製版印刷、裝訂／中原造像股份有限公司
總 經 銷／大和圖書有限公司　電話／（02）8990-2588
出版日期／2025年7月第一版第一次印行
定　　價／550元

Copyright © 2024 by Casey Means and Calley Means
This edition arranged with InkWell Management LLC through Andrew Nurnberg Associates International Limited.
Complex Chinese edition copyright © 2025 by Common Life Publishing Co., Ltd.
ALL RIGHTS RESERVED.

書　號：BHHU0036P
ISBN：978-626-7299-91-3（平裝）

直營門市書香花園 地址／台北市建國北路二段6巷11號　電話／（02）2506-1635
康健雜誌網站 www.commonhealth.com.tw
康健出版臉書 www.facebook.com/chbooks
天下網路書店 shop.cwbook.com.tw
本書如有缺頁、破損、裝訂錯誤，請寄回本公司調換

國家圖書館出版品預行編目（CIP）資料

Good Energy代謝力打造最強好能量／凱西・明斯（Casey Means），卡利・明斯（Calley Means）著；林文珠，高若熙譯. -- 第一版. -- 臺北市：天下生活出版股份有限公司, 2025.07
448面；14.8×21公分. -- （優生活；36）
譯自：Good energy: the surprising connection between metabolism and limitless health
ISBN 978-626-7299-91-3（平裝）

1.CST: 能量代謝　2.CST: 健康飲食　3.CST: 健康法

364.61　　　　　　　　　　　　　　　　　　　　　114008861